人類のやっかいな遺産

A
TROUBLESOME
INHERITANCE

GENES, RACE,
HUMAN HISTORY

遺伝子、人種、進化の歴史

ニコラス・ウェイド
山形浩生 守岡桜 訳

晶文社

装丁　寄藤文平＋新垣裕子（文平銀座）
編集　外山圭子（イカリング）

目次

はじめに

本来なら、本に余計な説明はいらないはずだ。でもこの『人類のやっかいな遺産』は二〇一四年五月の刊行以来、異様なほどの攻撃を山のように受けてきたので、何の騒ぎだろうと不思議に思っている読者に、本書の狙いを改めて説明し、批判の一部に答えておくのも無益ではあるまい。

本書刊行のきっかけは、ゲノムから生じている最近の人類進化に関する大量の新情報だった。先祖のアフリカの故郷から五万年ほど前に離散して以来の、現代人の人口集団がどのように差異化してきたかについて、ますます詳細な様子が描かれるようになってきた。これは純粋に科学的な話になるはずなのだが、この差異化の結果として生じた人種は、大規模な政治的論争のテーマになっているのだ。

歴史は人間進化の枠組みの中で起こる。この二つの主題は別々に扱われ、まるで人類進化がいきなり止まってから、かなり時間が経って、歴史が始まったかのように論じられる。でも進化は急に止まれない。そんな都合のいい進化の休止が起こったなどという証拠はまったくない。ゲノムからの新しい知見はますます、進化と歴史が相互に絡み合っていることを示している。その絡み方はあまり深くないかもしれないが、少なくとも遺伝に、今日の世界形成でちょっとした役割を可能にするくらいには関連しあっている。

本書の狙いは、この目新しい領域を検討し、ついでに人類集団同士の進化上のちがいが人種差別主義をいささかも支持することなく記述できると示すことだった。ここでいう人種差別主義とは、人種には階層構造があり、一部の人種がよりすぐれているという考え方だ。集団の間の差はまちがいなく存在するが、その差はかなり微妙なものだ。人種というのは一見してわかるようなものではなく、遺伝学者が相対的な「対立遺伝子頻度」と呼ぶ性質で区別されるだけだ。そうしたちがいが存在するのは、いったん地球上に広がってしまったら、各種の人間集団は必然的にちがった進化経路をたどることになったからだ。

これはきわめて凡庸な見方に思えるかもしれない。でもこれは、学術界における大量の古い考えを逆なでするものだ。社会科学者や学術界左派を含む多くの人々は、私見ではとても残念な選択を昔からしてきた。それは、人種主義への反対論を信念の問題とするのではなく、人種が社会的構築物であって生物学的な現実ではないという主張に基づいたものにすることだった。だから、彼らは人種の生物学的基盤の議論すべてには、政治的な理由から熾烈に反対する。その理想は気高いものだが、その手口は気高いとは言えない。

人種の生物学的基盤を検討する者をすべて「科学的人種差別主義者」と呼び、要するに彼らを人種差別主義者として悪者扱いすることで、学術界の左派はヒトのちがいに関するほとんどあらゆる議論を弾圧してきた。ほとんどの研究者は、人種差別主義者のレッテルを貼られてキャリアや研究資金を危険にさらすリスクを冒すよりは、この話題から離れるほうを選ぶ。

本書の批判者たちは、一般にその中心的な議論を無視して、むしろそれを間接的におとしめようとしてきた。その手口の一つは、本書に書いてもいない主張を持ち出して、本書が人種差別主義だと匂わせる、というものだ。実は本書は、人種差別的どころか、人間に見られるちがいが明白に非人種差別的な観点から理解できるかを示す試みなのだ。ゲノムからのデータが洪水のように増える中で、これは遅かれ早かれ取り組む必要のある作業なのだ。わたしの取り組みがどこまで成功しているかは、読者の判断に任せよう。

別の手口は、証拠もなしに、本書がまちがいや歪曲だらけだと主張することだ。こうした攻撃の中には、大勢の遺伝学者が署名した手紙も含まれているが、具体的なまちがいや歪曲の事例を一切含んでいない。読者は批判者たちがそう言っているというだけで、充分な証拠と見なすよう求められる。そうした批判者たちは政治的な動機を持っており、わたしに言わせればまったく役に立っていない。わたしが精一杯信じるかぎりでは、本書には大きなまちがいはないし、急速に進歩する科学分野の記述としては、可能なかぎりの精度を保っているはずだ。

この版でわたしは一つ、引用のまちがいを訂正した。でもそれはその部分の議論にはまったく影響しないものだ。新しい証拠が出てきたものについては報告を更新したし、いくつかの部分では議論を明確にした。人種には生物学的基盤があるという前半部分の議論は一切変える理由は見あたらなかった。この主張は対立遺伝子（同じ遺伝子座を占める、ちがう型の遺伝子）の頻度という微妙な性質に基づいているものだ。この科学的事実は人種差別主義の基盤など一切与えるものではなく、むしろ人類の遺伝的なまとまりを強調するだけのものだ。

本書の後半は、第一章で説明するように、推測に基づく。それは人間の社会行動、ひいては人間社会の性質が、近年に進化的な変化を受けたかという問題を検討している。この点についての証拠はあまりない。その理由の一部は、この問題についての系統的な研究がないことだ。わたしが見るに、自然淘汰がきわめて社会的な生物種の社会行動形成を怠らなかったというのは、少なくとも充分に考えられる仮説だと思う。もし人類社会が過去数千年で進化を続けてきたなら、こうしたプロセスは歴史と現代世界の多くの側面にかなりの光を当ててくれるだろう。特にそれは、なぜ制度（これは分厚い文化の層の下で人間の社会行動に基づいている）が社会ごとに、長期的なパターンとしてちがっているのかを説明してくれるはずだ。

わずかな進化のコンポーネントが人間社会の豊かな多様性に貢献したという仮説は、そんなに極端に考えにくいものとは思えない。むしろその逆である、進化が現在の社会形成に何一つ影響していないという主張よりはずっともっともらしい。でも社会科学に広まるドグマは何十年にもわたり、人間社会のあらゆるちがいは純粋に文化的なものだと主張してきたため、この見方を少しでも疑問視するとかなりの怒りを引き起こすことになる。

科学について書く者たちは、新しい研究の成果やその含意を説明するにあたり、何も手控えるべきではない。ヒトゲノムの場合、わたしたちが人類の物語についてまったく新しいデータの宝庫を開けつつあるのは明らかだ。驚くことに、データの多くは進化史できわめて最近に起こった変化を反映したものとなっている。問題は、そうした変化の一部が歴史記録のある時期と重なるほど最近かということだ。もしそうなら、ヒトゲノムは進化と歴史の交差点にまたがっていることになる。本書『人類のやっかいな遺産』は、この壮大な関心に関わる問題だけに注目してとりあげた最初の本だ。現在のきわめて乏しい知識の状態で、本書の想定や主張の一部は改訂が必要になるかもしれない。それでも、わたしは本書『人類のやっかいな遺産』が世界をありのままに（あるべき形ではなく）理解しようという適切な科学的目標を持っていると信じている。そしてこうした検討がいずれは、人間の天性や社会と歴史に関する深遠な新しい理解をもたらしてくれると信じている。

ニコラス・ウェイド

第一章　進化、人種、歴史

EVOLUTION, RACE AND HISTORY

二〇〇三年にヒトゲノムが解読されてから、人類の進化に新たな鋭い光が投げかけられて、興味深いが、やっかいな問題を数多くもたらしている。

人類の進化が過去三万年にわたって活発に進んできた継続的プロセスだということに疑いの余地はないし——ごく最近の進化は計測しづらいが——それが有史以来今日まで続いてきたのは、ほぼ確実だ。人類が近年だとどのような進化をとげたかを調べ、遺伝という粘土を形成改変した、自然淘汰の特徴を再現するというのはきわめて興味深い研究となるはずだ。有史以来、社会行動の変化が多少なりとも進化に左右されてきたことがわかれば、現在の世界の大きな特徴を説明する役にだって立つかもしれない。

でもこれらの問題の探求と議論を複雑にしているのが、人種という現実だ。およそ五万年前に、父祖の地である北東アフリカから最初の人類が世界各地に散って以来、各大陸の住民はそれぞれの地域環境に合わせて、お互いほぼ関わりなしに進化をとげた。さまざまな地域的淘汰圧の中で、おもな人種が発達していった。アフリカ人種、東アジア人種、ヨーロッパの各人種、そして数多くのもっと小規模な集団だ。

人口集団がこのようにわかれたせいで、近年の人類進化に関心がある人は、否応なしに人種を研究せざるを得ない。こうして科学的探求は、人種差別を助長しかねない不当な比較はおこなわないという公共政策と衝突しかねないものとなる。何年も前に、人種差別と戦うために設けられた知的障壁の一部が、いまでは近年の進化史研究の枷になる。そうした知的障壁としては、人類は最近では進化していないという仮定や、人種は存在しないという主張などがある。

人類進化の新しい見方

ヒトゲノムの分析が進んだおかげで、人類の進化は最近も続き、しかも大量に起こり、地域的にちがいがあることがわかってきた。ゲノムを調べて自然淘汰の証拠を探す生物学者たちは、最近の進化の過程で自然淘汰が味方した遺伝子の兆候を多数発見した。ある推計によると、ヒトゲノムのうち一四パーセントもの部分が、最近の進化的圧力の中で変化しているという。[※1]これらの自然淘汰の兆候のほとんどは、三万年前から五千年前のものだ。三〇億年の進化の歴史の中では、一瞬でしかない。

自然淘汰はヒトゲノムを形づくり続けてきたし、それが今日まで続いているのはまちがいないが、過去数百年、数千年間の進化の兆候は、淘汰の力がよほど強くないかぎり、なかなか検出できない。それでも、現在のウクライナにある遺跡で見つかった古代ＤＮＡの研究で、自然淘汰のきわめて最近の事例が見つかっている。研究者たちは薄い肌の色に青い目、薄い髪の色を起こりやすくする変種遺

伝子が過去五千年以内に選択を受けてきたことを発見している。[※2]

自然淘汰が最近のわずか数百年間に人間の形質を変化させた例が、いまやいくつか明らかになっている。たとえば淘汰圧のもとで、ケベック市のそばを流れるセントローレンス川に浮かぶ島、クードレ島では、この島の結婚・誕生・死亡に関して異例なほどそろった教区記録を調べた研究者たちによると、一七九九～一九四〇年に生まれた女性の第一子出産年齢は二六歳から二二歳に低下したという。[※3]

研究者たちは、この原因として栄養状態の改善など他の影響の可能性は除外できると主張しており、若い年齢で出産する傾向は、遺伝性らしいと指摘して、遺伝子変化が生じたとの見方を支持している。「この研究により、人間はいまだ進化の途上にあるとの見方が裏付けられた。また、長命な種だとほんの数世代でミクロ進化が検出できることも明らかになった」と研究者たちは述べる。

このほか、ごく最近でも人間が進化している証拠として挙げられるものに、医学的理由からおこなわれた数世代にわたる調査がある。フレーミンガム心疾患研究がその一例だ。最近では進化生物学者が自然淘汰の計測のために開発した統計的手法をとりいれて、進化的圧力のもとでこのような大規模な患者集団に生じる身体的変化を、医師たちが検出している。変化した形質には、第一子出産年齢（現代社会では低下傾向）、閉経年齢（上昇傾向）がある。これらの形質そのものは特に重要でなく、研究を設計した医師たちが関連データを集めたために観測されたにすぎない。でも統計は、これらの形質が遺伝的なものだと示唆しているし、もしそうなら、現在の人々に進化が作用している証拠だ。「確認された兆候は、人間は進化の途上にあり、人類の特質は静的でなく動的であることを強く示唆している」と、イェール大学の生物学者スティーブン・スターンズは、現在生きている人間集団に見られる進化的変化を観測した最近の研究一四本を総括して結論づけている。[※4]

人類の進化は最近、広範囲で起こったものだけではない。地域的なものもある。最近の自然淘汰の兆候が見てとれる三万年前から五千年前の期間は、主要な三つの人種がわかれた後の時期だから、そうした自然淘汰は各人種の中でそれぞれ独立に起こったものだ。三つの主要人種とは、アフリカ人(サハラ以南の住民)、東アジア人(中国、日本、朝鮮の人々)、コーカソイド(ヨーロッパ、中東、インド亜大陸の人々)。これらの人種それぞれで、自然淘汰により変化した遺伝子がちがっていることは、第五章で詳細に解説する。それぞれの大陸で、ちがった困難に適応しなければならなかった集団なのだから、これは当然予測される事態だ。特に自然淘汰の影響を受けた遺伝子は、肌の色や栄養素の代謝などの予測される形質だけでなく、どう制御しているかはいまだ解明されていないが、脳機能の一部側面も制御している。

世界中のゲノムの分析で、おもな社会科学団体の公式声明にもかかわらず、人種というのが生物学的に実在することが確認されている。この問題に関しては第五章でもっと論じるが、要点は、アフリカ系アメリカ人のように人種が入り交じった集団についても、現代の遺伝学では個人のゲノムをさかのぼって、ゲノムの各セグメントをアフリカやヨーロッパの祖先に割り当てられるということだ。人種というのが生物学的な現実を基盤として持っていなければ、こんなことは不可能なはずだ。

人類の進化が最近になっても、頻繁に、局所的に起こっていることは、遺伝学文献で数々の論文が報告している通りだが、一般には広く認識されていない。理由は、この知識がとても新しいこと、そして深く根づいた通念にやっかいな問題を突きつけることにある。

社会科学の信条と進化

昔から社会科学者にとっては、人類の進化ははるか昔、自然の脅威から身を守るために住居をこしらえ始めた頃などに止まったと仮定すると都合が良かった。進化心理学者たちは、人間の心はおよそ一万年前、最後の氷河期の終わり頃の状況に適応したと教えている。歴史学者、経済学者、人類学者、社会学者たちは、歴史を通じて人間の生得的行動に変化はなかったと想定している。

少なくとも人類では、最近は進化が停止しているという信念は、おもな社会科学者団体が共有しているものだ。そしてそうした団体は、少なくとも生物学的な意味での人種は存在しないと主張する。「人種は、最近の人間による発明」と、アメリカ自然人類学者協会は宣言している。「人種は文化の話であって、生物学ではない」と。[※5] 同協会が最近発行した本によると、「人種は人々が考えるような意味――深遠で、根源的で、生物学的なものという意味では実在しない。むしろ破滅的な結果を伴う基本的概念で、歴史と文化を通じてわれわれがそういうものに仕立てたのだ」。[※6]

アメリカ社会学協会も、常識的な結論――人種とは、生物学的事実であると同時に、政治的に問題をはらんだ考え方で、ときに有害な結末を伴うというもの――を認めていない。同協会は、「人種は、

社会構築物である」と述べ、「人種を生物的なものととらえる一般的概念に寄与する危険性」を警告している。[※7]

社会科学者たちの公式見解は、遺伝が人間社会のさまざまなちがいの原因ではあり得ない、という政治的見解を支持するように構築されている——各種社会のちがいは、差を生み出す人類文化と、それを生み出した環境だけが原因であるはずだ、というわけだ。社会人類学者フランツ・ボアズは、人間行動は文化だけにより形成され、どの文化も優劣はないというドクトリンを確立した。この理屈からすると、すべての人間は文化面以外は基本的に置き換え可能で、複雑な社会の強さや繁栄は、地理などの幸運な偶然だけから生じたことになる。

人類の進化は、最近も起こり、頻繁で、局地的だという最近の発見は、社会科学者たちの世界に対する公式見解を台無しにしてしまう。人間集団間に見られるちがいを生み出すのに、遺伝学が文化とともにいくばくかの、いや相当な役割を担ってきた可能性を示すからだ。ではなぜ多くの研究者たちが、人間社会ごとの差は文化でしか説明できないという考え方に、いまだにしがみついているのだろうか。

理由の一つはもちろん、人種のちがいを追及すると人種差別を助長するという無理もない恐怖で、これについては以下で検討しよう。もう一つは学界特有の惰性だ。大学の研究者は個別に活動しているのではなく、絶えず互いの研究を確認して是認しあう学者コミュニティとして活動する。科学分野はこれが特に顕著で、助成金申請には同業の専門家委員会の承認を受けなければならないし、論文は編者と査読者たちの精査にかけられる。このプロセスの大きな利点は、学者たちが公に述べる意見は、単なるその学者個人の意見をはるかに上回るものとなるという点だ――それは専門家コミュニティのお墨つきの知識なのだ。

だがこのシステムには欠点がある。ときに極端な保守主義に向かいがちなのだ。研究者たちは、自分が育った分野の見解にこだわり、歳を重ねるにつれて、変化を阻止する影響力を得かねない。大陸が地表を移動してきたという考え方が最初に提唱されてから五〇年間、地球物理学者たちは激しく抵抗した。「知識というものは葬式ごとに進歩する」と、経済学者ポール・サミュエルソンは述べている。

別の欠点が生じるのは、ある分野の学者が丸ごと、政治的に左派や右派に偏ることを大学が許した場合だ。右派も左派も真実にとっては等しく有害だが、現在のところほとんどの大学の学部が、左派に強く傾いている。左派が政治的に気にくわない主張について、議論の俎上にあげることさえ、研究者にとっては、政府資金の給付申請を承認し、発表論文を査読する専門家仲間の反感を買うリスクがある。よくある反応が、自主規制だ。特に人間集団ごとにちがう最近の進化に関わることはすべて自主規制にあいがちとなる。自警屋が二、三人いれば、大学全体が震えあがる。結果的に、現在の研究者たちは、日常的に人種の生物学的側面を無視したり、この問題を避けて通ったりして、ライバル研究者たちから人種差別と責められて経歴が台無しにならずにすむよう計らっている。学者たちは、公開文書では人種への言及は遠回しにして、ほのめかしを読者に補完させるような言いまわしを使う。

人類の進化は最近も起こり、頻繁で、局地的に生じているという考え方への抵抗は、最近の進化を探ることが人種差別の復活にはつながらないと学者たちが納得しないかぎり、消えないだろう。実は、次に述べる理由から、人種差別の復活はきわめて起こりにくいはずだ。

ゲノミクスと人種差

そもそも人種差別に対する反対意見は、少なくとも欧米ではいまやしっかり定着している。この評価が覆ったり、力を失ったりする状況は想像しがたいし、科学的証拠となればなおさらだ。人種主義と差別は、原理原則としてまちがっており、科学的にどうこういう話ではない。科学とは、事物がどうあるか問うもので、どうあるべきか問うものではない。科学のうつろいは価値基準を支持しないから、科学をそういうものと考えるのはバカげている。

知能に夢中の研究者たちがおそれるのは、主要人種のどれかが他よりすぐれていると証明する遺伝子が発見されるということだ。だがさしあたり、その可能性はなさそうだ。知性に遺伝的基盤はあっても、知性を高める遺伝的変異はまだ確認されていない。理由はほぼまちがいなく、この手の遺伝子が多数あって、それぞれの影響は小さく、現在使われている手法では検知できないことだ。[※8]もしもいつか、知性を高める遺伝子がたとえば東アジア人で発見されたとしても、それを根拠に東アジア人が他の人種より高知能だと主張することはできない。同様の遺伝子が、ヨーロッパ人、アフリカ人にも何百と備わっていて、発見されていないだけかもしれないからだ。

それぞれの人種で、知能を高める変異遺伝子がすべて確認されたとしても、だれも遺伝的情報をもとに知能を計算しようとはしないだろう：知能テストを実施したほうがはるかに簡単だからだ。そしてIQテストは、評価はどうあれすでに存在している。

仮に、ある人種が遺伝的に他より高知能だと証明されたとしても、それはどんな結果をもたらすだろうか。実はたいしたことはない。東アジア人の知能テストの平均点は一〇五で、ヨーロッパ人の平均である一〇〇を上回る。IQスコアが高いからといって、東アジア人が道徳的に他の人種よりすぐれていることにはならない。東アジア社会には美点が多くあるが、社会の構成員のニーズを満たす点については、ヨーロッパ社会より特に優秀というわけではない。

ある一つの人種が他を支配する権利を持つとか、何か絶対的な意味において他よりすぐれているという考え方は、基本原理として断固却下できる。そして原理問題である以上、科学ではそれを攻撃できない。それでも人種にはちがいがあるため、科学が一部の形質について相対的な優位性を証明することは避けられない。遺伝的変異のせいで、チベット人や、アンデス高地民は、高地での生活能力がすぐれている。一九八〇年以降、オリンピックの一〇〇メートル走の決勝戦出場者は、すべて西アフリカに祖先を持っている。[※9] このような運動の技量に貢献する何らかの遺伝的要因があったとしても何ら不思議はない。

人種の遺伝学的研究によって、必然的に人種差が明らかになるし、関心を持って見守っている人には、ある形質面で、ある人種が別の人種をわずかに上回ることが示されるだろう。だがこの種の調査は、もっと広範で重要な事実も証明することになる。すべての人種差は、ある共通テーマの変奏にすぎないという事実だ。

おもな人間社会の相違に、遺伝が何らかの役割を果たしているからといって、その役割が支配的とはかぎらない。遺伝子で説明できることは多いし、おそらく現在理解／認識されているよりはるかに多くの役割を持つだろう。だがその影響はほとんどの場合、学習行動や文化に圧倒されてしまう。人間の社会的行動すべてを遺伝子で説明できるというのは、遺伝子では何ひとつ説明できないと仮定するのと同じくらいバカげた話だ。

社会科学者たちは、文化がすべてを握っていて、人種では何ひとつ説明できないと信じている。そしてすべての文化は等価値であると考えている。現在明らかになりつつある真実は、もっと複雑だ。世界の人間の本質は、とても似通っている。でも人間はよく似ていても、社会の構造、仕組み、業績が大きくちがう。記録が残っている歴史の大半を通じて、中国文明が世界最先端の社会であり、それが最近になって、ヨーロッパ人たちがこれまでのデフォルト政治機構である部族主義や専制主義とまったくちがう、オープンで革新的な社会をつくりあげるにつれ、西洋の台頭がやってきた。人間はみな似たり寄ったりだから、ある人物が、他の個人や他の人種に対して優越性を主張する権利や根拠はだれにもない。だが一部の社会は、おそらくは社会的行動における小さな相違から、他よりはるかに多くを達成している。これから探っていくのは、このようなちがいを形づくったのは進化かどうか、という問題だ。

社会的行動と歴史

ここから先のページの目的は、人種の遺伝的基盤に関する誤解を解き、歴史と人間社会の本質について、最近の人類の進化が何を明かしてくれるか考えることだ。研究者たちが人種差別についてのおそれを多少なりとも克服して、人類の進化が最近、頻繁に、局地的に起こっていることを受け入れられるなら、歴史と経済における数々の重要な問題を検討する道が拓けるかもしれない。人種は困った遺産かもしれないが、政治的な便宜からそこに進化的基盤がないふりをするよりは、検討してそれが人間性や歴史にどう影響したかを理解するほうがいい。

歴史、経済においてきわめて重要な──あるいは説明が不充分な──出来事を理解するのに関係しているのが、社会行動だ。世界中の人々の個人の感情、知性面の差異は小さくても、社会行動の小さな変化は、まったく異なる社会を生み出す。たとえば部族社会は血縁をもとに構成されていて、現代社会とのおもなちがいは、人間同士の信頼関係の範囲が、家族や部族の外にはあまり広がらない点だ。でもこの小さなちがいを根っことして、部族社会と現代社会の政治・経済構造の大きなちがいが生じている。別の遺伝的行動として、社会ルールを破った者にすすんで罰を与えたがる傾向がある。これはなぜ一部の社会が他と比べて協調的であるのか説明してくれるかもしれない。

社会構造は、人類の進化が歴史と交わる点だ。過去一万五千年間で、三大人種すべてにおいて、社会構造に大きな変動があった。この期間に、狩猟採集集団の遊牧生活から、もっと大規模なコミュニティで営む定住生活への転換が始まった。この大がかりな変化には、平等主義的社会ではなく階層的社会での生活、そして二、三人の近縁者ではなく、多くのよそ者とうまくやっていく気質が必要となった。この変化に長い年月を要したことを考えると——現生人類が考古学的記録に初めて登場したのは二〇万年前だが、定住コミュニティに落ち着くには一八万五千年かかった——進化にこれだけの年月を要したのは、社会行動における相当な遺伝的変化が必要となったからだ、と推測したくもなる。それに、この進化プロセスは、ヨーロッパ、東アジア、アメリカ、アフリカの人口集団それぞれに独立に生じた。この各地域の人類は、それぞれ初の定住社会が登場するはるか以前に分離していたからだ。

この狩猟者から定住者への移行は、人類の社会行動における唯一の進化的変化だったとは考えにくい。おそらく農業が始まったおよそ一万年前、ほとんどの人は飢餓寸前の状態で生活していた。生産性が増えるごとに、子どもが増え、余剰を食べてしまい、一世代たたないうちに、だれもが以前とたいして変わらない食糧難に逆戻りした。

この状況を的確に解説したのがトマス・マルサス牧師で、人口はつねに窮乏と悪習によって抑えられていたと分析している。ダーウィンが自然淘汰説の構想を得たのも、このマルサスからだ。マルサスの解説にある、生存をめぐる激しい闘争の中で、有利な変種が存続して、不利なものは破壊され、やがて新種が形成されたとダーウィンは考えたのだ。

マルサスが人口を観察して得た見解から、ダーウィンが自然淘汰の概念を得たことを考えると、農耕社会の人々が激しい自然淘汰の力にさらされていたと見なす根拠は充分にある。でも長い農業の歴史の中で、どんな形質が選択されたのだろうか。第七章で解説する証拠によると、変化したのは人間の社会的性質であることが強く示唆されている。工業化に続く大規模な人口転換まで、富裕層は貧困層よりも、生き延びる子どもの数が多かった。金持ちの子どもの多くは社会的地位が低下し、それにつれて、蓄財に役立つ行動を支える遺伝子が人口集団に広まったことだろう。この富のラチェット機構が特定の——経済的成功に必要な——行動を普及させる大まかなメカニズムを提供し、それが世代ごとに社会の性質をだんだん変える。このメカニズムが実証されているのは、いまのところ、並外れて正確な記録が存在する一二〇〇～一八〇〇年のイギリスの人口集団のみだ。でも人間は、子どもの成功に投資しようとする強い傾向があるから、このラチェット機構は富のグラデーションが存在するすべての社会で機能してきた可能性がある。

歴史学者たちがつづる物語には、政治的、軍事的、経済的、社会的といったさまざまな変化が描かれている。でもつねに不変だったと想定されている要素が、人間の天性だ。でも人間の社会性、ひいては人間社会の性質が最近変化しているなら、歴史上の大きな転機を説明するための新しい変数が登場したことになる。たとえば人類社会の生産性を一変させた産業革命が起こるには、初の定住地からほぼ一万五千年かかった。これも、狩猟生活から定住生活への移行に匹敵する、人間のちがった社会行動進化を必要としたのだろうか。

歴史的な大転機で、考えられる原因を学者たちが山ほど提示していながら、説得力ある説明がないものは他にもある。中国は初の現代国家を設立して、西暦一八〇〇年頃まで最も進んだ文明を享受したのち、不可解な衰退に陥った。西暦一五〇〇年頃のイスラム世界は、ほとんどの面で西洋を上回っており、一五二九年にスレイマン大帝率いるオスマン軍のウィーン制圧で頂点を迎えた。でもその後、千年近くにわたる容赦ない征服の後、イスラム世界は長く苦しい後退期に入った。この理由についても、研究者の間で意見の一致は見られていない。

中国とイスラムが衰退した一方、西洋が思いがけず台頭した。西暦一〇〇〇年頃、封建的で準部族的だったヨーロッパは、一五〇〇年には学習と探検の精力的な主導者になっていた。これを基盤に、西洋諸国は地理的拡大、軍事的優位、経済的繁栄、科学、技術において先頭に立った。

経済学者と歴史学者たちは、ヨーロッパの覚醒に寄与した要因を数多く挙げている。めったに検討されない要因が進化的変化の可能性、つまりヨーロッパの人口集団が、その固有地域環境に適応する中で、たまたま非常にイノベーションにとても有利な社会を発展させたという可能性だ。

経済格差

現在の世界についても、説明されていない重要な特徴が数多くある。豊かな国がある一方、いつまでも貧しい国があるのはなぜだろう。資本と情報の流れはかなり自由だ。では、貧しい国々が借金をして、北欧のありとあらゆる制度をまねて、デンマークのように裕福で平和になれないのはなぜだろうか。アフリカは過去半世紀に数十億ドルの援助を吸い上げたが、最近急激な成長を見せるまで、生活水準は数十年間低迷していた。一方、半世紀前の時点ではアフリカと大差ない貧困国だった韓国と台湾は、経済復活を享受している。このように急激に近代化できた国々がある一方、それがなかなかできない国々があるのはなぜだろうか。

経済学者と歴史学者たちは、各国のおもな格差を、資源、地形、文化のちがいといった要因のせいにしている。でも日本、シンガポールのように、資源がなくて裕福な国が多くある一方、ナイジェリアのように豊かな資源に恵まれた国々がとても貧しいという傾向が見られる。氷河と極寒の砂漠で国の大部分を覆われたアイスランドは、ハイチに比べて地理的に不利に見えるが、アイスランドの住民は裕福で、ハイチの住民は貧困と腐敗にいつまでも悩まされている。たしかに、文化はこのような多くのちがいに説得力ある充分な説明を提供してくれる。北朝鮮と韓国を舞台とした自然実験では、両国の住民は同じなのだから、北朝鮮を貧しくしているのは悪い制度で、韓国を繁栄させているのは良い制度にちがいない。

でも文化や政治制度が自由に国境を行き来できる状況では、いつまでも続く格差は説明がむずかしい。活発で持続的な人類の進化速度は、あらたな可能性を示している：どの文明の根っこにも、それを支える個別の社会行動があり、その社会行動は社会の制度に反映されているという可能性だ。制度はただの恣意的な規則ではない。他人を信頼する傾向、規則に従い、従わない者を罰する傾向、互恵性と交易に従事する傾向、近隣の集団と戦う傾向などといった、本能的な社会行動からむしろ生まれる。これらの行動が進化的圧力の結果として、社会ごとにほんのわずかにちがうから、それに左右される制度も少しずつちがってくるのだ。

ある社会から別の社会への制度移植がとてもむずかしい理由は、これで説明がつく。アメリカの制度は、イラクにはうまく移植できない。イラク人の社会的行動は、部族主義に基盤があること、中央政府に対する根強い不信など、アメリカとはちがうからだ。同じように、イラクの部族政治をアメリカに持ちこむのも不可能だ。

迅速で安価なヒトゲノムのＤＮＡ配列の解析手法が登場して、人種の基礎にある遺伝的多様性を探ることが初めて可能になった。人種ごとの差異を生み出した進化経路に、研究者たちは興味津々だ。その多くは本書で解説する。でも世界のＤＮＡの多様性が持つずっと大きな重要性は、その相違点ではなく類似点だ。人類の本質的な一貫性が最もはっきりと、消えることなく刻まれているのは、ヒトゲノムをおいて他にない。

＊＊＊＊＊

この先の内容の大部分は、一般読者にとっては目新しかったり、なじみがなかったりする可能性があるため、その内容がどこまで実証されているかについてのガイドがあれば有益だろう。根拠が最もしっかりしているのは、人種の遺伝学を研究する第四章、第五章だ。読者は最先端の研究に触れられるが、科学の最先端は教科書の内容に比べればひっくり返される可能性は高いので、ここで報告する研究結果は、科学分野の一流の専門家たちによる大量の研究をもとにしており、大きな訂正が発生する可能性の低いものだ。これらの章の内容は充分に信頼できるし、解釈は一般的に充分な裏付けがあると思ってくれていい。

第三章の人間の社会的行動の根源についての議論も、相当な研究調査（この場合はほとんど人間と動物の行動研究）に基づいている。でも人間の社会行動の遺伝的基礎は、いまだほとんど解明されていない。だからどの社会行動に遺伝的基盤があり、それがどこまで遺伝的に決定されているかについては、かなり論争の余地がある。それに、人間の社会的行動の研究分野自体の歴史が浅く、またあらゆる人間行動が純粋に文化的であるという、社会科学者の間でいまだ有力なパラダイムのせいで、いまだに傍流扱いだ。

第六章から第一〇章では、ハードサイエンスの世界を離れて、歴史、経済、人類の進化が交差する分野についての、ずっと推測に満ちた領域に踏み込んでいることは、充分ご理解いただきたい。人種の存在は、多くの研究者に長い間無視されてきたため、人間社会への人種の影響については、実際の情報が不足している。これらの章で示す結論は、論証にはほど遠い。いかに説得力がある（あるいはない）ように見受けられても、多くは推測だ。もちろん前提を明示すれば推測は悪いことではない。そして、推測は未知の領域への探索を始めるのにいつも使われる方法だ。推論を裏付ける、あるいは否定する証拠探しを促してくれるのだから。

第二章 科学の歪曲 PERVERSIONS OF SCIENCE

弱い人種に対する支配を擁護するのにダーウィニズムを頼る帝国主義者は、『種の起源』を挙げればよい。副題は『生存競争において有利な種族の保存』という。ダーウィンはハトについて議論していたのだが、帝国主義者はその理論を人間に当てはめてかまわないと考えた。

——リチャード・ホフスタッター[※1]

人種についての考え方は、その多くが生物学者によって提唱されており、奴隷制度の正当化や、不適格とされる人間の断種に利用され、ヒトラー政権下のドイツでは、ジプシー、同性愛者、精神障害を抱える子どもたちなど、無実で無防備な社会階層に対して、残忍な処分をおこなうために利用されてきた。最もおそろしいのが、優生思想と民族純化のぞっとする融合で、これをもとに国家社会主義ドイツ労働者党は、支配地の約六〇〇万人のユダヤ人を殺戮した。

人種の性質を調べる者にとって、これ以上に重大な警告はない。だからこのようにまちがった道へ人々や政府を誘い込んだ誤りを、最初に理解しておく必要がある。

人種差別主義は意外にも現代的な概念で、オックスフォード英語辞典に初めて登場したのは一九一〇年だ。それ以前から、民族的偏見はたっぷりと存在したし、現在も続いている。古代ギリシャでは、

ギリシャ語を話さない人を「バルバロイ(蛮族)」と称していた。中国は昔から自国を「中(心的な)国」と称して、国境の人間をすべて蛮族と見なしてきた。舌打ち言語の話者、カラハリ砂漠のブッシュマンは、「Ju|'hoansi」すなわち彼らのような「本当の人間」と、「!ohm」すなわち他のアフリカ人、ヨーロッパ人、肉食獣など、食用に適さない動物が属するカテゴリーの二つに世界を大別している。ヨーロッパ人は互いの蔑称を考案するとき、国籍と食べることを結びつける。フランス人はイギリス人を「ル・ロズビフ」(ローストビーフども)と呼び、一方イギリス人はフランス人を(フランス料理の珍味、カエルの脚から)「フロッグス」(カエルども)と呼び、ドイツ人を(発酵させたキャベツ、ザワークラウトから)「クラウツ」と呼ぶ。

人種差別主義と民族的偏見をわける重要な前提は、一部人種をほかよりすぐれていると見なす、人種の序列の概念だ。すぐれた人種は、その生得的な資質のせいで、他を支配する権利があるとされる。

人種差別主義には優越性のみでなく、不変性という考え方も含まれる。かつては血に宿るとされていたもので、いまでは遺伝子に宿ると見なされる。人種主義者は、人種的優越の基盤をそこなわないように、異人種との結婚を懸念する(いわゆる「純血」思想)。資質は生物学的に生まれ持ったものと見なされるため、人種主義者の地位の高さは決して脅かされず、劣等人種は絶対に挽回できない。生まれながらの優越という概念は、一般に単なる民族的偏見には見られないもので、これは劣等人種とされるものに対して、社会的差別から殲滅に至るまで、果てしない虐待を正当化する。「人種差別主義の本質は、ある個人が、その人の帰属すると見なされる集団と身体的、精神的、道徳的特質を共有していると想像し、それを理由にその個人をすぐれている、あるいは劣っていると見なすことだ。これらの形質を個人的に変えることはできないとされている」と、歴史学者のベンジャミン・アイザックは述べている。※2

人種的優越という概念が一九世紀に登場したことは、驚くにはあたらない。ヨーロッパ諸国が世界の大部分に植民地をつくって、他者に対する支配の論理的正当化を求めたのだ。

現代の人種差別主義には、少なくともあと二つの考え方が絡んでいる。一つは、ヨーロッパの探検家たちが記述した多くの人間集団を分類しようとする科学者たちの取り組みだ。もう一つが社会ダーウィニズムと優生学だ。

人種の分類

一八世紀、世界の生物の分類に取り組んだ偉大な学者リンネは、おもに地理と肌の色に基づいて、人種は四つあると述べた。ホモ・アメリカヌス(アメリカ先住民)、ホモ・エウロパエウス(ヨーロッパ人)、ホモ・アシアティクス(東アジア人)、ホモ・アフェル(アフリカ人)。リンネは人種の序列を認めず、人間をその他の自然と同列に並べていた。

一八九五年、「人類の自然な多様性」と題した論文で、人類学者ヨハン・ブルーメンバッハは頭骨の型をもとに、五つの人種があると述べた。リンネの挙げた四種に彼が加えたのはマレー人種で、これは基本的にはマラヤとインドネシアの人々を指す。ブルーメンバッハはヨーロッパ、北アフリカ、インド亜大陸の人々をあらわす名称として、「コーカソイド」という便利な用語を発明した。この名前の由来の一部は、コーカサス地方南部グルジアの人々が最も美しいとブルーメンバッハが考えていたこと、そしてノアの箱船がコーカサス地方のアララト山にたどりつき、そこがこの地に入植した人々の最初の故郷になった、という当時広まっていた見解にある。

ブルーメンバッハは、後継者たちの人種優越主義的信条のせいで、不当に汚名を着せられてきた。むしろ彼は、一部の人種が他よりすぐれているという考え方に反対で、コーカソイドの容姿の良さに対する自分の評価も主観的なものだと認めている。※3 コーカソイドの美しさについてのブルーメンバッハの見解は、人種差別よりむしろ民族的偏見によるものと考えたほうが合理的だ。またブルーメンバッハは、人間はすべて同じ種に属していると主張しており、当時の新説、つまり人種はそれぞれ大きくちがっていて、別の種に属するとの考え方には反対だった。

ブルーメンバッハまでの人種研究は、人間の多様性を理解して説明しようという、充分に科学的な試みだった。それが一九世紀にあやしげな方向転換をとげる。その見本が、一八五三〜五五年に出版されたゴビノーの著作『人種の不平等についての小論』だ。ジョゼフ・アルテュール・コント・ド・ゴビノーはフランスの貴族で、科学者ではなく外交官であり、トクヴィルの友人で多くの書簡をやりとりした。この著作は、国家の盛衰を説明しようとする哲学的試みで、基本的には人種的純度という考え方に基づいている。ゴビノーの説によると、人種は肌の色（白色、黄色、黒色）から三種類が識別できるという。純粋な人種は隣人を征服できるが、ほかの人種との混血が進むと優位性を失って、逆に征服される危険があるという。混血が退化をもたらすから、というのがゴビノーの仮説だった。

ゴビノーによると、優越人種はインド＝ヨーロッパ人（アーリア人）で、その血統はギリシャ、ローマ、ヨーロッパの帝国に存続しているという。ヒトラーが彼の著作を利用したせいで誤解されがちだが、ゴビノーはユダヤ人をとても高く評価しており、「取り組んだすべてに成功した人々で、自由で、強く、知的であった。剣をとり倒れるまで戦い、独立国家として、世界に商人の存在を知らしめた」と書いている。

ゴビノーの壮大な歴史論は、砂上の楼閣だった。人種的純度だの、混血による人種的退化だのという彼の考えに、事実による裏付けはない。彼の考え方は、アーリア人を支配者人種とする有害なテーマがなければ、まちがいなく忘れ去られただろう。ヒトラーはこの無価値な概念を採用する一方で、ゴビノーのユダヤ人に関するはるかにまともな見解を無視したのだ。

そして人種の不平等についてのゴビノーの主張に、さまざまな人口集団は人種がちがうだけでなく、種もちがうとする、対立を呼ぶ考え方が加わった。この信条のおもな提唱者が、フィラデルフィアの医師、サミュエル・モートンだった。

モートンの見解を誤らせたのは、偏見でなく信仰だった。彼を悩ませていたのは、紀元前三〇〇〇年のエジプトの壁画に黒人と白人が描かれているのに、世界そのものが創られたのが、紀元前四〇〇四年とされていたことだ。これは、旧約聖書などの情報をもとにアッシャー大主教がつくりあげ、当時広く受け入れられていた年表によるものだった。さまざまな人種が登場するには時間が足りないため、各種の人種は別々に創造されたにちがいないとモートンは主張した。アッシャーの年表にほんの一縷の真実でもあるなら、これは妥当な推論だ。

モートンは世界中から頭蓋骨を大量に集めて、脳の体積など、彼の見解では主要四人種を区別するはずの細部を計測した。そしてこの慎重な解剖学的計測に、各人種の行動を主観的に描写したものを加えて、実質的に人種を序列化した。ヨーロッパ人は地球上で「最も美しい民」と、モートンは書いている。次がモンゴロイド、つまり東アジア人で、「創意工夫に富み、模倣に長け、非常に育成しやすい」という。三番目がアメリカ人、つまりアメリカ先住民で、モートンによると、知的能力が「幼少期のまま」抜け出せないという。四番目が黒人（アフリカ人）で、「創意工夫はほとんどないが、模倣力は高く、機械的な作業は容易に習得する」という。

モートンは学者であり、この考えから何らかの実務的な結果を引き出そうとはしなかった。だが彼の追随者たちは、人種は別々に創造され、黒人は白人より劣り、したがってアメリカ南部の奴隷制度は正当化できるという解釈をためらいなく打ち出した。

モートンのデータは、科学教育において客観性が決定的に重要だと強調されるのに、科学者の先入観が結果に影響してしまうことを示す興味深い事例だ。ハーバード大学の生物学者で人気エッセイストでもあったスティーヴン・ジェイ・グールドは、モートンが脳の大きさと知能には関係があるという見解を裏打ちするために、アフリカ人とコーカソイドの頭蓋の体積の計測をまちがえたとして、彼を非難した。グールドはモートンが計測した頭蓋骨の再計測をおこなわなかったが、モートンが発表した統計分析を再計算して、四種の人種の頭蓋骨の容積は、ほぼ変わらないと推計した。グールドの糾弾は『サイエンス』に掲載されているほか、広く引用されている一九八一年の著作『人間の測り間違い』にもおさめられている。

だが意外なひねりだが、偏見を持っていたのはグールドだったことが最近明らかになった。モートンは実は、グールドが主張したように知能と脳の大きさに相関があるとは考えていなかった。むしろ、頭蓋骨を計測してヒトの多様性を研究したのは、神が人種を別々に創造したかどうか追究するためだった。自然人類学者の一団がモートンの収集した頭蓋骨と特定できたものをすべて再計測したところ、彼の計測はほぼつねに正しかった。誤っていたのはグールドの統計だった。そしてその誤差はつねに、モートンの人種分類において頭骸骨の容積に差はないというグールドのまちがった信条を裏付ける方向の誤差だった、と学者たちは報告した。「皮肉なことに、グールドによるモートンの分析のほうが、偏見が結果に影響する例として有力らしい」と、ペンシルベニアの学者たちは述べている。[※4]

「モートンはジェイ・グールドのおかげで、三〇年間にわたって科学研究における不正行為の典型例として扱われてきた」と彼らは指摘する。加えてグールドは、モートンの場合のような偏見がありがちなので、科学そのものが不完全なプロセスだと主張していた。これは正しくないと研究者たちは述べる。「モートンの例が示したのは、偏見が至るところにあるということではなく、科学が文化的背景の限界や盲目性から逃れる力を持つということだ」。

モートンとグールドの騒動から得られる教訓は二つ。一番目は、科学者たちは、客観的な観察者として教育を受けてはいても、感情や政治が絡むとほかのみんなと同じように誤りをおかしやすいこと。それは右派だろうと、グールドのように左派だろうと変わらない。

二番目は、一部の科学者が個人的に失敗しても、科学には知識生成システムとして自己修正傾向があるということだ。ただし修正が起こるまでには、かなり時間がかかることが多い。この遅延期間に、未修正の科学的発見を利用して有害な方針を広める人々が、多大な害を引き起こしかねない。人種を分類して、優生学の適切な範囲を理解しようとする科学者たちの試みは、両分野が完全に修正される前に、いずれも乗っ取られてしまった。

人種はそれぞれちがう生物種だという考え方に、しっかり反論したのはダーウィンだ。一八五九年に発表した『種の起源』で、ダーウィンは進化についての持論を説明したが、話を一歩ずつ進めたいと思ったせいか、ヒトという生物に関しては特に何も述べていない。人間について言及があるのは、一二年後に発表された第二巻『人間の進化と性淘汰』だ。人種がいかに見かけ上はちがっていても、サミュエル・モートンの追随者たちが強く主張するような別の生物種だと考えられるほどのちがいには、どうまちがっても及ばない、というのがダーウィンのセンスのよい洞察に満ちた宣言だった。

ダーウィンはまずこう述べる。「黒人、ホッテントット、オーストラリア人、モンゴロイドを一度も見たことがない自然学者がこれらを比較したら（略）これまで別々の名前をもらってきた多くの生物種に負けず劣らず、それぞれが立派な別個の生物種だとまちがいなく断言するだろう」。

このような見解を裏付ける主張として（ダーウィンはまず、反実的な主張をできるかぎり突き詰めてみてから、それを打ち倒そうとしているのだ)、ダーウィンは、人種によって別種のシラミがたかると指摘している。「太平洋の捕鯨船の船医が断言したところによると、船内でサンドウィッチ諸島出身者についていたシラミがイギリス人の船乗りの体につくと、三〜四日で死ぬという」。だから人種によってたかる寄生虫の種が異なるなら、「それぞれの人種を別々の種として分類するべきという議論が促される可能性は充分にある」と、ダーウィンは示唆した。

一方、二つの人種が同じ地域に暮らす場合、両者は混血するとダーウィンは指摘している。また、それぞれの人種に独特の形質は、非常に変動が激しい。ダーウィンはブッシュマンの女性の伸長した小陰唇(「ホッテントット・エプロン」と呼ばれる)を一例に挙げている。一部の女性にエプロンがみられるが、全員にあるわけではない。

人種をそれぞれ別の生物種とすることに反対する最も有力な議論は、ダーウィンの見解によると「それらが通婚することで、われわれにわかるかぎり、多くの場合は完全に独立した形で、お互いへと段階的に移行する」というものだ。こうした人種の段階的な変化は実に広範に起こるものだから、人種を数え上げようとする人々の推測は、一種から六三種とやたらに開きがある、とダーウィンは指摘している。だが非常に変化に富んだ生物の集団を記述しようとする自然学者は、それらを一つの種としてまとめるべきだとダーウィンは述べている。なぜなら「定義不可能な対象物に名前を与えるわけにはいかないからだ」。

人類学の論文を読む人なら、人種間の共通性に感心するはずだ。ダーウィンは「踊り、荒削りな音楽、演劇、ペインティング、入れ墨、その他、身を飾ることにだれもが喜びを感じる。身ぶり言語はお互いに理解できるし、同じ感情に興奮したときには、同じ表情をつくり、同じ不明瞭な叫び声をあげる」と、指摘している。ダーウィンが期待をこめて書いているように、「まちがいなくもうすぐ起こることだが」進化の原理が受け入れられるときには、人間は一つの種に属しているか、それとも多くの種があるかという議論は「静かに、ひっそりと死を迎えるだろう」。

社会ダーウィニズムと優生学

ダーウィンはその権威をもって、人間に種がさまざま存在するという考え方に終止符を打った。でも、精一杯がんばりはしたが社会ダーウィニズムと呼ばれる政治運動は抑えこめなかった。社会ダーウィニズムとは、自然界で適者が生存して弱者が追いやられるのと同様に、人間社会にも同じ原則を当てはめ、貧者や病人が子を増やしすぎて国が弱体化しないようにすべきだという発想だ。

この考えを広めたのはダーウィンではなく、イギリスの哲学者ハーバート・スペンサーだ。スペンサーは社会の進化についての理論を構築した。倫理的な進歩は、人々の現状への適応に左右されるとの理論だ。この理論はダーウィンの理論と無関係に構築されたもので、ダーウィンの理論が基盤とする広範な生物学的調査はまるでない。それでも、ダーウィンがとりいれた「適者生存」という表現の生みの親は、スペンサーだ。

スペンサーは、貧者や病人を繁殖可能にする政府援助は社会の適応を阻むと主張した。適応しそこねた人々の排除が遅れないように、政府による教育目的の援助すら削減するべき、というのがスペンサーの意見だった。スペンサーは一九世紀後半で最も著名な知識人の一人で、彼の考えは、現在ではいかにひどいものに見えても、欧米で広く話題になった。

ダーウィンの進化論は、少なくとも当のダーウィンとしては、自然界のみを対象にしたものだった。だが政治理論学者は、蛾がロウソクの炎に惹かれるように、この理論に惹きつけられた。カール・マルクスは、『資本論』をダーウィンに捧げていいか尋ね、偉大な自然学者ダーウィンは、その栄誉を辞退している。[※5] ダーウィンの名前は、スペンサーの政治思想にはりつけられたが、その思想は社会ダーウィニズムと呼ぶより社会スペンサリズムと呼んだほうが、はるかに正確だった。当のダーウィン自身が、この思想を実にきっちりと叱責して反証している。

はい、たしかにワクチンは天然痘で命を落としたであろう弱い人々を大勢救った、とダーウィンは書いている。そして、文明社会で弱者が増えることは、動物の育種という観点から判断すると「人類という生物種にとって非常に有害であるにちがいない」。だが、無力な人々に助けの手を差し伸べなければならないと感じるのは、社会的本能の一部だとダーウィンは述べている。「いかに確固たる理由に促されたところで、われわれの本質の最も崇高な部分をおとしめることなしには、同情を止めることもできない。あえて弱者や無力な者を無視しようとすれば、それは圧倒的な即座の悪をもたらし、得られる利益はほんの附随的なものでしかない[※6]」。

ダーウィンの助言に人々が耳を傾けていれば、二〇世紀における悲惨な歴史の転機も、多少は起こる可能性が下がったかもしれない。だが多くの知識人にとって、理論上の便益は、しばしば圧倒的な即座の悪を上回る。人種改良という実態のない概念が優生学運動を突き動かして、それが何十年もかけてつくりあげた精神風土により、ドイツでは国家社会主義ドイツ労働者党の指揮で、大量虐殺がおこなわれた。だがこの大惨事のきっかけは、まったく別のところにある。始まりは、ダーウィンのいとこ、フランシス・ゴルトンだ。

ゴルトンはビクトリア朝の博識な紳士で、さまざまな科学分野にすぐれた貢献をした。彼は基本的な統計的手法の一部、たとえば相関、回帰、標準偏差の概念を編み出した。人間行動は遺伝するという予測のもと、双子を使って先天的形質と後天的形質の影響を調べた。彼が考案した指紋の分類体系は、現在も指紋識別に利用されている。世界初の天気図を描いたのも彼だ。祈りに効果があるかをどうやって調べようかといたずらっぽく尋ねた彼は、次のように指摘した。イギリス国民は何世紀にもわたって、毎週教会で国王の長寿を祈ってきたのだから、祈りに力があるならば、イギリス国王は長寿であるはずだ、と。イギリス王族は富裕層の中でも最も短命であり、したがって祈りに効果はないとする彼の報告は、「ひどく断定的かつ攻撃的であり、轟々たる非難を浴びることまちがいなし」と編者に却下され、長年日の目を見なかった。※7

ゴルトンのおもな関心事の一つは、人間の能力が遺伝するかという点だった。彼はさまざまな著名人を一覧にまとめて、血縁関係にある人々を探した。この血縁者たちを見ると、創始者の近縁者は遠い親戚よりも傑出している場合が多く、知的特質に遺伝的基盤があることがはっきりした。

当時の批評家たちは、著名人の子どもが他に比べて教育などの機会に恵まれている事実にもっと注目するようゴルトンに迫った。ゴルトンは、育ちがいくらか関与していることを認めて、「生まれか育ちか」という表現を生み出した。だが卓越した能力の遺伝に対する彼の関心は尽きなかった。ダーウィンの進化論はすでにイギリスで広く受け入れられており、人間の形質計測に貪欲だったゴルトンは、自然淘汰がイギリス国民に与えた影響に関心を持っていた。

この考え方が、彼を危険な方向へ導いた。人類は家畜同様、管理交配で改良できるという提言だ。彼は卓越した血筋が存在するという発見から、このような家系同士の結婚を金銭的誘因によって奨励して、人種改良に役立てるべきだと提言するに至った。この目標に向けて彼が生み出した言葉が「優生学」だ。

未発表の小説『カントセイホェア(どこだかいえない)』で、ゴルトンは、優生学試験に不合格となった人たちを収容所に閉じこめて重労働をさせ、独身のまま過ごさせると書いている。だがこれはほとんど思考実験か空想だったようだ。彼の発表論文では、優生学についての公教育、そして優生学的に健康な人たちの結婚を奨励すべき旨が強調されている。

ゴルトンの伝記作家の一人、ニコラス・ギルハムは、ゴルトンが「死後二〇年あまりで、優生学の名のもとに強制断種と殺人がおこなわれると知ったら、震え上がっただろう」と述べているが、この見立てを特に疑うべき理由もない。※8

当時の知識水準からして、ゴルトンの考え方はその頃はまっとうなものだと思われた。自然淘汰の力は、近代の人間に対しては弱まっているように見えた。一九世紀末の出生率は下がり、特に上流・中流階級で激減していた。論理的に考えて、上流階級に子を増やすよう奨励できたら人口の質は向上するはずと思われた。ゴルトンの考え方は好評を博し、栄誉が与えられた。イギリス随一の科学研究機関、王立協会からダーウィンメダルが与えられた。一九〇八年、ゴルトンが世を去る三年前には、その功績に対して勲爵士の称号を授けられている。このときはだれも、彼が意図せず火種をまいていたことに気づかなかった。

ゴルトンの優生学の魅力は、知的にすぐれた者が子どもを増やすよう奨励できれば、社会は良くなるという信条にあった。これに同意しない学者がいるだろうか。良いものを増やすのは、どう考えても良いはずではないか？　でも実際のところ、それで望ましい結果が得られるかはまったくわからない。知識人階級は、聞こえは良いのに大惨事をもたらす理論的枠組みにはめっぽう弱い。たとえば社会ダーウィニズム、マルクス主義、あるいはまさに優生学もそうだ。

動物の交配から類推するに、特定の望ましい特質を高めることを目的とした人間のかけ合わせは可能だろう。それが倫理的に受け入れられるとしたら。だがそれが社会全体にとって益になるか、確認する術はない。優生学計画は、その時点でいかにもっともらしくても、根本的につじつまが合わなかった。

そしてそれを実施するにあたり、優生学は致命的な方向転換をしてしまった。ゴルトンの考える優生学は、裕福な中流階級に結婚傾向を変えさせて、子どもを増やさせることだった。だが積極的優生学（この提言の名称）は、政治的に手のつけようがなかった。消極的優生学、すなわち不適格と見なされる人々の隔離や断種のほうが、はるかに実践しやすかった。

一九〇〇年、メンデルの遺伝の法則（生前は顧みられなかった）が、再評価された。ゴルトンたちが開発した統計手法を遺伝学に組み合わせた、集団遺伝学として知られる強力な遺伝学の一分野が発達しはじめた。大西洋両岸のおもな遺伝学者たちは、ここから生じた新たな権威を使って優生学的思想を推進した。これにより、やがて手に負えなくなる、ひどく悪質な力を秘めた思想を解き放ってしまったのだ。

新たな優生学運動のおもなまとめ役は、チャールズ・ダヴェンポートだった。彼はハーバード大学で生物学の博士号を取得して、ハーバード大学、シカゴ大学、ニューヨーク州ロングアイランドのコールドスプリングハーバーにあるブルックリン・インスティテュート生物学研究所で動物学を教えた。優生学についてのダヴェンポートの見解を突き動かしたのは、本人が属する人種以外への蔑視だった‥「この国のまわりに高い壁をめぐらせて、これら卑小な人種が入れないようにすることは可能だろうか。それとも、それは貧弱なダムとなって（中略）われわれの子孫は国を黒色、褐色、黄色人種に明け渡し、ニュージーランドを亡命の地とするのだろうか」と、ダヴェンポートは書いている。[※9]

移民がアメリカに押し寄せたのは一八九〇〜一九二〇年で、これを懸念する風潮が、優生思想にとっては追い風となる。ダヴェンポートは科学者としては二流だったが、優生計画のための資金は楽に集められた。彼はロックフェラー財団や設立されたばかりのカーネギー研究所など、有数の慈善団体から資金を確保した。ロングアイランドの資産家一覧を検分していた彼は、メアリー・ハリマンの名前を見つけた。鉄道王エドワード・ヘンリー・ハリマンの娘だ。メアリーはたまたま優生学（ユージェニクス）にとても関心を持っており、大学では「ユージニア」のあだ名で呼ばれていた。彼女はダヴェンポートに優生学記録局設立の資金を提供した。アメリカ国民の遺伝的背景を登録して、良い血統と欠陥のある血統を区別しようとする機関だった。※10

カーネギー研究所、ロックフェラー財団は、だれにでも資金提供するわけではない。顧問が有望と判断した研究分野に絞っている。この顧問たちは、当時科学者や多くの知識人たちに浸透していた優生学に、好意的な見解を持っていた。優生学研究協会の会員には、ハーバード大学、コロンビア大学、イェール大学、ジョンズ・ホプキンス大学の出身者が名を連ねていた。※11

「アメリカでは、優生学の司祭団が、メンデル説拡大に貢献した初期のリーダーシップの大部分を担った」と、歴史家ダニエル・ケブルズは述べている。「ダヴェンポートのほか、レイモンド・パール、ハーバート・S・ジェニングス（いずれもジョンズ・ホプキンス大学出身）、クラレンス・リトル（ミシガン大学学長で、のちにメイン州ジャクソン研究所を設立）、ハーバード大学教授のエドワード・M・イースト、ウィリアム・E・キャッスル、（中略）アメリカの単科大学、総合大学のほとんど——ハーバード、コロンビア、コーネル、ブラウン、ウィスコンシン、ノースウェスタン、バークレーなど——が、優生学、あるいは優生学的要素を組み込んだ遺伝学の課程を提供して、学生に人気を博していた」。※12

優生学運動については、同じく歴史家のエドウィン・ブラックも、同様の結論を下している：「アメリカの医学、科学、高等教育の世界に身を置く一流思想家たちは、優生学の知識を膨らませ、その教義を説くことに励んでいた[※13]」。

多くの著名な科学者たちの導きに、人々は従った。一九一三年、セオドア・ルーズベルトはダヴェンポートに次のように書き送っている。「よろしくない性質の国民が延々と残ることを認める筋合いはない[※14]」。アメリカの最高裁判所の承認により、優生計画に対する支持は頂点に達した。この法廷が扱っていたのは、キャリー・バックという女性からの控訴で、バージニア州はキャリー本人、母親、娘に精神障害があることを理由に、彼女の不妊処置を要望していた。

バック対ベル訴訟として知られるこの一九二七年の訴訟で、最高裁判所はバージニア州を支持した。異議をとなえたのは一名のみ。多数派を代表する判決を書いたオリバー・ウェンデル・ホームズ判事は、精神障害者の子孫は社会にとっての脅威だとする優生学者の信条を全面的に支持した。

判事は次のように書いている。「堕落した子孫の犯罪を待って処刑したり、愚かさゆえに飢えさせたりするかわりに、明らかな不適合者による種の存続を社会が回避できたなら、それは世界にとって望ましい。強制種痘を継続実施している方針は、卵管切除をも含むだけの広さを持つ。痴愚が三世代も続けば充分である」。

すぐれた血統同士の結婚を奨励するという政治的に実現困難な提言から始まった優生学は、いまや政治運動として認められ、貧者や無防備な者には厳しい結果が待ち受けた。

その筆頭が、断種計画だ。ダヴェンポートとその信奉者たちの勧めで、州議会は刑務所や精神病院の収容者に断種処置を施す計画を可決した。断種の一般基準は精神薄弱だったが、これは知識を問う試験で判断されることが多く、教育の不充分な人々を特に不利な立場に置く、あいまいな診断区分だ。

優生学者たちは、人間をおとしめる道具として知能検査を悪用した。知能検査はアルフレッド・ビネーによって、教育的に特別な助けを必要とする子どもを見分けるために開発された。優生学運動は、この検査を利用して知的障害者を同定し、それを根拠に断種すべきとした。初期の検査の多くは知識を調べるもので、生まれ持った知力を調べるものではなかった。「ナイト・エンジンを採用しているのは：〈パッカード／スターンズ／ロジアー／ピアース〉・アロー」とか「ベッキー・シャープが登場するのは：〈バニティ・フェア／ロモーラ／クリスマス・キャロル／ヘンリー四世〉」といった問題は、ある特定の種類の教育を受けていない人々にきわめて不利なものだった。ケブルズはこう述べている。「検査は学力があると有利なように偏向しており、結果は被験者の教育・文化的背景に依存していた」[※15]。だがこのような試験が利用されて、子どもを持つ希望を打ち砕いたり、兵役を拒んだりした。

優生学者たちの推計では、最大四〇〇万人の国民が「精神薄弱」とされたが、それでも一九二八年までにアメリカで断種された人の数は九千人未満だった[※16]。バック対ベル訴訟の判決を機に、歯止めがなくなった。一九三〇年には二四の州で、断種法が成立していた。一九四〇年には、三万五八七八人のアメリカ人が不妊処置や去勢手術を施されていた[※17]。

優生学者たちはアメリカの移民法にも口だしするようになった。一九二四年移民法では、一八九〇年の国勢調査における国民比率をもとに、各国からの移民枠が決められた。その後、基準点は一九二〇年の国勢調査に変わっている。法の意図と効果は、北欧諸国からの移民を増やして、南欧や東欧（ポーランド、ロシアで迫害を逃れたユダヤ人を含む）からの移民流入を制限することだった。また、この法は東アジア諸国の大部分からの移民を全面禁止した。ウェストバージニア州のロバート・アレン議員は、議会討議で次のように説明している。「外国人の流入に制限を設けるおもな理由は（中略）アメリカの地を浄化して純粋に保つ必要があるからだ[※18]」。

優生学者たちは、ヨーロッパのおもな首都に監督官を置いて、移民候補の選抜をおこなっていた。およそ十分の一が、身体的／精神的に障害があると判断された。監督局は数年後に費用の問題からつぶれたが、そこでの嗜好はアメリカ領事たちに引き継がれた。一九三六年以後、ますます多くのユダヤ人がドイツから逃れようとしたとき、アメリカ領事は彼らをはじめとする、必死な亡命者たちへのビザの発給を拒否した[※19]。

一九二四年移民法の支持者の多くは、マディソン・グラントの著作『偉大な人種の消滅』の影響を受けていた。グラントはニューヨークの法律家で、レッドウッド保護同盟、ブロンクス動物園、グレイシャー国立公園、デナリ国立公園の設立に助力した保守派だ。学術的な実績はなかったが、人類学界で顔が広く、フランツ・ボアズとはしばしば衝突した。ボアズはアメリカの社会人類学の生みの親であり、人種的不平等の起源は社会的なもので、生物学的ではないとする考えの支持者だった。グラントはコロンビア大学の人類学学部長を務めていたボアズの追放を試み、アメリカ人類学会における権力争いで、彼に負けている。

グラントの信条は極度に人種差別的で、優生学的だった。グラントによると、ヨーロッパ人は頭蓋骨などの身体的形質から、北方人種、アルプス人種、地中海人種の三種の人種で構成されているという。北方人種は茶色あるいは金色の髪に、青色か水色の目を持つすぐれた人種だという。理由の一つは、彼らの進化の過程を取り巻いていた過酷な北方の気候が「冬の厳しさのほか、短い夏の間に一年分の食料、衣類、住処を備える勤勉さ、および洞察力が要求されたため、障害者が厳しく排除されたからだろう」と、彼は述べている。

グラントはこう続けている。「このような取り組みが長きにわたって求められると、強く、たくましく、自立した人種が生まれて、それが当然ながら、弱い者が一掃されていない国々との戦いでは他国を圧倒する」[※20]。

イギリスの衰退は「北方人種の血統が占める比率が低下したこと、そして精力的な北方人種の貴族および中流階級から、(おもに地中海人種から集められた)急進派および労働者たちに政治権力が移譲されたこと」が原因であると、グラントは述べている。グラントによると、アメリカでも「支配人種」は同様の希薄化に脅かされているという:「アメリカはやがて最も望ましくない階級および種類の人間を、いま人間を輸出しつつあるヨーロッパ各国から受け取るさだめにあるようだ」。

エマ・ラザラスはアメリカを、ヨーロッパの野蛮な戦争と憎しみから逃れた人々の希望の光ととらえていた。グラントの見方は彼女ほど開放的でなかった:「われわれアメリカ人は、前世紀の社会的発展をつかさどってきた利他的な理想と、アメリカを〝虐げられた人々の避難所〟にした生ぬるい感傷主義が、この国を人種的どん底に向かわせつつあることを認識しなければならない。人種のるつぼが野放図に煮えたぎることを許され、われわれが国家のモットーを引き続き掲げて、あらゆる〝人種、信条、肌の色の別〟に対してあえて目をつぶるのならば、植民地時代のアメリカを故郷とした人々の血統の類いは、ペリクレスの時代のアテナイの民や、ロロが生きた時代のバイキングのように絶えてしまうだろう[※21]」。

グラントの著書は一九三〇年代にアメリカ人が優生学思想に背を向けはじめる頃には、ほとんど読まれなくなっていた。だがこの本の悪影響は、一九二四年移民法を成立させたくらいではすまない。ある日グラントは、『偉大な人種の消滅』から得た数多くの考えを自身の著書に組み込んだという熱心な信奉者からファンレターを受け取った。「この本は、わたしにとっての聖書（バイブル）です」と、彼は手紙の中で断言した。そのファンは『わが闘争』の著者、アドルフ・ヒトラーだった[※22]。

優生学に向かう流れは決して止めようがないものではなかった。イギリスでは、優生思想は決して理論の域を出なかった。ゴルトン式の優生学は、当初は知識階級で幅広い支持者を惹きつけた。その中には劇作家ジョージ・バーナード・ショー、社会的急進派のベアトリス・ウェッブ、シドニー・ウェッブなどもいる。当時、内務大臣だったウィンストン・チャーチルは、一九一三年の精神薄弱法をめぐる議論の中で、優生学者たちに次のように話している。知的障害と見なされるイギリス国民一二万人は「可能ならば、適切な環境のもとで隔離して、その災いが彼らとともに絶えて、将来の世代に伝わらないようにすべきである」と。

だが議会は断種を支持しなかった。一九三一年、一九三二年には優生学協会が自発的断種を認める法案の提出にこぎつけたが、そこで行き詰まった。このような極端な方策は好まれなかったし、いずれにしても外科的断種処置は、本人や法定後見人の同意があっても、イギリスの法のもとでは犯罪行為と見なされただろう。

イギリス優生学協会は、ダヴェンポートがアメリカでおこなった優生学ロビー活動に比べると、世論への影響にはほとんど成功しなかった。理由の一つとして、イギリスの科学者のほとんどが、当初ゴルトンの思想に心酔はしたものの、その後、特にダヴェンポートが推進したような優生学に背を向けたことにある。

ダヴェンポートは、「役立たず」、「精神薄弱」などといったあいまいな形質を引き起こすのは単一の遺伝子で、メンデルがマメ科植物を使った実験で示した通り、単純な遺伝パターンを持つものと信じていた。だが複雑な行動形質は、一般に多数の遺伝子によって協調してつかさどられている。メンデル形質は、（それが倫理にかなうなら）原理的にいえば保有者の断種処置でおおむね排除できるはずだが、複雑な形質をこのように左右するのは、はるかに困難だ。

ゴルトン研究所に属していたデヴィッド・ヘロンは一九一三年の論文で、あるアメリカの論文について「ぞんざいなデータの提示、不正確な分析手法、無責任な結論の表現と、急な意見の変化」を糾弾している。このテーマを扱った最近の寄稿の多くは、ヘロンの見解では、「真の科学の範囲からすっかり外れたところ」に優生学を位置づけかねないと、彼は述べている。[※23]

イギリスの批評家たちによる、ダヴェンポートの科学の質に関する評価は正しかったが、それでも彼は、アメリカではさらに長年にわたって影響力を持ち続けた。カーネギー研究所が一九二九年にやっと、優生学記録局でのダヴェンポートの研究について客観的なレビューを実施するに至ると、査読者たちも優生学記録局のデータには価値がないと判断した。一九三五年、二回目のレビュー委員会は、次のような結論を下した。優生学は科学ではなく、優生学記録局は「あらゆるプロパガンダと、社会的改革や人種改良のための計画（たとえば断種、産児制限、人種や民族意識の植えつけ、移民制限など）から切り離された、純粋な調査に総力を挙げて取り組むべきである」。

一九三三年、優生学は決定的な転機にさしかかっていた。イギリスでもアメリカでも、科学者たちは初めのうち優生思想を受け入れ、それから背を向けて、それぞれの国民も追従した。ドイツの科学者たちが、英米の同僚にならって優生思想を拒絶していたら、優生学は単なる歴史上の足跡になりはてていたかもしれない。ヒトラーの権力取得が、その可能性を排除した。

ドイツの優生学者は、第一次世界大戦の前も後も、アメリカの仲間たちと密に連絡をとっていた。彼らの理解では、アメリカの優生学者たちは北方人種を好み、遺伝子プールをけがれのない状態に保とうとしていた。ドイツの優生学者たちは、アメリカの多くの州議会が精神障害者の断種計画を立ち上げ、議会が移民法を変えて、北ヨーロッパからの移民を世界のほかの地域に比べて優遇するのを、強い関心をもって見守った。

アメリカ優生法とイデオロギーは「ドイツにおける人種生物学者と、人種に基づいて憎悪をかきたてる扇動家たちに刺激を与える青写真になった」と、著述家エドウィン・ブラックは述べている。[※24]ヒトラーが一九三三年一月三〇日に政権を握ると、ドイツではすぐに優生計画が開始された。一九三三年七月一四日に公布された遺伝病子孫予防法のもと、ドイツは断種すべき九種の人々を指定した――知的障害者のほか、統合失調、躁鬱病、ハンチントン病、てんかん、聾、遺伝性奇形、遺伝盲、アルコール依存症の患者だ。最後を除いて、これらはダヴェンポートとアメリカの優生学者たちが標的とした疾病だった。

ドイツではおよそ二〇五の地方遺伝健康法廷が設立されて、それぞれに人員が三人配置された――法廷の長を務める法律家が一人、優生学者が一人、医師が一人。疑似症患者について報告を怠った医師たちには罰金が科された。断種は一九三四年一月一日に開始されて、施設に収容されている患者のみでなく、一〇歳以上の子どもと一般の人々が対象となった。最初の一年間に、五万六千人が断種処置を受けた。記録が発表されている最後の年、一九三七年までに合計二〇万人が断種処置を施されている。

一九三三年の法の目的は、帝国内務省の職員によると「人種の血脈全体の汚染」を避けることだった。断種は血の純粋さを永久に守るという。「われわれは隣人愛にとどまらず、将来の世代にも手をさしのべる」と、彼は述べている。「そこにこそ、この法の高い倫理意識と大義名分がある」[※25]。

断種計画は、医師と病院を関わらせて、国家社会主義ドイツ労働者党が不適格と評価した人々に強制処置を施す法的、医学的制度をつくりあげた。この仕組みが整ったことで、優生計画をおもに二つの方向にずっと拡大しやすくなった。一つが断種から殺害への移行だ。第二次世界大戦が始まって病床不足が進んだことも一因となった。一九三九年には、病院に収容されていたおよそ七万人の精神障害者が、安楽死を定められた。最初の犠牲者たちは銃殺された。あとの犠牲者たちはシャワー室を装った部屋に押し込められて、ガスで殺された。[※26]

ドイツの優生計画がたどったもう一つの展開が、不適格者リストへのユダヤ人の追加だ。一連の刑罰法規によって、ユダヤ人は仕事と住み処を追われ、ほかの住民から隔離されて、すでに避難していなかった者たちは強制収容所に収容され、そこで殺された。

一九三三年四月七日、最初の反ユダヤ主義法規により、「非アーリア人」の役人が解雇された。「非アーリア人」という用語には、日本などの外国も不満を述べた。その後の法では明確にユダヤ人が指定されているが、これによって帝国内務省は、ユダヤ人の定義問題に陥った。国家社会主義ドイツ労働者党は、一方の親がユダヤ人の場合はユダヤ人と見なすことを提案したが、帝国内務省は実際的でないとして、これを却下した。帝国内務省はユダヤ人との混血を二分して、ユダヤ教を信仰しているか、ユダヤ人と結婚した場合のみ、完全なユダヤ人と見なした。この定義を利用して、一九三五年九月一三日のニュルンベルク法（あるいは「ドイツ人の血と名誉を守るための法」として知られる）により、ユダヤ人と「ドイツ人あるいはその血縁」の市民との結婚は禁じられた。[※27]

これらの方策を皮切りにさまざまな方策がとられた結果、数年のうちにドイツとヒトラー軍占領下のヨーロッパ諸国では、それがユダヤ人大虐殺計画にまでエスカレートした。大虐殺前にヨーロッパに居住していたユダヤ人九〇〇万人のうち、一〇〇万人の子どもを含むおよそ六〇〇〇万人が殺害された。殺戮機構はさらに四〇〇〜五〇〇〇万人の同性愛者、ジプシー、ロシアの戦争捕虜をのみこんだ。ヒトラーの目的は、東ヨーロッパ諸国の人口を減らして、ドイツ人移民のために場所を空けることだった。

社会主義ドイツ労働者党の優生学計画の要素の多くは、程度は異なるが、少なくとも概念としてはアメリカの優生学計画にも見受けられる。北方人種優位、血の純粋性、異民族間結婚の糾弾、不適格者の断種――これらはすべてアメリカの優生学者たちが支持した思想だった。

でもユダヤ人殺しは、ヒトラーの考えだった。断種と大量殺戮の置き換えも然り。

大虐殺をもたらした思想の先例が一九二〇〜三〇年代の英米優生学運動に見られるからといって、他の人々がナチス政権の犯罪責任を共有すべきだということにはならない。でも、人種についての思想は、政治的目標と結びつくと危険だということにはなる。科学者は、大衆に提示される科学的思想を厳しく検証する責任を負う。

ドイツでは、ユダヤ人殺しの地ならしに科学者が大きな役割を担ったが、とがめられるべきは彼らだけではない。反ユダヤ的声明は、多数の高名なドイツ人哲学者の著作をも汚している。カントも例にもれない。ワグナーは歌劇や随筆の中で、ユダヤ人に対して暴言を吐いている。ヒトラーの知識人への影響を調べたイヴォンヌ・シェラットは、次のように書いている。「第一次世界大戦終戦の頃には、啓蒙思想からロマン主義、ナショナリズムから科学に至るまで、ドイツ人の思想のあらゆる側面に反ユダヤ的思想が浸透していた。論理的な人も感情的な人も、観念論者も社会進化論者も、非常に洗練された者も、非常に粗野な者も、すべての人がヒトラーにアイデアを提供して、その夢を固めさせ、実現に至らしめた」[※28]。反ユダヤ主義は、ドイツの科学者たちが科学から発見した思想ではなかった。むしろ自分たちの文化の中で発見して、それが科学に影響するのを許した思想なのだ。

科学（サイエンス）の語源であるシエンティアとは「知識」を意味する言葉で、真の科学者とは、科学的にわかっていることと、わからないことや推測のみにとどまることを慎重に区別する人々だ。ダヴェンポートの優生計画に関わった者たちは、カーネギー研究所とロックフェラー財団の出資者たち、査読者たちも含め、ダヴェンポートの思想には科学的に不備があるとすぐに言えなかった。科学者の沈黙や怠慢が許した世間の風潮のもと、制約の多い移民法が議会を通過して、精神薄弱と判断された人たちの断種を州議会が決定し、最も弱い国民への不当な攻撃をアメリカの最高裁判所が支持した。

第二次世界大戦後、遺伝学研究が残忍な暴君の人種に関する妄想を二度と煽らないようにしようと学者たちが決意を固めたのも当然だろう。人種について新しい情報が世に出たいまも、過去の教訓は忘れてはならない。むしろそれはいっそう今日的な意味を持つのだ。

第三章　ヒトの社会性の起源

ORIGINS OF HUMAN SOCIAL NATURE

人類の行動の統一性は存在するが、数千年かけて積み重ねられた文化的進化のもとに深く埋もれており、人間界からはほとんど見えない。

――ベルナール・シャペ[※1]

人類の祖先が社会的になった途端、（中略）模倣の原理、理由、経験が増加して、下等動物に痕跡のみが見られる本能的な力が、ある意味大きく改変されたであろうことは、注目に値する。

――チャールズ・ダーウィン[※2]

ヒトと、霊長類に属するほかの二〇〇種のサルや類人猿を比較したとき、人体構造が持つ最も奇妙な特徴の一つが、強膜、すなわち眼の白い部分だ。霊長類の仲間はすべて、強膜がほとんど目立たない。それがヒトの場合、かがり火のように目立って、観察者に対象人物が見つめている方向を知らせ、何を考えていそうか教える。

なぜこのような特徴が進化したのだろうか。競争相手や戦地の敵に考えを明かす合図は、致命的なハンデになりかねない。自然淘汰がそれを支持したからには、埋め合わせとなる圧倒的な利点があるはずだ。その利点は、交流の社会的性質に関係があるにちがいない。視線の方向を見きわめれば他人の考えを推測できることによって、集団に属する全員が、たっぷりと恩恵にあずかった。眼の白い部分は、高度に社会的かつ非常に協調的な種のしるしで、その成功を左右するのは、考えと意図の共有だ。

人間の社会性は、子どもが互いに仲良くするように教わる歳に始まって、すべてが文化の問題と見なされる場合が多い。数々（多くはこの一〇年間）の発見によって、事実はそうでないことが明らかになった。生き残りにこれほど不可欠な特徴であることから予測される通り、人間の社会性を形づくってきたのは自然淘汰だ。社会性は、眼の白い部分や、恥ずかしさを示す赤面というそれ自体が恥ずかしい現象とともに、人間の肉体に書きこまれている。そして神経回路にも刻みこまれている。それが最も明らかに見てとれるのが、言語能力——自分相手にしゃべっても無意味だから、言語は社会を必要とする——をはじめ各種の行動だ。規則に従う傾向や、規則に従わない者たちをこらしめたがる衝動も含まれる。恥と罪悪感は、自分の失敗への罰則だ。地位を獲得して、報復を避けるため、人間はつねに評判を良くしようと努める。内集団の者たちを信頼して、外集団の者を疑おうとする。しばしば本能的に、善悪の区別がつく。

このような社会的本能の回路を築きあげる遺伝子は、いまだ特定されていないが、その存在は以降で説明するいくつかの証拠から推測できる。明らかな事実として、狩猟採集民のバンドから近代国家まで、どんな人間社会もすべて、一連の社会行動に根ざしている。これらの行動の大部分はおそらく遺伝的基盤を持ち、文化と相互作用してそれぞれの社会に特徴的な制度をつくり、個別の環境下における生き残りを助ける。

遺伝的基盤を持つ形質も、自然淘汰により変化する可能性がある。人間の社会行動にある程度は関係する遺伝子の存在が意味するのは、社会行動は進化によってつくりなおされる場合があり、そのため時と場所によって変化しかねないということ。だが自然淘汰による人間社会の改造は、たとえば肌の色の変化よりも、はるかに特定がむずかしい。肌の色はおもに遺伝子に依存するのに対して、社会行動(それ自体が測定しにくい)は、文化に強い影響を受けるからだ。

それでも、肌の色のような形質が集団内で進化したのなら、社会行動についても同じことが当てはまるはずだ。すると、さまざまな人種や世界の巨大文明に、各種の大きくちがった社会が見られるのは、文化――つまり後天的に習得したこと――だけのせいでなく、社会の構成員たちの遺伝子によって伝えられた社会行動の差異のせいでもあると、新しい証拠は強く示唆しているのだ。

人間の社会行動を形づくる文化の巨大な力を考えると、社会活動遺伝子の作用の根源を垣間見るには、進化の歴史をはるか昔まで振り返る必要がある。

チンパンジー社会から人間社会へ

人間社会の性質は、進化をたどると最もわかりやすい。進化の上で人間に最も近いチンパンジーとヒトがわかれたのは、およそ五〇〇〜六〇〇万年前だ。ヒトとチンパンジーの共通の祖先は、ヒトよりはるかにチンパンジーに近かったはずだ。そう考えるのには理由がある。チンパンジーは五〇〇万年前とほぼ同じ生息環境にいるようで、基本的な生活のあり方は変わっていない。一方、ヒトの系統の初めに位置する類人猿は、森を離れアフリカの広大なサバンナに出て、体にも行動にも多くの進化的変遷を強いられて、ますますチンパンジーとの共通祖先とはちがう存在になっていった。

チンパンジーとヒトの共通祖先がチンパンジーに似ていたなら、社会行動もチンパンジーに似ていたはずだ。だから現存するチンパンジーの社会は、共通祖先の社会をかなりの正確さで再現できるので、ヒトの社会行動の進化にとってのベースラインとなる。

チンパンジーの群れは階層的だ。オスのボスと一〜二匹の仲間がオスの階層を支配していて、その下にやや不明確なメスの階層がある。オスの縄張り意識が猛烈に強いのは、コミュニティのおもな食料源の果樹を守るためだろう。メスはたいてい縄張りの一画に陣取ってエサを食べる。占める場所が広くて果樹が多いメスは、それだけ子を多くもうけられる。

縄張りを維持して規模を拡大するため、オスは定期的に周辺を見まわり、ときに隣の縄張りを襲撃する。オスのチンパンジーは、見知らぬオスに容赦のない敵意を向け、できれば見つけしだい殺そうとする。敵の縄張りを侵略するときは、奇襲をかけて孤立したオスがいれば殺すという戦略を好む。相手方が数で上回っているなと思えば、退却する。隣接する縄張りのオスを一匹ずつ殺していって占領する作戦は、数年がかりの場合もある。

チンパンジーの繁殖行動では、メスは自分が属する群れのすべて（あるいはできるだけ多く）のオスと交尾する。メスは一回の妊娠あたり四〇〇〜三〇〇〇回の交尾をおこなっていると推測される。この労働が、子にとっての保険になる。オスは、メスの子の父親が自分かもしれない場合、殺すのを思いとどまる可能性が高いからだ。

メスの派手な乱交にもかかわらず、ボスのチンパンジーは、なんとか初夜権を遂行してコミュニティの子孫の多く――DNAによる父子鑑定をもとにした研究によると、約三六パーセント（ボスが避ける近親のメスを除くと四五パーセント）の父親となる。ボスの仲間である高位のオスたちも合わせると、五〇パーセントが彼らの子だ。

チンパンジーのコミュニティの重要な特徴の一つが、メスはほとんどの場合、青年期に入ると近くの集団に散る一方、オスは生まれたコミュニティに残る「父方居住」という方式だ。近親交配を避けるため思春期に分散するのは、「母方居住」（オスが分散して、メスが生まれたコミュニティに残る）の場合を除いて、霊長類のコミュニティでは、よく見られる。チンパンジーのほか、多くの狩猟採集社会、そしてある程度はゴリラも、父方居住だ。この配置はおそらく、チンパンジーやヒトの戦闘傾向と大きく関係がある：共に育ったオスの集団は、敵対集団から縄張りを守る際の団結が固い。オスたちが一緒にいる必要があるため、メスが移動して近親交配を避けるのだ。

チンパンジー社会の（少なくとも人間から見て）奇妙な特徴の一つが、親族関係がほとんど目につかないことだ。あなたがチンパンジー社会に生まれたとしよう。母親のほか、あなたと数年前後して生まれたきょうだいは、あなたにもわかる。母親のまわりをうろついているからだ。だが父親は、コミュニティのオスのどれかにちがいないが、だれかわからない。またその親類も然り。毎日見かけていても、さっぱりわからない。母親がまだ若い頃、現在のコミュニティに移ってきたとき、生まれ育ったコミュニティに残してきた母親の親類についても同じく知らない。チンパンジーの奇襲部隊が近隣の縄張りに入ったとき、そこで殺されるオスたちは、侵入者自身の親類、あるいは娘や姉妹の姻戚である場合が多い。だがこの親族関係を奇襲部隊は知らない。

では、チンパンジーに似た共通祖先の社会から、すべての人類が一万五千年前まで続けていた、親族関係を中心とした狩猟採集社会への大きな変遷は、どのようなものだったのだろうか。このプロセスにあったと考えられる各段階を、説得力をもって解き明かしたのは霊長類学者のベルナール・シャペだ。彼によると、行動面の決定的な一歩は、つがいの絆、少なくとも、交尾をおこなうオスとメスの安定した関係が生まれたことだという。

アフリカの森の中に五〇〇万年以上昔、チンパンジーに似た生物集団がいたとしよう。六五〇～五〇〇万年前、すさまじい干ばつがアフリカを襲い、森の規模が小さくなって、拓けた林地やサバンナに変わった。集団を二分したのは、この出来事だろう。この一方がやがてチンパンジーに、他方が人間になる。干ばつを受けて、集団の一部は従来の習慣にしがみついて、チンパンジーの祖先になった。他方は見通しの良いところで大型のネコ科動物などの捕食者に捕らえられる危険を負いながらも、森を離れて地上に新たな食料源を求めた。こちらの集団は、ヒトに連なる系統の祖先になった。

地上生活に挑戦した集団は、やがて直立歩行を始めた。二本足のほうが、両手の指の関節を前足代わりに使う類人猿方式よりも効率的だからだろう。両手が自由になったことは、直立歩行の偶発的な副産物だったが、非常に大きな重要性を持つ適応だった。両手で道具を握ったり、身ぶり手ぶりを使ったりできるようになったからだ。

同じく偶発的で、大きな重要性を持つもう一つの適応が、社会構造の変化をもたらした。始まりは交尾相手を守る行為だった。それが繁殖行為を営む安定した関係に発展して、やがて一雌一雄のつがいの絆の形成に至った。

ほとんどの霊長類種は、チンパンジーですらある程度メスを守る。ほかのオスを抑えて、自分がスの子の父親になるチャンスを増やすためだ。地上は森よりも危険な環境だったため、森を離れたチンパンジーに似た祖先の集団では、交尾相手を守る場合が増えただろう。

メスを守るために周囲にいることが多くなったオスは、子の給餌や世話にも手を貸せた。少なくとも二人が育児に関わるようになったことがすさまじいちがいをもたらしたと、シャペは主張する。子が親に依存する期間が数年伸ばせるのだ。しっかり守られるようになって、早い発達段階での誕生が可能になり、誕生が早まったことで、胎内を出てから脳をいっそう成長させられるようになった。最終的には、ヒトの脳はチンパンジーの三倍の大きさに達している。

最初、オスはできるだけ多くのメスを守ったが、別の発達によって、不本意ながら一大一婦制に向かうことになった。武器の登場だ。最初のうち、ほかのオスを退けるのに物をいうのは体力だった。

だが大きさの強みを打ち消す武器は、偉大な平衡装置だ。ほとんどのオスには、大規模なハーレムの維持コストは高すぎた。武器の登場によって、大部分は妻ひとりでよしとせざるをえなくなった。こうしてオスとメスのつがいの絆が構築された。

父親がそばにいることで、社会的ネットワークは一変する。チンパンジー社会のような極度の乱婚社会では、わかっているのは母親と、共に育ったきょうだいのみ。つがいの絆を得て、母親に加えて父親だけでなく、父親の親類もすべてわかるようになった。コミュニティのオスは、娘たちのほか、他の集団に加わった娘の夫や、その両親も認識できるようになった。

敵として扱われていた隣人たちは、これでまったく別の見方をされるようになった。かつて見つけしだい殺されたよそのオスたちは、敵ではなく——娘や姉妹の子の安泰に、同様に関心を向ける姻戚と見なされるようになった。こうして初期のヒトの系統に、新しく複雑な社会構造が生まれた。女性のやりとりによって相互に結びついた群れの集まり、つまり部族という社会構造だ。

チンパンジーの慣行だった近くの群れとの戦いは、部族レベルに引き上げられた。部族での戦いは、かつてと同じく熾烈だったが、それぞれの部族の中の群れ同士では協調が基本となった。

この社会構造の大きな変遷は、チンパンジーとヒトにつながる祖先集団の分裂からしばらく経って始まった。新しい社会構造に欠かせない、つがいの絆が重要になったのは、およそ一七〇万年前、ホモ・エルガステルの登場以降だろう。これは最も初期のヒトの祖先で、オスの大きさはメスとあまり変わらなかった。たとえばゴリラに見られる、性別による体格の大きな差異は、オス同士の競争とハーレム構造を示唆している。つがいの絆が一般的になるにつれて、体格差は小さくなる。

チンパンジーの社会的行動の独自性を考えると、遺伝的基盤の存在に疑いの余地はない。チンパンジーの系統もヒトの系統も、社会行動をつかさどる遺伝子を受け継いでおり、生き残りのために社会が求める要件にこたえて社会構造が変化するにつれて、それぞれの種の中で、社会行動をつかさどる遺伝子が進化してきた。

実はチンパンジーの社会構造は、チンパンジーとヒトの共通祖先とあまり変わらないかもしれない。でもヒトの社会構造は、この五〇〇万年で大きく変わった。ヒトの身体の形が類人猿の体からヒトらしく変化していったように、ヒトの社会行動は、複数のオスのいる群れを形成するチンパンジー的行動から、ヒトの一夫一婦制に様変わりしていった。ヒト独自の社会行動の発展には、身体的変化と同様に、たしかに遺伝的基盤があったと考えるべき理由は充分にある。そしてヒト社会がチンパンジーに似た祖先の社会から進化する際に、社会行動が遺伝的制御のもとにあったとしたら、現在まで社会構造が進化の力によって引き続き形づくられていない理由は思い当たらない。

社会行動は、環境の変化にこたえて変化する。ヒトの系統に連なる集団は、長年にわたって霊長類の安住の地だった森を離れて、地上のもっと豊かな機会と、もっと大きな危険に社会を適応させなければならなかった。この非常に危険な試みは、類人猿の標準的な社会行動、特に個人間の協調の度合いに、徹底的な変革を必要とした。

ヒト特有の美徳：協調

チンパンジーは、縄張りの境界を見まわるために戦闘部隊を集めるなど、ある形では協調する場合がある。だが社会的な種としての最低限の要件を別にすると、助け合う本能はほぼないに等しい。野生のチンパンジーは自力で食料を入手する。母親ですら、通常は子どもたち（幼いときから自分の食料は入手できる）と食料を分け合おうとはしない。分ける場合も、母親が子に与えるのは、いつも皮や殻など、あまり好ましくない部分だ。[※3]

実験環境でも、チンパンジーが自然に食料を分け合うことはない。例外はあるが、ほとんどの実験によると、ほかのチンパンジーに対する利他的な感情はひどく欠落している。たとえばチンパンジーを一匹檻に入れて、自分のエサがのった皿か、隣の檻の住人にエサを提供する皿を容易に中へ引きこめるようにしておくと、チンパンジーは見境なく皿を引っ張りこむ――隣人が食べ物にありつくかどうかなど、気にかけない。だが、一方の皿に盛られているのが隣の檻用のエサであることはよくわかっている。隣の檻が空で、アクセスが許されている場合、チンパンジーはたいてい二匹分のエサを檻に引きこむ。チンパンジーは実に利己的なのだ。[※4]

一方、人間の子どもは生まれつき協調的だ。きわめて幼い頃から他者を助け、情報を共有して、共通の目標の達成を望む。発達心理学者マイケル・トマセロは、ごく幼い子どもを使った一連の実験で、この協調性を研究している。一八か月の幼児は、血縁でない大人が、両手がふさがった状態でドアを開けようとしているのを見ると、ほとんどの場合すぐに手伝おうとする。大人が物をなくしたふりをすると、たった一二か月の子どもたちが、助け舟を出すようにその在り処を指さすという。

援助、情報提供、共有の衝動は、幼い子どもに「自然とあらわれる」とトマセロは書いている。生得的で、教育の賜物ではないという意味だ。[※5] 理由の一つとして挙げられるのが、これらの本能があらわれるのがとても幼い時期で、ほとんどの両親はまだ社会的な振る舞いを教えていないということ。二番目の理由として、報酬を与えても、子どもの援助行動が増さないことが挙げられる。

三番目の理由は、子どもの社会的知性が一般的な認知能力より早く発達することだ（少なくとも類人猿と比べた場合）。トマセロは人間の子どもとチンパンジーの子どもを対象に、物理的世界と社会の理解に関連した一連のテストをおこなった。二歳半の人間の子どもたちは物理的世界のテストではチンパンジー並みだったが、社会についての理解はチンパンジーよりかなりすぐれていた。[※6]

子どもの心にあってチンパンジーにない特質は、トマセロの言葉でいうと「志向性共有」だ。この能力の一部は、他人の知識や考えの推測、すなわち心の理論と呼ばれる技能だ。だがそれにとどまらず、ごく幼い子どもたちも、共通の目的に参加したがる。力を出しあって共通の目的に向かって取り組む「われわれ」という集団の一員になろうと積極的に努める。

当然ながら子どもたちには他の動物同様、生き残りに必要な利己的な動機があるが、活発な社会的本能が、非常に幼い頃からその行動を覆っている。社会的本能は後年、子どもたちが信頼できる人、お返しをしてくれない人を区別できるようになると調節される。

志向性共有のほかに特筆すべき社会行動が、「われわれ」の集団内で一般に合意形成された規範や規則に従うことだ。規則遵守と同盟関係にあるのが、人間の社会的行動のあと二つの基本原則だ。一方が、合意に基づく規範に従わない者を批判して、必要に応じて罰する傾向。他方が自分の評判を高めて、非利己的で貴重な集団の規範の守り手として自己を打ち出すことだ。ここには他者への責任の押しつけも含まれたりする。

最初の二つの行動は、ごく幼いうちから見受けられる。トマセロは二歳児と三歳児で構成された集団に、新しいあそびを見せた。そのあとに人形が登場して、そのあそびを不正確にやって見せる。ほぼすべての子どもたちが人形の行動に抗議するし、多くははっきりと異議を唱えて、人形に正しいやり方を伝える。「社会的規範をつくれるのは――このように比較的些末な類いのものでさえ――志向性共有と集団的信条に参加する生き物だけです」と、トマセロは述べている。「そしてこれらは、人間の文化的集団が共有する価値観の維持に、きわめて重要な役割を果たします[※7]」。

社会的規範からの逸脱を罰したいとの衝動は、人間社会独特の特徴だ。原理的に、罰則を与える者は大きなリスクを負う。部族社会や狩猟採集社会では、異端者を罰する者は、異端者の家族から報復を受ける可能性がある。だから実際には、処罰はかなり慎重におこなわれる。まず世間の噂で、ある個人の行動には矯正が必要との合意が形成される。それから集団でその人物を避けたり、場合によっては追放したりといった処罰が実施される。違反者が改心を拒み、処刑しなければならないとなると、別の問題が生じる。狩猟採集者たちは、たいてい家族を説得して処刑にあたらせる。ほかの者が遂行すると、血の復讐を招いてしまうからだ。

社会的規範と違反者の処罰は、人間心理にとても深く埋め込まれているため、社会的規範に違反した場合、自分を罰する特別なメカニズムが生じる：恥と罪悪感だ。ときにはそれが赤面として身体的にあらわれる場合もある。

人間の社会構造の進化においては、繊細なバランスが維持されていた。人間の脳の大きさの増加につれて、自己利益はどこにあるか、集団の犠牲でいかに自己利益をあげられるか、いっそうの判断が可能になった。ただ乗りを防ぐために、さらに洗練された対抗メカニズムが必要とされた。恥と罪悪感とともに、本能的に（少なくとも集団内で）殺人などの犯罪を回避させる、生得的な倫理観が進化した。宗教活動傾向は、共通目標に対する貢献を確認する、感情をこめた儀式で人々を団結させた。そして宗教は、人々の行動を見守る注意深い監督者を設けた。違反に対してこの世では災い、次の世では苦しみをもたらす、天罰を下す存在だ。

集団を団結させるこれらのメカニズムが発達して、ヒトは最も社会的な動物となり、ますます能力を増した社会が手がけた一連の偉業は、やがて初の定住生活と農業に行きついた。

社会的信頼のホルモン

ヒトの社交性は諸刃の剣だ。自分が属する集団の構成員への信頼の裏返しは、見知らぬ者への疑念と不信の芽だ。自分の集団を守ろうとする意欲は、敵を殺す覚悟でもある。人間の倫理観は普遍的ではないと哲学者たちは主張している：少なくとも本能的な形態はきわめて局所的だ。この両面性の兆候は、いまや遺伝子レベルではっきり見てとれる。

ヒトの社会性が生得的で、進化をとげてきたなら（その可能性が高いように見受けられる）、進化の証拠がゲノムにあるはずだ。人間の脳をつかさどる遺伝子についてはまだほとんど解明されていないため、社会行動の遺伝的基盤について、あまり知られていないのも不思議はない。大きな例外は神経ホルモンのオキシトシンに関わるもので、これは信頼のホルモンとして知られる。脳の下部にある視床下部という領域で合成されて、脳内および体内に放出されて、各所で別の働きをする。体内にオキシトシンが放出されるのは、女性の出産時と授乳時だ。

脳内でオキシトシンが及ぼすさまざまな繊細な影響については、まだ研究が始まったばかりだ。概してオキシトシンは、社会的結束に中心的な役割を果たすものとして、進化の過程でとりいれられたように見受けられる。オキシトシンは親和のホルモンだ。よそ者に対して通常抱く不信感を弱めて、連帯感を深める。「人間の信頼、寛容さ、協調する意欲を高める」と、最近の報告には書かれている[※8]（同じことが女性にも当てはまることは疑いないが、この種の実験のほとんどは、男性を対象におこなわれている。女性被験者が妊娠に気づいていなかった場合、オキシトシンが流産を引き起こす危険性があるからだ）。

オキシトシンが増進する信頼感は、人類愛のようなものではない——完全に局所的だ。オキシトシンは内集団への信頼と、部外者への防衛を生じさせる。オキシトシンによる信頼範囲の限界は最近わかったばかりで、これを発見したのは、オキシトシンが一般的な信頼感を高めるという社会通念を疑ったオランダの心理学者、カールステン・ド・ドロイだ。ドロイの推測によると、やみくもにだれでも信頼する人は、生存競争では成功せず、その遺伝子はたちまち絶えてしまう。したがって、オキシトシンが信頼感を高めるのは、特定の状況のみである可能性がずっと高いというのが彼の考えだった。

ドロイはいくつかの独創的な実験で、これが事実であることを示した。ある実験では、被験者であるオランダの青年たちに標準的な道徳的ジレンマを提示した。列車が向かう先にいる五人を、居合わせた別の一人を線路上に投げこんで犠牲にすることで救うべきかどうか、というジレンマだ。救われる五人はすべてオランダ人だが、殺される人には、ときにオランダ人の名前（例：ピーター）、ときにドイツ人やムスリムの名前（ヘルムート、ムハンマド）をつけた（世論調査によると、いずれもオランダ人に好まれる国籍ではない）。

ドロイによると、被験者にオキシトシンをひと嗅ぎさせると、ヘルムートやムハンマドを犠牲にする傾向が大きく増して、部外者を処罰する意欲を高めるオキシトシンの暗黒面が示された。この発見によると、オキシトシンは部外者に対する積極的な攻撃性を助長するようには見受けられない。むしろ内集団を守る意欲を高めるという。[※9]

諸刃の剣となるオキシトシンの性質は、小さな部族集団で生活していて、よそ者はすべて潜在的な敵だった人類の祖先の需要にぴったりのものだ。たとえば都市のような、しばしば見知らぬ人と仕事をしなければならない大規模社会では、ほとんどの交流相手が近縁者である部族社会に比べて、全般的な信頼水準がかなり高くなければならない。

オキシトシンの根は深く、人間社会の最も基本的な面に関わっている。顔の認識だ。オキシトシンを投与すると、他人の顔に対する認識能力が向上する。オキシトシンの受容体タンパクを指定する遺伝子における遺伝的変異は、顔認識の障害と関係している。[※10]

オキシトシンは標的神経に達すると、ニューロンの表面から発現した受容体タンパクと相互作用する。この受容体タンパクは、特にオキシトシンを認識するようにつくられている。これらの受容体がオキシトシンと結びつく強さは、受容体の遺伝子をわずかに変化させることで調整できる。当然ながら人間では実験できないが、二種類のハタネズミを使った関連証拠が得られている。プレーリーハタネズミは単婚性で、オスは面倒見の良い、信頼できる父親になる。一方、アメリカハタネズミのオスは自由奔放な多婚性で、父親業の面からはよろしくない点が多い。だが、アメリカハタネズミを遺伝子改変して、ニューロンにバソプレッシン（オキシトシンによく似たホルモン）の受容体をさらに散りばめると、この放蕩者たちは急に単婚性になるのだ。[※11]

人間のニューロンにオキシトシン受容体をさらに加えて脳内のオキシトシン産生を促進するか、あるいは受容体がオキシトシンをつかむ強さを増すことで、自然淘汰が人間社会における信頼の全般的水準をいかに高めるか、容易に知ることができる。正反対のプロセスによって、社会的信頼の水準は低下する。人間のオキシトシンレベルを管理する具体的なメカニズムは、まだ解明されていない。だがオキシトシンメカニズムは自然淘汰によって調整可能で、効果を増減させられるようだ。他人を信用しない傾向が生存に都合が良い場合は、オキシトシンレベルが低い人々が繁栄して多くの子どもを持つ。数世代のうちに社会の信頼水準は下がる。逆に、強い信頼関係が社会を繁栄させる場合は、オキシトシンレベルを高める遺伝子がさらに一般的になる。

人間社会における信頼が遺伝子だけで決まると言いたいのではない。ほとんどの短期的交流では、文化のほうがはるかに重要だ。人間行動の大部分に対してと同様に、遺伝子は特定の方向にひと押しするにすぎない。だがこれらの小さなひと押しがあらゆる個人に作用すると、社会の性質を変える可能性がある。社会的行動の小さな変化は、長い目でみると社会を変えて、ほかの社会と大きく異なる社会をつくれるのだ。

攻撃性の制御

信頼以外に、明らかに遺伝的影響を受ける重要な社会的行動の一つが攻撃性だ。いや、むしろ、攻撃性から内気さに至るまで、行動スペクトラム全体ともいえる。動物を家畜化できるという事実は、進化の淘汰圧によって形質を改変できるという証拠だ。

攻撃性の遺伝的制御実験として最も印象的なのが、ソヴィエトの科学者ドミトリ・ベリャーエフによる実験だ。彼は同じシベリアグレイラットの集団から二つの系統を発生させた。人慣れたラットは、人間の存在にどれだけ耐えられるかを基準に、各世代から親を選んだ。どう猛なラットは、人間に対していかに悪い反応をするかを基準にした。何世代も交配を重ねるうち、一方の系統は非常に人慣れて、ラットが檻に入れられている部屋に人が入ると、なでてもらおうと檻の格子から鼻を突き出した。

他方の系統は正反対だった。侵入者に向かって金切り声をあげながら、檻の格子に猛烈に体当たりした。[※12]

げっ歯類と人類は、攻撃性を制御する同じ遺伝子や脳領域の多くが共通している。マウスを使った実験で、多数の遺伝子が攻撃性の形質に関わっていることがわかっており、同じことが人間にもたしかに当てはまる。一緒に育てられた一卵性双生児と、別々に育てられた一卵性双生児の比較で、攻撃性は遺伝することがわかっている。さまざまな研究によると、攻撃性の遺伝率（人口集団における形質発現のばらつき）は三七〜七二パーセント。だが攻撃性の根底にある遺伝子のうち、特定されているのはごくわずかだ。行動を制御する遺伝子は多く、それぞれの効果はとても小さくて検出が困難であることが、一つの理由だ。ほとんどの研究は、攻撃性を助長する遺伝子に重点を置いていて、行動スペクトラムの対極には注目していない。

攻撃性に関わる遺伝子の一つがＭＡＯ－Ａで、これは二種類あるモノアミン酸化酵素の一つだ。この酵素は、分解除去機能によって通常の精神状態を維持するのに中心的役割を果たす——ニューロンからニューロンへのシグナル伝達に使われる三種の小さな神経伝達物質を分解するのだ。この三種の神経伝達物質、セロトニン、ノルエピネフリン、ドーパミンは、シグナル伝達を達成したら、除去する必要がある。脳内に蓄積させておくと、休息すべきニューロンを働かせ続けてしまう。

攻撃性制御におけるＭＡＯ－Ａの役割が明らかになったのは一九九三年のことで、オランダのとある家族についての研究がきっかけだった。この家族の男性には、暴力的な逸脱行動（衝動的攻撃性、放火、強姦未遂、露出症）の傾向が見られた。この傾向が見られる八人は、異常なＭＡＯ－Ａ遺伝子型を受け継いでいた。この遺伝子の変異一つが、ＭＡＯ－Ａの構築を中止させ、無効にしてしまうのだ。機能しているＭＡＯ－Ａがないと、神経伝達物質が過剰に蓄積されて、社会生活の中で過度に攻撃的になる。[※13]

ＭＡＯ－Ａのような遺伝子を完全に混乱させる突然変異は、個人に深刻な影響をもたらす。ＭＡＯ－Ａのような遺伝子を自然淘汰が調整して、人々の攻撃性を強めたり和らげたりする、もっと細かい方法はまだまだある。遺伝子を制御するのはプロモーターという要素で、制御される遺伝子のそばにある短いＤＮＡ領域だ。ＤＮＡで構成されるプロモーターは、遺伝子のＤＮＡ同様、変異を引き起こせる。

実はＭＡＯ－Ａのプロモーター領域は人口集団の中でもかなり変わる。反復配列は二回、三回、四回、五回の場合もあり、反復が多いほど、生産されるＭＡＯ－Ａ酵素も多い。それが個人の行動にもたらすちがいは、かなり大きいことがわかっている。ＭＡＯ－Ａのプロセーター領域の反復配列が三回、四回、五回の人々は正常だが、二回のみの人々には、著しい非行が見られた。アメリカで二五二四人の青少年を対象にジーン・シーたちがおこなったアンケート調査によると、反復が二回のみの男性は、過去一二か月間に深刻な非行（窃盗、薬物の密売、器物破損など）と、暴力行為（人を病院送りにする、刃物や銃で脅すなど）の両方に手を染めたと報告する傾向が著しく強かった。プロモーター領域の反復配列が二回の女性も、反復が多い女性に比べて、深刻で暴力的な非行の水準がはるかに高

かった。[※14]

ＭＡＯ－Ａ遺伝子の構造とその制御の水準が人によってちがうなら、人種や民族によってもちがうだろうか。答えはイエス。ハイファのランバンメディカルセンターに籍を置くカール・スコレッキ率いる研究班は、七つの民族でＭＡＯ－Ａ遺伝子の差異を調べた――アシュケナジム、ベドウィン、アフリカのピグミー、台湾原住民、東アジア人（中国人、日本人）、メキシコ人、ロシア人だ。遺伝子を解読した結果、四一種の型が発見され、そのパターンは民族によって異なり、「個体群によって相当な分化が見られる」ことが明らかになった。

これらの差異は、ＭＡＯ－Ａ酵素や、人の行動には影響を及ぼさないＤＮＡの突然変異から生まれた可能性もある。だがさまざまな検査をおこなった結果、研究班は「ＭＡＯ－Ａ関連の表現型に作用している可能性がある正の淘汰」の証拠と見られるものが存在するとの結論を下した。[※15] つまり、自然淘汰は攻撃性を強めたり弱めたりする特定の行動形質を、それぞれの民族で支援したと考えられ、これがＭＡＯ－Ａ遺伝子に特定の変異パターンをもたらした可能性があるという。だが研究班は、さまざまな民族の行動は調べなかったため、ＭＡＯ－Ａ酵素の変異の各パターンと、特定の行動形質の因果関係は確立できなかった。

彼らが立証できなかったつながりを主張しているのは、セントルイス大学のマイケル・ヴォーン率いる研究班だ。ヴォーンたちはアフリカ系アメリカ人のＭＡＯ－Ａプロモーターを調べた。対象は、先述のジーン・シーらによる研究に登場したアメリカの青少年二五二四人だ。対象に含まれるアフリカ系アメリカ人の五パーセントは、MAO－Aプロモーターの反復配列が二回だった。シーの研究で、著しい非行との関連が発見された状態だ。プロモーターの反復配列が二回の者たちは、三回、四回のアフリカ系アメリカ人たちに比べて、逮捕歴と服役経験を持つ傾向がはるかに大きかった。研究班によると、白人つまりコーカソイドの男性では、同じ比較ができなかったという。反復配列が二回の対立遺伝子の持ち主は、〇・一パーセントにすぎないからだ。※16

このような発見の解釈には、慎重を期する必要がある。第一に、どんな科学報告書も、独立研究機関で再現して、有効か確かめなければならない。第二に、攻撃性の制御には明らかに多くの遺伝子が関わっていることから、アフリカ系アメリカ人が暴力に関係するMAO－Aプロモーターの対立遺伝子を持つ確率がコーカソイドより高いとしても、いまだ確認されていない他の攻撃的な対立遺伝子をコーカソイドが持っている可能性はある。実際、HTR2Bという遺伝子の変異体がフィンランド人に見られることが確認されている。※17 この対立遺伝子の持ち主は、飲酒時に衝動的な暴力的犯罪を起こしやすい。だから遺伝子を一つ調べただけでは、遺伝学的見地から、ある人種が遺伝的に他の人種より暴力をふるいやすいと主張するのは不可能だ。第三に、遺伝子が人間の行動を決定するわけではない。ある一定の行動をとる傾向を生み出すにすぎない。暴力傾向が表に出るかどうかは、遺伝的資質だけでなく環境にも左右されるため、貧困の中で職もなく生活している人々は、豊かな生活をおくる人々に比べて、暴力に導かれる誘因が多いおそれがある。

MAO－A遺伝子の例で示された大きな要点は、人間の社会的行動の重要な側面は遺伝子の影響を受けており、これらの行動形質は人種によってちがうらしく、その差がかなり大きい場合もある、ということになる。

環境に合わせた社会の変化

信頼と攻撃性は、ヒトの社会的行動を形づくる大きな構成要素の二つで、その裏にある遺伝的特徴は、すでにある程度研究されている。規則遵守、社会的規範に違反する者を罰する傾向、公正さと互恵性の期待など、他の多くの社会行動にも、いまだ発見されていないとはいえ、ほぼ確実に遺伝的基盤がある。

ヒトの社会的行動がある程度遺伝子によって形づくられているという事実は、それが進化する可能性を示し、そして社会行動の変化につれて登場する社会も変わる可能性を意味している。逆に、社会の大きな変化、たとえば狩猟採集から定住生活への変遷には、人々が新しい生活に適応するにつれて、ほぼ確実に社会行動の進化的変化が伴ったはずだ（適応という用語は、ここではつねに、生物学的な意味で使っており、環境に対する遺伝に基づいた進化的反応を指す）。

社会変化の発生では、重要な要因を二つ考える必要がある。一つは、制度の変化によって社会が発展すること。制度は文化と、遺伝的に形づくられた社会行動との混合体だ。もう一つは、遺伝子と文化が相互作用すること。遺伝子と文化をまったく別領域と見なす人には、矛盾するように見受けられるかもしれない。だがゲノムが環境に反応するよう設計されていて、人間環境のおもな構成要素が社会とその文化的慣行であることを考えると、進化の観点からは、何ら驚くことではない。

社会の基礎となる構成要素が、制度だ。部族の踊りから議会に至るまで、社会的に承認された行動はどれも、制度と見なして差し支えない。制度には文化も歴史も反映されるが、その基本構成要素は、ヒトの行動だ。制度をずっと掘り下げていくと、文化の厚い層の下の基礎の部分に、本能的な行動がある。規範に従い、違反者を処罰する、生まれ持った傾向がなければ、法治は存在しなかっただろう。軍規によって生得的な行動（服従、遵守、味方のために殺すことを厭わない意志）を呼び覚ますことなしには、兵士たちを命令に従わせることはできなかったはずだ。

そこで、人間社会の構成員たちが組み込まれている自然システムの複雑な力学を考えてみよう。基本的な原動力は、自分と家族の生存だ。環境と直接やりとりするだけの生物種とはちがい、人間はしばしば社会やその制度を通じて環境や影響とやりとりする。環境変化を受けて、社会は制度を調整する。そして社会の構成員は、短期的には文化を変え、長期的には社会行動を変えて、新制度に適応する。

ヒトの行動に遺伝的基盤があるという考えは、心は空白の石板（ブランクスレート）の状態で、文化のみが書きこみを許されると考える人々から、長年抵抗を受けてきた。空白の石板という概念は、マルクス主義者にとって特に魅力的だった。マルクス主義者は、政府が社会主義者を望ましい姿に形づくりたがり、遺伝を国家権力にとっての障害と見なす。エドワード・O・ウィルソンが一九七五年に発表した著書『社会生物学』の中で、服従や道徳などの社会的行動には遺伝的基盤があるのではと提案すると、マルクス主義の学者たちは、率先してウィルソンを攻撃した。ウィルソンは、遺伝子が

「文化間の多様性の根底にある行動の性質」に影響している可能性も示唆した。[※18] 彼の使った用語「社会生物学」は、現在ではあまり広く使われていないが――そこまで物議を醸さずにほぼ同じ内容を指す「進化心理学」という用語がある――ヒトの能力の多くが生得的らしいとわかった現在、形勢は一変して、ウィルソンの考えのほうが優勢になっている。乳児の社会的能力から、心理テストでわかる道徳的本能に至るまで、ヒトの心がある一定の動きを示す遺伝的傾向があるのは明らかだ。

社会行動が変化するのは、何世代ものうちに、遺伝子と文化が相互作用するからだ。「遺伝子は文化を束縛する」と、ウィルソンは述べている。「束縛する鎖は非常に長いが、人間の遺伝子プールに与える影響に沿って、価値観が制約を受けることは避けられない」[※19]。有害な文化的慣行はやがて絶えるが、有利な慣行は淘汰圧をもたらし、特定の遺伝的変異が促進される。ある文化的慣行が生き残りに大きな強みをもたらす場合、その慣行を実行させてくれる遺伝子は、さらに一般的になるだろう。

ゲノムと社会のこの相互作用は、遺伝子と文化の共進化として知られており、人間社会を形づくる強い力だっただろう。現在のところ、報告されているのはささいな食習慣の変化のみだが、これで原理は確立される。代表例が、乳糖耐性だ。つまり乳汁に含まれるおもな糖、乳糖を分解するラクターゼ酵素によって成人が乳汁を消化する能力だ。

ほとんどの人口集団では、ラクターゼの遺伝子発現スイッチは離乳後、一生切られたままになり、ラクターゼ酵素をつくるのに必要なエネルギーを節約する。ラクターゼ酵素によって代謝される糖、乳糖は乳汁のみに含まれるため、離乳後は、ラクターゼは二度と必要とされない。だが牛を飼って生の牛乳を飲むことを知った人口集団(特に六千〜五千年前に中央ヨーロッパ北部で繁栄した漏斗状ビーカー文化)には、ラクターゼ遺伝子のスイッチをオンにしておくことに大きな淘汰的優位性があった。現在、オランダ人、スウェーデン人はほぼすべて、乳糖耐性の持ち主だ。つまりラクターゼの遺伝子発現スイッチを一生オンにしておく変異の持ち主といえる。ヨーロッパでは、昔の漏斗状ビーカー文化の中心地域からの距離が広がるにつれて、この変異は徐々に一般的ではなくなる。

東アフリカの遊牧民でも、同じ効果を持つ変異体が三種発見されている。自然淘汰は、人口集団で利用できる変異にはすべて作用する。牛を飼って生乳を飲むようになったヨーロッパ人とアフリカ人では、利用できる変異がちがったようだ。ラクターゼを活性化する変異は、持ち主に計り知れない優位性を与えて、変異を持たない人々の一〇倍も生き延びる子どもたちを残させた。[※20]

乳糖耐性は、ヒトの文化的慣行(この場合は畜牛の飼育と、牛の生乳の飲用)がヒトゲノムにフィードバックをもたらす興味深い例だ。社会行動の根底にある遺伝子の大部分はいまだ特定されていないが、これらも新しい社会制度に合わせて変わったと推定していいはずだ。高い水準の信頼が求められる大きな社会では、近親者のみを信頼する人々は不利な立場に置かれただろう。信頼しやすい人々は、生き残る子どもが増え、このような行動を助長する遺伝的変異が、後の世代ごとにいっそう一般的になる。

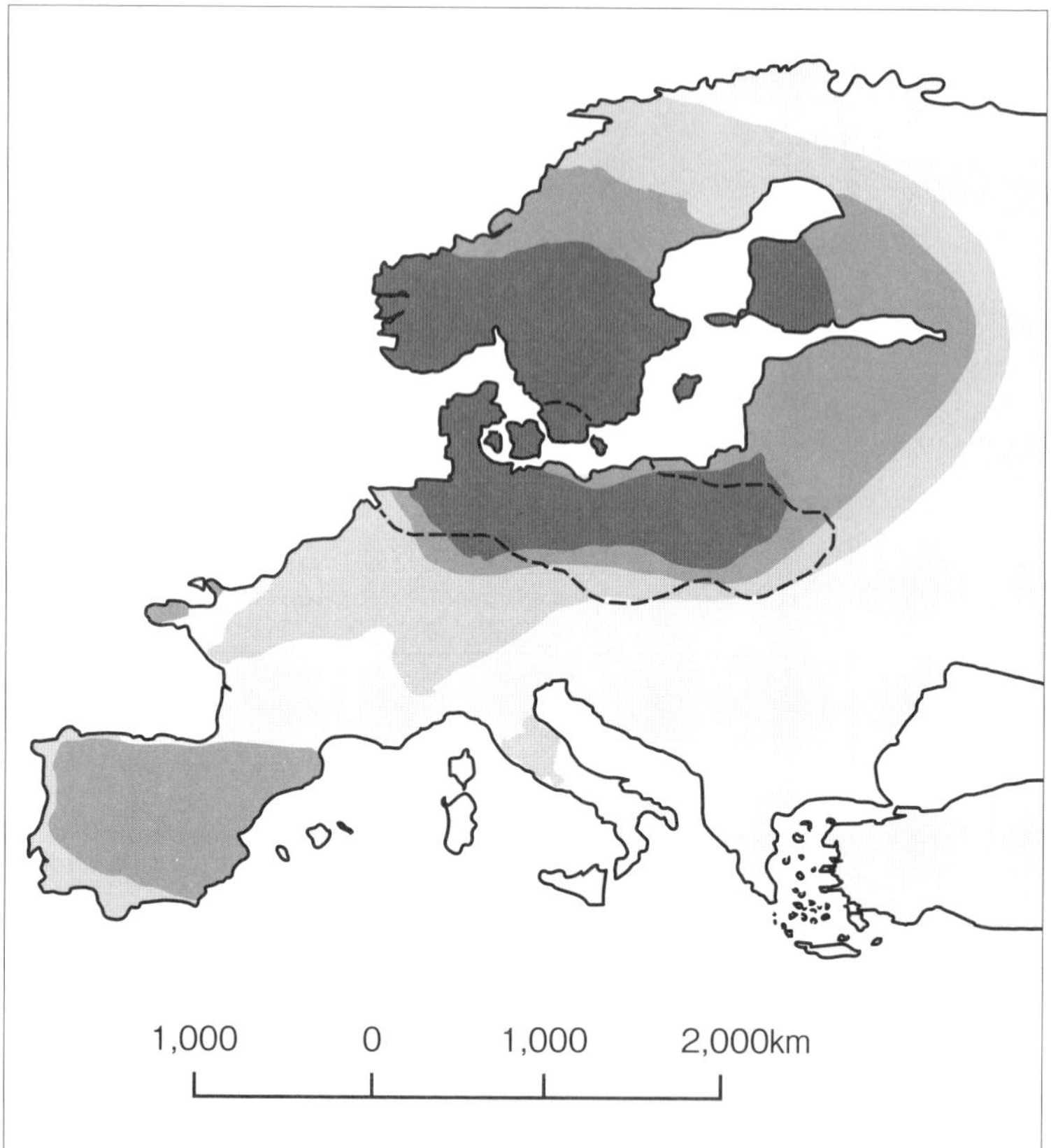

図3-1. 現代ヨーロッパでの乳糖耐性分布(濃灰色=100パーセント)。点線で囲った地域は5〜6千年前に栄えた漏斗状ビーカー文化の故郷
出所:Albano Beja-Pereira, *Nature Genetics* 35 (2003), pp. 311-15.

ヒトの社会的行動の形成

社会の制度の根底にある社会行動の変化には、何世代もかかる。初期の人類が協調を促す強い淘汰圧に初めて直面したのは、狩猟採集時代だっただろう。狩猟は集団でおこなうとはるかに効率的だ。大型の獲物を倒し、解体して、競争相手たちから守るには、唯一の方法といえる。狩猟は、人間の特徴である志向性共有を促進した可能性がある。緊密に協働できなかった集団は、生き延びられなかった。協調性とともに、公平に肉を分け合う規則、そして自慢やけちには罰を与える、うわさの機構がもたらされた。

狩猟採集社会は、指導者も首長もいない、小規模で平等主義的な群れで構成される。一万五千年前までは、これが標準的なヒトの社会構造だった。定住して住まいを得るという当然とも思える一歩を踏み出すのに一八万五千年かかったことが強く示唆しているのは、社会行動におけるいくつかの遺伝的変化が先行する必要があったということだ。近親者のみを信頼することに慣れた、狩猟／採集者たちの攻撃的で独立した性質に代わって、もっと社交的な気質と、大勢の人と和やかに交流する能力が必要になった。農業の前身となる採食生活に必要なのは、慣れない種まきと作物の収穫を協力しておこなう、まったく新しい制度だ。

このかつてない環境で、農業と、大規模コミュニティでの活動に長けた人々は繁栄して、子どもを多く残した。狩猟のみを得意とした人々はあまりうまくいかず、子どもの数は比較的少なく、次世代に残した遺伝子も少なかった。やがて、社会制度が新しい生活様式にふさわしく変わり、社会とその構成員の性質は変化した。

初の定住後、人口圧力と、新しい食料獲得のやり方に合わせて、新しい社会が次々と生まれた。人類学者ヒラード・カプランたちは、これらの適応の力学を解き明かしている。[※21]

狩猟採集社会が平等主義である理由は、通常の食料源——動物、植物の塊茎、果実、木の実——があちこちに散らばっていて、容易には独占できないからだ。ニューギニア、南アメリカの一部でおこなわれている部族による園芸農業では、人々が定住する村には菜園や果樹園があって、そこで作付けをおこない、守らなければならない。この生活様式には、狩猟採集生活をおこなう群れよりは構造化が要求される。組織的に守りを固め、近隣の集団との外交をおこなうために、首長による統治が受け入れられる。

部族的な牧畜では、軍事的統率がさらに求められる。部族のおもな資源である牛や羊の群れは、捕らえて走り去ることも容易だからだ。草地をめぐる争いも、衝突のもとだ。牧畜家たちのつくった、頻繁な戦いに求められた制度には、若い戦士階級と、拡張主義的な男子血統の社会的分離がしばしば盛り込まれた。

大規模農業を基盤とした最初の都市国家には、新たな社会構造が求められた。軍事指導者の統治のもと、大規模で、階層的に構成された人口集団を基盤とする社会構造だ。都市国家の制度は、部族制度の上に重ねられた。統治者の権力を正当化して、武力独占を続けるために、宗教が利用された。

これらの発展すべてに共通したテーマは次の通り。環境が変化するとき、新しいリソースを利用できるとき、新たな敵が国境にあらわれたとき、社会はそれにこたえて制度を変える。だから人間社会に変化が生じ、人間の社会構造に多様性が生じる力学はわかりやすい。生活様式が変わるとすぐに、社会は環境をもっと有効に利用できるように新しい制度をつくりあげる。この制度にうまく調和する社会行動をとる人々は繁栄して子どもを多く残し、その行動の根底にある遺伝的変異は、さらに一般的になる。戦争の頻度が増すと、特別な制度が登場して、社会の軍備を充実させる。軍事社会で成功する社会行動を身につけた人々が、生き残る子どもたちを多く残すため、世代を重ねるうちにこれらの新たな制度は、ゲノムにフィードバックされる。

この継続的な適応のプロセスは、世界各地でそれぞれ異なる道をたどってきた。環境も、利用できるリソースもちがうからだ。人口の増加につれて、多数の人間の活動を協調させるには、さらに複雑な社会構造が求められた。部族はまとまって初期の国家になり、国家が帝国になり、帝国は盛衰し、文明という大規模な構造が残された。

人々をまとめあげていっそう大規模な社会構造をつくるプロセスと、それに伴う社会的行動の変化を形づくってきたのは、ほぼ確実に進化だ。でもその根底にある遺伝的変化はいまだ特定されていない。この社会的進化は、世界の主要な人口集団／人種、すなわちアフリカ人、東アジア人、コーカソイド（ヨーロッパ、インド亜大陸、中東の人々）のそれぞれで、おおむね並行する形で続いてきた。四番目の人種にも、同じプロセスが見受けられる。南北アメリカの先住民だ。アメリカ大陸に人々が居住するようになったのは、アフリカ大陸やユーラシア大陸よりはるかに後で――最初の移住者たちがシベリアからベーリング海峡を渡ったのは、たった一万五千年前――社会的進化の始まりはもっと遅く、ユーラシアの巨大帝国に数千年遅れて、インカとマヤの巨大帝国が生まれた。五番目の人種は、オーストラリアとパプアニューギニアの人々で、人口数はつねに少なすぎて、定住と国家建設のプロセスを引き起こすには至らなかった。

進化がつくりだす社会のちがい

人間はアリとまったくちがうが、自然界の社会的進化で別の頂点を占める生物から学べるところはある。アリがアリであることに変わりはないが、自然淘汰はおびただしい数の、大きく異なるアリ社会をつくりあげて、それぞれの社会が生態的ニッチに適応した。ハキリアリはすぐれた農耕民で、地下の農園でキノコに似た菌類を特別な抗生剤で守りながら育てる。アカシアの中空の棘の中に住むアリもいる。シロアリの巣だけを捕食目的で襲うアリもいる。ツムギアリは、葉を縫い合わせてコロニーの住処をつくる。グンタイアリは、強力な奇襲部隊を持ち、逃げそこねたあらゆる生物を殺してしまう。

アリの場合、進化はアリの体をほぼ同じままに保ち、それぞれの社会の構成員の行動をおもに変えることで、多様な社会を生み出した。人々もさまざまに異なる社会で生活しており、進化はこれらの社会を同じ戦略――体はほぼ同じままに保ちながら、社会的行動を変える――で築いたように見受けられる。

おもなちがいは、アリをはるかに超える知性を持つ人間が構築する社会は、複雑な交流にあふれているという点だ。だからアリのように型通りの行動をする人は、ひどく不利な立場に立たされる。人間社会で主要な役割を果たす学習行動や文化を形づくるのは、ささやかながらきわめて重要な、遺伝的影響を受けた社会行動だ。これに対してアリの社会で社会行動を支配するのは、遺伝子と、アリ社会のおもな活動を統制する、遺伝的に定められたフェロモンだ。

だからヒトの社会では、個々の行動に柔軟性があり、万能型で、社会の特異性の大部分は文化に埋めこまれている。アリに比べると、ヒトの社会はまったく多様性に欠ける。進化が現代の人間を形づくるのにかけた年月は五万年にすぎないのに対して、アリの進化には一億年かかっているからだ。

もう一つの大きなちがいが、人間の場合、社会から社会へと移るのが基本的に容易だということだ。アリの場合、他の種のアリはおろか、同じ種でも隣のコロニーのアリがやってくると殺してしまう。奴隷制——一部のアリは他の種を奴隷にする——は別として、アリの社会は混じり合わない。アリ社会の制度は、ほぼすべて遺伝子によって形づくられていて、文化によるものは、仮にあったとしてもほんのわずかだ。グンタイアリを訓練して奇襲をやめさせ、ハキリアリのように平和に園芸を手がけさせるなど不可能だ。ヒトの社会では、制度は文化によるところが大きく、根底にある遺伝的要素はごくわずかだ。

アリの場合もヒトの場合も、自然淘汰が社会の構成員の社会行動を変化させるにつれて、社会は時間をかけて進化する。アリの場合、進化によって何千もの種を生み出す時間があり、それぞれに特定の環境での生存に適した社会が生まれた。ヒトの場合、先祖代々の土地を離れたのは最近で、これまで進化が種の中で生み出したのは人種のみだが、社会のおもな形態はいくつかあり、それぞれが異なる環境と歴史的背景にこたえて生まれた。ヒトゲノムから得られる新たな証拠によって、初めて人口集団の分離を遺伝子レベルで調べられるようになった。

第四章　人類の実験

THE HUMAN EXPERIMENT

しかしさまざまな人種を慎重に比較すると、大きなちがいがあることに疑いの余地はない。(中略)体質、順応、特定の病気へのかかりやすさも人種によって異なる。精神的特徴も同様に、はっきり異なる。そのちがいがおもに見てとれるのは感情面だが、知的能力でもある程度は見られる。

――チャールズ・ダーウィン[※1]

各大陸の人口集団による、独立ではあるが並行した進化によって、人類は複数の人種に分化した。でも人種の問題がタブー視されたり、存在を全面否定されたりすると、この進化のプロセスを探るのは困難だ。

多くの学者たちが、人種は存在しないと匂わせるにとどめることで、多文化主義の正統教義を無難に肯定したがる。『人種？　科学神話の誤りを暴く』は、自然人類学者と遺伝学者が最近発表した著書の題名だが、内容はこの題名の具体性からはほど遠い代物だ。[※2]「人種の概念に、遺伝的基盤や科学的基盤はない」と述べるクレイグ・ヴェンターは主導的なヒトゲノム解読者だったが、集団遺伝学というこの問題の関連領域の専門知識はないはずだ。[※3]

人種の存在を信じるような人は、地球が平らだということも信じられてしまう連中だけだと地理学者ジャレド・ダイアモンドは述べる。「人種が現実のものだという発想もまた、平らな地球説の次に忘れ去られるさだめの、常識的な〝真実〟だ」と、彼は主張している。[※4] もっとひねった立場としては、以下のような主張がある。「明確な民族的、人種的境界を定める科学的根拠は存在しないことが、ますます明白になりつつある」。これは、一見するとダイアモンドと同じことを言っているように見える。アメリカ国立衛生研究所の国立ヒトゲノム研究所の総括責任者をつとめていたフランシス・コリンズが、同プロジェクトの意義概説で述べた言葉だ。[※5] この言いまわしは、人種は存在しないという正統派の政治的見解を受け入れたとほのめかすのに生物学者がよく使うものだが、実は見かけよりもかなり弱い主張でしかない。人種間に明確な境界が生まれたら、もはやそれらは人種ではなく、別の生物種だ。人種間に明確な境界はないというのは、四角い円はないというのに等しい。

人種の存在に同意しはじめている生物学者もわずかにいるが、そこに意味はほとんどないと、慌ててつけ加える。人種は存在するが意義は「たいしてない」と述べるのは、進化生物学者ジェリー・コインだ。[※6] なんとも残念なことだ——自然は、五万年がかりの壮大な実験で、ヒトという主題にたくさんの実に興味深い変奏を加えてきたのに、進化生物学者たちがその努力に失望の声をあげるとは。

人種という話題についての生物学者たちのあいまいな物言いを受けて、社会学者たちは人種に生物学的根拠はないと誤って推論して、それが人種を単なる社会的構築概念と見なしたがる自分たちの嗜好の裏付けだと思っている。学界はどうして、人種について、これほど事実や常識的な観察結果からかけ離れた姿勢をとるようになったのだろうか。

人種についての科学的見解に対する政治的主導の歪曲は、人類学者アシュレー・モンタギューによる一九五〇年代からの継続的な活動に端を発している。彼は人種という用語をタブー化しようとしていた。モンタギューはユダヤ人で、ロンドンのイーストエンド地域で育ち、かなりの反ユダヤ主義を経験した。ロンドンとニューヨークで社会人類学者として教育を受けて、フランツ・ボアズに師事している。ボアズは人種的平等、そして文化のみが人間の行動を形づくるという信条の旗振り役だ。モンタギューはボアズの考えを、本人をしのぐ熱意をもって掲げるに至った。モンタギューは人種が悪だという見方を熱心に論じている。「人種は魔術であり、当代の悪魔学であり、われわれの内なる想像上の邪悪な力を解き放つ手段なのだ。現代の神話、人類の最も危険な神話、アメリカの原罪だ[※7]」。

戦後、人々の心にホロコーストの恐怖がのしかかる中、モンタギューの見解はたちまち受け入れられた。それが顕著に見てとれるのは、国際連合教育科学文化機関（ユネスコ）が一九五〇年に初めて発表した、人種についての影響力ある声明だ。この草稿作成には、モンタギューが協力している。モンタギューは、帝国主義や人種差別、反ユダヤ人主義を突き動かしたのは人種という概念であり、人種が存在しないと示せばこれらを潰せると信じていた。しかしこの動機にどれだけ共感するにしても、悪を表現する言葉を禁止すれば、その悪を倒せると考えるのは短絡的だろう。だがモンタギューの目標は言葉の弾圧で、それについては著しい成功をおさめた。

「人種という言葉そのものが人種差別」と、モンタギューは著書『人類の最も危険な神話：人種の偽り』で述べている。[※8]人種について詳しい学者たちが、人種差別者と糾弾されるのをおそれて、人種という用語を使わなくなった。一九八七年の調査によると、自然人類学者（人骨を研究）で人種の存在を認めるのは全体の五〇パーセントのみ、社会人類学者（人類を研究）では、二九パーセントにすぎなかった。

人種に最も精通している自然人類学者は、法医学に携わる研究者たちだ。ヒトの頭蓋骨は、形状から三種類に分けられ、この形状はその持ち主の先祖が三大人種、つまりコーカソイド、東アジア人、アフリカ人にどのくらいの比率で属しているかを反映する。アフリカ人の頭蓋骨は、鼻と眼窩が丸みをおび、顎が前方に突き出しているのに対して、コーカソイドと東アジア人は比較的平坦な顔をしている。コーカソイドの頭蓋骨は比較的長く、下顎骨が大きく、鼻腔は涙型だ。東アジア人の頭蓋骨は比較的短くて幅広く、頬骨が広い。三つの頭蓋骨タイプの特徴はまだまだある。多くの場合、一つの特徴だけ見ても、特定の人種には割り振れない。どの特徴も、他の人種に比べてある特定人種によく見られるというものであり、そうした特徴の組み合わせで判断することになる。

自然人類学者が、数所測定すれば、精度八〇パーセント以上で頭蓋骨の持ち主の人種を警察に伝えられる。この能力に悩まされたのが、人種を認めてはいけないとモンタギューに説得された人々だ。人種が存在しないなら、どうやって頭蓋骨からそんなにも正確に人種を特定できるのか。「そのような判断を下すたび、伝統的で非科学的な人種という概念に、法人類学者たちは自分たちの学問分野からお墨付きを与えてしまう。この問題に、簡単な解決策は見当たらない」と、ある自然人類学者は述べる。彼は、概念はそのままに、「人種」という用語を「祖先」などの婉曲表現に置き換えて、あいまいにしようと提案している。[※9] さまざまな研究者たちがこの助言に従って、人種という必要不可欠な概念を保ちながら、出版にあたっては「集団構造」や「集団階層」といった当たり障りのない、回りくどい表現で言及した。現在、生物学者が人種(混血の場合は、複数人種)の判断に利用しているDNA要素は、慎重にも祖先情報提供マーカー(AIM)と呼ばれる。

進化と種分化

生物の種族は、進化が新しい種を生み出す過程での通過点だ。環境は変わりつづけ、適応しなければ生物は滅んでしまう。適応の過程で、種はさまざまな逆境に出会い、そこで多様な変種が生まれる。これらの変種、すなわち種族は流動的で、固定されたものではない。これらをもたらした淘汰圧がなくなると、再び一般的な遺伝子プールに統合される。また、繁殖を阻む障壁があらわれて種族が近隣集団と通婚しなくなると、やがてそれはべつの生物種になる。

人間もこの過程の例外ではない。人類の分化が過去五万年間と同じ速度で続いたなら、現存する人種のうち、一つ以上が遠い将来別の種になる可能性がある。だがいまや、移住、旅行、通婚の増加で、分化の力は反転したようだ。

種族は種の中で発達し、容易にまた統合される。現在わかっているかぎり、すべての人種に同じ遺伝子セットが備わっている。でもそれぞれの遺伝子に、それぞれ異なる特色、代替的な形状がある。

遺伝子学ではこれを対立遺伝子と呼ぶ。人種によって、さまざまな遺伝子座でちがう対立遺伝子が見られると思うかもしれない。だが、特定人種に特徴的な対立遺伝子はいくつか存在するものの、人種の基盤がおもに依存しているのは、もっとささやかなもので、ある対立遺伝子が相対的にどこまで一般的かということ、すなわちその頻度のちがいだ。これについては次章で詳述する。

それぞれの対立遺伝子の頻度は、どちらの親の対立遺伝子が受け継がれるか、自然淘汰がその対立遺伝子に味方するかに応じて、世代ごとに変わる。だから人種はかなり動的だ。人種が依存している対立遺伝子の頻度がつねに変化しているからだ。うまい説明を提供しているのが、歴史家のウィンスロップ・ジョーダンで、彼はアメリカにおける人種差別の歴史的起源についての著作で、次のように述べている。「人類が一つの生物学的種であることは、すでに明らかだ。人種は明確にわかれてはないし、安定してもいない。柔軟で、変わりゆくものであり、やはり変わりつつある総体と不可分にして一体をなすものだ。また、人種は過程の産物として研究するのがいちばんいいことも明らかだ。そして最後に、人種差に関わっているのは遺伝子の相対的頻度と特徴であって、遺伝子の絶対的かつ相互排他的なちがいではないことも明らかだ[※10]」。

人種は、進化的変化のプロセスの一部として登場している。ゲノムレベルでいうと、進化の推進力は突然変異だ。突然変異は遺伝情報を構成するＤＮＡ配列に新規性をもたらす。この新しい配列が、自然淘汰、遺伝的浮動、移動といった進化過程の作用により――排除されたり、普及したり、無視されたりする。

ＤＮＡを構成する化学的単位は長持ちするが、それも永遠ではない。ときに自然劣化や放射線のせいで、ある単位が損傷を受ける。生きている細胞の中では、修復酵素がつねにＤＮＡ鎖を監視して化学的単位（化学用語でいう塩基）の配列を校正修復している。塩基には、Ａ（アデニン）Ｔ（チミン）Ｇ（グアニン）Ｃ（シトシン）の四種類がある。ＤＮＡ分子の構造は、二重らせんを描く二本鎖からなっており、一方の塩基はそれぞれ、他方の塩基に軽く架橋している。この架橋構造では、二重らせんの二本鎖の一方にＡ、他方の同じ部位にＴが存在しており、同様にＧとＣが対になっている必要がある。Ｔと対になる塩基が欠失している場合は、修復酵素がＡを挿入する。Ｃの対が存在しない場合は、修復酵素がＧを提供する。この仕組みはすばらしく効率的だが、それでも完全ではない。校正修復機構によって正しくない塩基が挿入されてしまうことがまれにある。このエラーを突然変異という。人間の生殖細胞の中で突然変異が生じた場合は、それが卵子であろうと精子であろうと、進化的に重大な意味を持つ。次世代に受け継がれる可能性があるからだ。

突然変異には、ＤＮＡを扱う細胞の複製エラーで生じるものもある。これらの突然変異はすべて、進化の第二の力、自然淘汰の材料になる。ほとんどの変異は遺伝子間に存在するおびただしいＤＮＡ領域だけに影響して、ほぼ何の影響もない。タンパク質など細胞の機構部分を特定する情報をコードするのは、遺伝子の塩基配列だ。このいわゆるコードＤＮＡは、ヒトゲノムのわずか二パーセントに満たない。コードＤＮＡや、コードＤＮＡを活性化させるＤＮＡ付近のプロモーター領域に、何らかの意味を持つ改変をもたらさない変異は、一般に生物に影響を与えない。自然淘汰がこの類いの変異など気にとめる理由はないことから、遺伝学ではこれを「中立突然変異」という。

遺伝子配列に変化をもたらす突然変異の多くは、遺伝子が指定したタンパク質の機能を低下させたり、台無しにしたりする。これらの変異は有害だから排除する必要がある。有害な突然変異を取り除く自然淘汰を、遺伝学用語で「純化淘汰」という。そうした突然変異の持ち主は生きられないか、子がないか、少ない。

有益な影響をもたらす突然変異はほんのわずかで、これらに恵まれた人々は生き残って殖えやすいため、後の世代になるほど、有益な変異がさらに一般的になる。

有益な突然変異が起きた人は――もとの遺伝子に新しい変異が組みこまれた――新しい遺伝子、いや新しい対立遺伝子の持ち主だ。遺伝的浮動と呼ばれる進化的変化の第三の力が存在するのは、突然変異と対立遺伝子のせいだ。各世代が、遺伝のくじ引きといえる。あなたの父親と母親はそれぞれ、すべての遺伝子のコピーを二つ持っている。その一方があなたに与えられ、他方は編集室の床に置き去りになる。さて、ある遺伝子座には対立遺伝子A、Bの二種類しか存在しないとする。また、現在の人口集団の六〇パーセントが対立遺伝子A、四〇パーセントがBを持つとしよう。次世代では、この比率は変化する。運しだいで対立遺伝子AがBよりも頻繁に子どもに受け継がれる場合もあれば、その反対もあるだろう。

対立遺伝子Aの行く末を追うと、この集団における頻度は、ある世代が六〇パーセント、次世代が六七パーセント、次が五八パーセント、さらに次が三三パーセント……と、ランダムウォークを示す。

だが、これがずっと続くわけではない。遅かれ早かれ、ゼロパーセント、あるいは一〇〇パーセントの、どちらかが出るからだ。頻度がゼロパーセントに下落すると、対立遺伝子Aはその集団から永遠に失われる。一〇〇パーセントが出た場合、失われるのは対立遺伝子Bで、対立遺伝子Aがこの遺伝子の永久的形態になる。少なくとも、新たにもっとすぐれた突然変異が登場するまでは。この頻度の揺らぎが、「遺伝的浮動」と呼ばれるランダム過程で、対立遺伝子Aが一〇〇パーセントになってランダムウォークが終わることを、遺伝学では「固定」されたという。他に選択の余地がないという意味だ。

すでに固定したゲノムの重要部分に、エネルギーを生産するミトコンドリア（あらゆる動植物細胞の祖先が、はるか昔に獲得して利用してきたバクテリアが起源）のDNAがある。ミトコンドリアはすべての細胞の中にある細胞小器官で、卵子を通じて母から子に遺伝する。現生人類の進化の初期段階で、ひとりの女性のミトコンドリアDNAが固定して、他のあらゆる型のミトコンドリアDNAが排除されたのだ。

同様の、勝者独占の勝利をとげたものに、特定の型のY染色体がある。性別を男性に決定する遺伝子が含まれるため、保有するのは男性のみ。人口が非常に少なかった頃、ひとりの男性のY染色体の頻度が増加して、唯一の存在になった。以下に述べるように、ミトコンドリア・イブとY染色体アダムの遺伝的遺産は、その子孫が世界を移動した足跡をたどるのにきわめて有用だ。

それぞれの対立遺伝子の隆盛は、卵細胞と精細胞がつくられるときに、どれを脇に置いてどれを次世代に渡すか、というまったくの運にかかっている。遺伝的浮動は、特に消失／固定が数世代で起こりかねない小集団の形成において、強大な力になる場合がある。

種の遺伝的遺産を形づくるもう一つの力が、移住だ。ある集団がまとまって暮らし、集団内で子をなすかぎり、それぞれの個体は遺伝子のさまざまな型／対立遺伝子がおさめられた共通の遺伝子プールからくじ引きをする。しかし一つの個体が持てるのは、両親から一個ずつ受け渡された対立遺伝子、最大二個だけだ。だから、ある集団が母集団から分離すると、持ち出せるのは一般的な遺伝子プールの対立遺伝子の一部のみで、遺伝的遺産の一部は失われる。

突然変異、浮動、自然淘汰はすべて、進化のエンジンをつねに駆動させる絶え間ない力だ。ある集団が同じ場所にとどまって、その表現型（フェノタイプ）、すなわち身体形状が変わらなかったとしても、その遺伝子型、すなわち遺伝情報は、つねに変化を続ける。『鏡の国のアリス』に登場する赤の女王のように、その場にとどまるために走り続けるのだ。

同じ対立遺伝子プールを共有する集団内で子をなす場合、その集団は比較的変わらないまま保たれる。たとえば種が広がるにつれて、その種の内部での婚姻を妨げる川のような障壁があらわれると、一方の川岸の集団と、川をはさんだ対岸の集団には、遺伝的浮動のために、たちまちわずかな相違が生じる。これが亜種または種族になる最初の一歩で、そこに小さな相違がさらに積み重なる。やがてはこういったわずかな差異の一つ、たとえば交配時期、配偶者／つがいに対する好みの変化が、この二つの亜種に生殖障壁をもたらす。二つの集団の個体が自由に交配するのをやめた途端、二つの亜種は別の種にわかれることになるのだ。

世界の人々

では、このような種が種族へと分化するメカニズムを、人間に当てはめてみよう。変化をもたらす主体である移住、浮動、自然淘汰は、人々が先祖代々の故郷を離れるとすぐに、彼らに独特な圧力をかけた。アフリカを離れた集団は数百人規模と見られ、おそらく狩猟採集集団たった一つだっただろう。彼らが持っていたのは、祖先から伝わる対立遺伝子のごく一部だったから、遺伝的多様性には乏しかった。彼らは人口発芽のプロセスによって世界に広がった。集団の規模が、現地の資源に対して大きくなりすぎると、その集団は分裂して、一方がそこにとどまり、他方は数キロメートル先の岸辺か、上流に向かう。このプロセスによって分裂した各集団の多様性の幅は、さらに狭くなる。

五万年前の人類は熱帯種だったため、アフリカ大陸を最初に離れた人類は、おそらく紅海の南端を渡って、ほぼ同じ緯度を沿岸に沿って進み、サフル大陸（現在のオーストラリア、ニューギニア、タスマニアを含む、氷河期の大陸）に到着したのだろう。アフリカ以外で発見された最古の現生人類の骨は、約四万六千年前のもので、オーストラリアのムンゴ湖で発見された。

現生人類がアフリカ大陸から脱出したのは、更新世氷河期の終わりまで四万年を残す頃だ。最初に狩猟採集者の一団が、北東アフリカから、インド、オーストラリアへ、ほぼ熱帯気候の地域を通って進出したのだろう。現代の狩猟採集民の行動から判断して、これらの小さな集団はとても縄張り意識が強く、近隣集団に対して攻撃的だった。互いに離れて新たな領土を見つけるために、彼らは北に向かい、ヨーロッパや東アジアの寒い森林や草原に足を踏み入れた。

これらの独立した小集団を変化させる進化的圧力はとても強かっただろう。東に向かう集団は、新しい環境に直面した。狩猟と採集を頼りに生活する彼らは、それぞれの新居住環境で生き延びる術を学び直さなければならなかったはずだ。最初の移住地だった赤道付近から北へ向かった集団は、特に厳しい圧力を受けただろう。最終氷期が終わったのは一万年前だ。北に移動した最初の現生人類は、熱帯の故郷と大きく異なる環境に順応して、体にぴったり合う服の作り方や、冬の間の食料の貯蔵など、新しい技術を開発しなくてはならなかった。気候ははるかに寒冷で、季節差も大きく、保温の問題と、冬の間の食料確保の問題は深刻だった。

さらに追い打ちをかけるように、北に向かった人々は武装敵対勢力にも直面した。およそ五〇万年前にアフリカを離れたもっと以前の人類の波が、ユーラシア大陸を占拠していたのだ。これらのヒトは、現生人類と区別して旧人類と呼ばれており、ヨーロッパのネアンデルタール、東アジアのホモ・エレクトスが含まれる。いずれも現生人類が彼らの領土に足を踏み入れた頃、姿を消した。ネアンデルタールの場合、現生人類の居住地の増加に伴って、その居住地が着実に縮小していったのは考古学的記録から明らかで、現生人類によって絶滅に追い込まれたと示唆される。ホモ・エレクトスについての東アジアの記録はあまり詳細でないが、ネアンデルタールと同じ運命をたどった可能性が強い。

ユーラシア大陸を占拠すると、アフリカを離れた小集団が持っていた遺伝子プールは、数多くのさまざまなプールに分裂した。人類が進出した範囲は広大で、南アフリカからヨーロッパ、シベリア、オーストラリアに及んだから、それぞれの土地の間で遺伝子のやりとりはほぼ起こらなかった。小集団はそれぞれに、共通の祖先から受け継いだ変異に加えて、独自の変異を重ねていった。そしてそれぞれの集団の中で、自然淘汰と浮動の力がこれらの変異に働いて、一部をさらに一般化させて、その他を排除していった。

人口集団が世界に広がるにあたって、配偶者が自由に交換されていたなら、人種は決して発展しなかっただろう。だが現実は、その正反対だった。人々は各大陸に散らばると同時に、小さな部族集団に分裂した。この小さな集団間での遺伝子の混合は、おそらくごく限定的だっただろう。地形が手ごわい障壁だったし、それ以上に狩猟採集集団は縄張り意識が強く、見知らぬ者にはたいてい敵対的だった。旅は危険だった。現代の狩猟採集民の行動から判断するに、武力衝突はおそらく絶え間なかっただろう。戦いの痕跡は、初期の人口成長の遅さにも見てとれる。人口成長は自然出生率をはるかに下回っており、戦いで日常的に血が流れ、命が失われたと見られる。

手が届く領土が占領されつくすと、人々は生まれた土地で育ち、死ぬことが圧倒的に多くなった。現代まで人々がほとんど故郷に閉じこめられていたというのは、ゲノム分析で得られた驚きの結果の一つだ。この結論を示す証拠がいくつかある。先述のように、すべての男性は同じ起源のY染色体のコピーを持っており、これは現生人類の進化の初期に普遍的になった。だがこのY染色体に突然変異が蓄積されはじめて、それぞれの変異が人類系統樹の分岐点になり、持つ者と持たざる者をわけた。枝分かれした系統樹の根はアフリカにあり、大枝は人類移動の足跡を追う形で、世界に広がっている。

枝同士があまり絡み合っていないことから見て、世界は秩序あるやり方で満たされ、それが完了した後は人類が同じ場所にとどまったことを示している。

ミトコンドリアDNAでわかる女性の移動も同じだ。最近では遺伝学の分野において、DNAチップという装置を利用した集団調査が可能になった。この調査はゲノムをまるごと試料採取して、はるかに詳細な全体像を示すものだ。DNAチップは、多数のDNA断片で校正され、ヒトゲノムにおいて配列がしばしば異なる五〇万サイトを識別できる(変動のあるサイト、SNP〝スニップ〟は、人間ごとのちがいが生じる部分を示す。だれもが同じDNAユニットを持っているゲノムサイトはおもしろい情報を与えてくれない)。塩基配列が完全に相補的であれば、DNA断片二個は化学的に結合するので、DNAチップのDNA断片それぞれが、検査対象のゲノムに「このサイトにAはあるか否か?」と問いただすことになる。こうしてゲノム全体を精査して、個体群による差異が知られているサイトの配列を調べられる。

五〇万SNPのDNAチップを使った研究で、スタンフォード大学の研究者たちはヨーロッパ人の遺伝的特徴と地理的起源に強い相関が見られることを発見した。実に九〇パーセントの人の出生地を七〇〇キロメートル圏内、五〇パーセントを三一〇キロメートル圏内まで絞りこめるのだ。ヨーロッパ人は遺伝子レベルではかなり均質だから、ヨーロッパ人の間に出身地をとても正確に推測できるほどの遺伝的差異があるという事実は驚異的だ。[※11]

また、隔絶した地域に住む、移動しそうにないヨーロッパ人を調べた研究班もある。対象地域はスコットランドの島、クロアチアの村、イタリアの谷だ。祖父母四人全員が同じ地域で生活していない者は除外された。このような条件のもと、研究対象の人々が現在生活する場所は、生まれ故郷の村の八〜三〇キロメートル圏内に位置づけられた。

この研究結果から、世界の人口は、遺伝学的にはそれぞれの地域の中でとても細かく構造化されていて、ヒトゲノムが全世界で数キロメートルごとにはっきり変化しつつあることがわかる。このような状況が見られるのは、つい数十年前まで、ほとんどの人が出生地にごく近い地域の出身者と結婚していたためにほかならない。このような、きわめて局所的な結婚が「ヨーロッパの地方ではおそらく標準的であり、それは輸送機関や経済的機会が欠如していたため」と、研究者たちは結論づけている。[※12]

進化のストレス

世界中に広がった人口集団は、さまざまな強い進化のストレスにさらされた。人間社会の構造の抜本的な変革、当初の集落のパターンを一掃した人口の移動などだ。これらの人口の増減の原因は、天候の変化、農業の普及、戦争だ。

アフリカ脱出以降のおもな人口動態の手がかりの一つが、肌の色だ。赤道付近では色が濃く、北の高緯度地帯では色が薄い。二五万年前の世界人口を調べられたなら、分化をたどるのははるかに容易だっただろう。農業はまだ発明されておらず、人口成長も小さな狩猟採集者集団の社会構造をまだひどく揺るがしてはいなかった。世界を飛びまわれたら、肌の色が濃い人々が赤道付近に暮らし、肌の色が淡い人が北の高緯度地域に暮らしていて、その間の人々の肌の色は、なだらかなグラデーションを描いているのが見えたはずだ。

肌の色と緯度のなめらかなつながりを壊したのは何だったのだろうか。二万五千年前、最終氷期は終わりに近づきつつあったが、勢いはまったく衰えていなかった。氷河はふたたび南進して、最終氷期最盛期（LGM）と呼ばれる、いっそう寒い時期が訪れた。それからおよそ五千年間、ヨーロッパと北シベリアの大部分は居住に適さない地域となった。北の高緯度地域に住む肌の色が淡い人々は、氷河に葬られる前に動いた。氷原の南進に先駆けて南に向かい、南方にいた肌の色が濃い人々をさらに南に追いやり、おそらくは殺した。結局のところ、南方の人々は領土を侵略されるのをよしとせず、最後まで守ろうとしただろうから。だが北方の人々には、南方の土地に訪れた厳しい寒さの中での生活に、遺伝的にも文化的にも適応している点で強みがあった。寒冷化する環境は、氷河に先回りして移動した北方の人々の好みには合っても、彼らに追いやられた南方の人々には厳しかったはずだ。

ヨーロッパでは、北方の人々が寒気を逃れてスペイン、南フランスに向かった。およそ二万年前、氷河が退行を始めると、ヨーロッパと東アジアには、再び人が住みついた。南方の地をもとの住民から奪ってそこで最終氷河最盛期を生き延びた、かつての北方人だ。こうしてヨーロッパと東アジアには、かつて北方の高緯度地域にいた人々の子孫である、肌の色が淡い人が住むようになった。

さらに二つの大陸が、およそ一万五千年前に、肌の色が淡い北方人のものになった。温暖化して、シベリアで生活していた人々がベーリング地峡（かつてシベリアとアラスカの間にあり、現在では海中に没した大陸）で暮らせるようになったのだ。おそらく海面上昇に伴って、ベーリング地峡の住民の一部はアラスカに渡った。そして氷床が溶けて道が開けると、そこから南に移動して北アメリカ、南アメリカの二つの大陸に住み着いた。

また、およそ一万五千年前、人間社会の構造の進化における大きな一歩となったプロセスが始まった――世界で初めて、定住集落があらわれたのだ。これらはヨーロッパ、東アジア、アメリカ、新世界に、それぞれ登場した。現生人類が考古学的記録に初めて登場した一八万五千年前から、人々は狩猟採集民として生活してきた。それが初めて定住コミュニティに腰を落ち着けて、住み処を築いて蓄財できたのだ。

定住の決断は決して単純なものではなかったはずだし、純粋に自発的選択でもなかっただろう。そうでなければ、何千年も前に実現していたはずだ。おそらくは社会的行動の変化、つまり狩猟採集団によくある攻撃性を低下させる遺伝的変化が必要だったろう。人類の化石記録によると、定住に先立って、骨格がしだいに細くなっていった期間がある。自然人類学では「華奢化（gracilization）」として知られるプロセスだ。華奢化は野生の動物種が飼い慣らされるにつれて起こることが多い。人類も同じ理由――攻撃性が薄れたこと――から、同様の骨格軽量化を経験したらしい。家畜化されつつある動物のように、人類が骨量を減らしたのは、極端な攻撃性がもはや生存に有利でなくなり、社会で最も好戦的な者は、殺されたり、追放されたりしたためだろう。社会行動の大きな変化は、大規模コミュニティに居住して、近い親戚でない人たちとの協調を学ぶために不可欠な先駆けだった。

これら最初の定住社会の一つが、中近東のナトゥフ文化だ。考古学的記録では、およそ一万五千年前に登場している。初の定住から数千年後、ナトゥフ文化期の人々はいつしか農業を発明していた――というのも、野草を収穫する過程で、自然と農業に適した株が選ばれていたからだ。およそ一万年前、最終氷期の終わりにかけての温暖化を受けて始まった初期の農業制度の中心となったのは、中東では小麦と大麦、中国では雑穀と米だった。新しい豊富な食料源を得て、人口は増加を始め、新たな農民が領地を拡大していった。増加した人口は社会の階層化と、社会の中での富の格差に拍車をかけ、戦乱を活発化させた。定住した部族社会が首長制、首長制から原始的な国家、国家から帝国に発達する中で、人類は社会行動を変革の連続に適応させるしかなかった。

これらの人口増加は、地球上の人類分布パターンを大きく変えた。言語学者は、いわゆる「モザイク地域」と「広域地域」を区別したがる。現存する最も壮大なモザイク地域は、ニューギニアにある。この深い森林地帯を占拠していた人々は、ヨーロッパ人に発見された当時、石器時代の技術を用いており、戦争を繰り返していた。この島の人口は領土と文化で区分されていた。ニューギニアでは八〜一六キロごとに別の言語が話されており、およそ一二〇〇の言語が存在する。これは世界の言語の五分の一に相当する。言語はアイデンティティのしるしと見なされて、あえて近隣部族の言語とできるだけ異なるようにしてある。植民地の行政官が戦乱を抑えるまで、ニューギニア人のほとんどは、故郷の谷を安全に越えることもできなかった。

一二〇〇の言語を擁するニューギニアとは対照的に、アメリカは広域地域で、全国で単一言語が使われている。さまざまな言語の話者で構成されたモザイク地域を、英語の話者が征服したからだ。おそらくほぼ同様のプロセスが過去五万年間にわたって展開されて、周期的にモザイク地域と広域地域が繰り返されているのだろう。

アフリカの外の世界が最初に占領されたとき、世界はちょうどニューギニアの言語モザイク地域のように、何千もの領地にわかれて、その一つひとつがそれぞれ別の部族に占領されていたと見られる。時が経つにつれて、各部族の言語は独自性を増して、近隣部族の言語とかけ離れ、また遺伝的にも個別性を増したはずだ。小さな部族それぞれで、別々の対立遺伝子の頻度が上がって固定したり、下がって絶えたりした。

ではなぜ世界の人類は、現在よりもっと多様でないのだろうか。これらの小さな部族のほとんどは、広大なモザイク地域を広域地域が、人口拡大や征服を通じて波のように飲みこむにつれ、さらに大きな部族に滅ぼされたか吸収されたからだ。たとえばヨーロッパでは、アナトリア（現在トルコとして知られる地域）から新しい農業技術を持ちこんだ人々が、既存の狩猟採集民を（一部は征服、一部は婚姻によって）圧倒して、広大な広域地域を生み出した。もう一つの仮説は、ロシアの草原地帯出身の好戦的な牧畜家たちが故郷を飛び出してヨーロッパ、インドに広がるにあたり、農業の拡大ではなく、征服によって広域地域がつくられたというものだ。いずれにしても、広域地域は古代言語、インド・ヨーロッパ語の話者の拡大を反映しており、彼らの子孫は現在、アイスランド語、スペイン語、イラン語、ヒンズー語に至るまで、インド・ヨーロッパ語族のさまざまな言語を話している。

極東でも、米の栽培者たちが、近隣集団を殺すか、ひたすら数で圧倒するかして吸収して、拡大を始めた。世界最大の集団となる漢民族の台頭が始まったのは、およそ一万年前にすぎない。考古学的記録では、モンゴロイド型の頭蓋骨が初めて登場した頃だ。漢民族の地理的拡大はいまだ進行中で、チベット人、ウイグル人のような数で劣る周辺部族は、いつのまにか漢民族の領土に着実に取りこまれつつある。アフリカでは、農業が推進したバントゥー人の拡大が広域地域形成の一例に挙げられる。現存する人種や民族の多くは、おそらくかつては小規模部族で、それが人口増加によって拡大した後、数で劣る部族を征服、吸収した。

これらの進化的／歴史的プロセスはすべて、各大陸の人口集団に別々に生じた。人間や遺伝子の大陸間移動は、ほとんどなかったからだ。社会的行動の数々の顕著な変化――定住生活への移行、村から帝国になるにあたっての社会的な複雑性の深まり――が生じるとともに、時期はそれぞれ異なったものの、小集団が大規模集団に飲みこまれる状況が各大陸で並行して進行した。既知の最初の集落があったのは中近東で、その後、中国、アフリカ、アメリカにも集落が発生した。時期のちがいをもたらしたのは、おそらく人口だ。各大陸の人口が高密になるほど、定住や大規模社会集団発生への圧力は高まった。

社会的行動の根底にある遺伝子の大部分はわかっていないため、さまざまな人種でこれらの遺伝子がとげた、並行しつつも独立した進化はまだ示せない。でもまた別の形質、つまり東アジア人とヨーロッパ人の白い肌の並行的な発展は、これから見るように、いまや関連遺伝子のレベルで追跡できる。

三分割

アフリカからの移動は、現生人類初の大きな分離となった。アフリカに残った人々と、離れた人々がわかれたのだ。この分割以降、二つの人口集団は地理的にはっきりと隔てられて、もはや遺伝子プールを共有しなくなった。後にアフリカへ戻る人の流れも生じたが、遺伝子プールを混ぜなおすには、ほど遠い人数だ。アフリカを出た人々と残った人々の進化は続いたが、それぞれちがう環境に適応する中で、別の道をたどった。

人類の系統樹の大きな分岐が次に生じたのは、ユーラシア大陸を大きく二分する地域のそれぞれに移住した集団だった。北に向かった移民は、西方でコーカソイドの祖先となり、東方で東アジア人の祖先になった。コーカソイドにはヨーロッパ、中東、インド亜大陸の人々が含まれる。コーカソイドという言葉を一部の人類学者が避けるのは、この用語を考案したブルーメンバッハが、コーカサスの人々が世界で最も美しいと信じていたからだ。でも先述の通り、ブルーメンバッハはコーカソイドが他の人種よりすぐれていると考えてはいなかった。この重要な人類区分をさす用語が他にないため、多くの遺伝学者は「コーカソイド」を採用している。[※13] 東アジア人とコーカソイドがわかれた時期は、いまだはっきりしていないが、三万年も前かもしれない。

コーカソイドも東アジア人も、高緯度地域での生活への適応で、薄い色の肌を持つ。霊長類の肌の色は、基本的に淡色だ：チンパンジーも、毛皮の下の肌の色は薄い（顔はかなりの日やけで暗色だが）。われわれ人類の遠い祖先が毛皮を失ったのは、おそらく素肌のほうが発汗と体温制御に都合が良かったからだ。彼らは濃い色の肌を発達させて、重要な化学物質である葉酸が、赤道付近の強い紫外線で破壊されてしまうのを防いだ。ヨーロッパとアジアの高緯度地帯に移動した最初の現生人類がさらされた紫外線は、もっと弱かった――むしろ弱すぎて、紫外線を必要とするビタミンDが充分に合成できなかった。だから北方の高緯度地帯では、自然淘汰は淡色の肌の発達に味方した。淡色の肌は性的パートナーとしても高く評価された可能性がある。この場合、ビタミンDを合成する必要性だけでなく、性的淘汰も、必要な対立遺伝子の拡散を加速したと考えられる。客観的にいえば、薄い色の肌は、他の色調に比べて特に魅力的というわけではない。いやむしろ、日やけサロンの存在を考えれば、むしろ魅力に劣るらしい。それが珍重された理由は何か恣意的なものだったのかもしれないし、またビタミンDの合成との関わりを考えれば、極北緯度で健康な子どもをもうけられたために増えたのかもしれない。

淡色の肌は、コーカソイドと東アジア人の集団で別々に進化をとげている。これはこの二つの集団が分離して以来、ほぼ完全に離れたままだったことを示す。なぜそれがわかるかといえば、コーカソイドに淡い色の肌をもたらす遺伝子は、東アジア人に淡い色の肌をもたらす遺伝子の集合とほとんど別だからだ。ユーラシア大陸を二分して、淡色の肌がそれぞれ独自に並行して進化したのは、それぞれが同じストレス――北半球の高緯度地域でビタミンD合成を守る必要性――にさらされたからだ。

でも自然淘汰が機能するのは、何らかの対立遺伝子――同じ遺伝子座を占める、ちがう型の遺伝子――が、人口集団に存在する場合だけだ。コーカソイドと東アジア人では、淡い肌の色を生み出す対立遺伝子が明らかにちがう。何ら驚くにはあたらない。肌に色調をもたらす色素顆粒をつくり、パッケージ、分配するのは複雑なプロセスだ。そして、ある特定の結果を引き出すには、そのプロセスを操作する方法もいろいろあるのだ。

アフリカ人の濃い色の肌を維持する遺伝子は、MC1Rとして知られている。この遺伝子はアフリカ全土でたった一つの型となっている一方、ヨーロッパ人では少なくとも三〇の型（すべてアフリカの型と異なる）が発見されており、東アジア人特有の変異型もまたちがっている。アフリカで見られるMC1Rの対立遺伝子の何らかの変異、あるいは変化が、アフリカの環境では有害な淡い色の肌をもたらすらしい。アフリカでは、このような対立遺伝子の持ち主には子どもがいないか、いても数が少ない。そして突然変異で折に触れて出現するMC1R遺伝子の変異型は、つねに純化淘汰によって排除される。[※14]

ヨーロッパ人が薄い色の皮膚を持つ理由の一つは、MC1R遺伝子への純化淘汰が弱まっているからだ。でも理由はそれだけではない。ヨーロッパ人は、薄い色の皮膚の発現を促進する対立遺伝子をいくつか持っている。そのひとつがSLC24A5という遺伝子座にある対立遺伝子だ。このSLC24A5遺伝子は、ある大型のタンパク質――アミノ酸の鎖――の111番目のアミノ酸を、アラニンに指定する。これがSLC24A5遺伝子の祖先型で、アフリカ人と東アジア人のほぼすべてが、この対立遺伝子を持つ。ヨーロッパ人のほぼすべてが持つ対立遺伝子では、この111番目のアミノ酸を指定するコドン（連続した三個のDNA塩基配列、トリプレット）が決定的に異なる。コドンのちがいによって指定されるアミノ酸は二〇種あり、これらがタンパク質を構成している。SLC24A5遺伝子の場合、祖先型の対立遺伝子の111番目のコドンはACA（訳注：正しくはGCA）というトリプレットで、これがアミノ酸の一種、アラニンを指定しているのだ。ヨーロッパ人の場合、最初のAがGに変異してGCA（訳注：正しくはGがAに変異してACA）になっており、このコドンが指定するアミノ酸はトレオニンだ。このアミノ酸一つのちがいが、タンパク質の機能を変える。

ほぼすべてのヨーロッパ人が、トレオニンを表して、肌の色を薄くするSLC24A5の対立遺伝子のコピーを二個（両親から一個ずつ）持っている。アフリカ人は皮膚を濃色化するアラニンを表す対立遺伝子のコピーを二個持っている。各対立遺伝子のコピーを一個ずつ持つアフリカ系アメリカ人と、アフリカ系カリブ人は、中間の色調の肌を持つ。※15

東アジア人の肌は、ヨーロッパ人と同じくらい薄いこともある。でも東アジア人は、濃い色の肌をもたらすSLC24A5の祖先型を持つ。自然淘汰は、東アジア人の肌の色を明るくする別の方法を見つけたのだ。

東アジア人とヨーロッパ人の間には、他にいくつかのちがいがあることがすでに知られており、はるか昔にこの両集団が分裂したことを証明している。一つは、東アジア人の毛髪のほうが太いこと。アフリカ人、ヨーロッパ人の毛髪は細く、EDARという遺伝子の型が共通している。東アジア人に多いのは別の対立遺伝子で、漢民族の九三パーセント、日本人、タイ人の約七〇パーセント、アメリカ先住民の六〇〜九〇パーセントが、この型を持っている。この対立遺伝子ではEDARの370番目のコドンのTがCに変異しており、バリンに替わってアラニンがコードされている。[※16] 370番目のコドンがバリン（V）からアラニン（A）に替わっているため、この対立遺伝子はEDAR‐V370Aと呼ばれる。

EDAR‐V370Aを持つ東アジア人は、太く光沢のある毛髪の持ち主でもある。だが相関は証明ではない。ではどうすればEDAR‐V370Aが東アジア人に太い毛髪をもたらしていると確信できるだろうか。この点を立証したいと考えた研究者たちは、EDAR遺伝子を東アジアで見られる型に換えたマウスの系統をつくりだした。このマウスの毛が太かったことから、対立遺伝子EDAR‐V370Aが東アジア人の毛髪の太さの原因であることがわかったが、ほかにも興味深い変化が発見された。[※17]

一つは、このマウスの足の裏のエクリン腺が多かったこと。汗腺には二種類ある。水分を分泌、蒸発させて体温を下げるエクリン腺と、タンパク質とホルモンを分泌するアポクリン腺だ。中国人を対象にした研究では、EDAR‐V370Aは人間でもエクリン腺を大幅に増やす。これはそれまでわかっていなかったことだった。

また、この系統のマウスの胸は通常より小さかった。これ東アジア人女性の胸がアフリカ人やヨーロッパ人に比べて小さい理由がEDAR‐V370Aにある可能性を示唆している。

ＥＤＡＲ－Ｖ３７０Ａの四番目の影響と思われるものは、東アジア人に特徴的な歯形だ。東アジア人の前歯（切歯）は、裏から見るとショベル型になっている（ショベル切歯）。マウスの歯は人間の歯と大きく異なるので、この影響を説明するには不向きだった。

一つの遺伝子がこんなに多くの大きな影響をもたらすとは、意外に思われる向きもあるかもしれない。ＥＤＡＲが体に大きな影響を及ぼすのは、この遺伝子が胚発生の初期に作動して、皮膚、歯、毛髪、胸などの器官を形づくるのに一役買うからだ。

対立遺伝子ＥＤＡＲ－Ｖ３７０Ａが東アジア人に数多くの影響を与えているので、この対立遺伝子を広めた自然淘汰の対象となった具体的な影響はどれか、という興味深い問題が生じる。一つには、太い毛髪と小さな胸がアジア人男性にとても高く評価されたか、同様に太い毛髪が異性にとって魅力的だった可能性が挙げられる。いずれにせよ、これらの形質が自然淘汰のとりわけ強力な一形態である、性淘汰の作用因子だった可能性はある。

二番目の可能性として、エクリン腺がＥＤＡＲ－Ｖ３７０Ａの台頭の推進力だったかもしれない。東アジア人は、狭い鼻孔、まぶたを覆う脂肪のひだなど、体温維持に役立ちそうな一部の形質から見て、基本的に寒冷気候下で進化してきたとされる。でも研究者たちの計算によると、ＥＤＡＲの変異体が登場したのはおよそ三万五千年前だという。当時、中国中部の気温と湿度は高かった。

三番目の可能性は、ＥＤＡＲ－Ｖ３７０Ａの影響の多く、あるいはすべてが、どこかの時点において有利で、自然淘汰がそれぞれに順に味方した、というものだ。あまり目立たない利点、たとえば歯の形状などは、自然淘汰が支持した他の形質に引きずられてついてきたわけだ。

ＥＤＡＲ－Ｖ３７０Ａは、東アジア人とその他の人種の生理学的差異の（すべてではないが）かなりの部分を説明づける。東アジア人の大部分と、ヨーロッパ人およびアフリカ人を区別するもう一つの特徴は、耳垢に関係がある。耳垢には、湿性と乾性の二種類がある。この二種類の切替を制御しているのが、ＡＢＣＣ１１という遺伝子の二つの対立遺伝子だ。乾性耳垢の原因の対立遺伝子は、東アジアではとても一般的だ。北部の漢民族と北朝鮮人／韓国人では、乾性の対立遺伝子の持ち主が一〇〇パーセントを占める。南部の漢族では八五パーセント、日本では八七パーセントと、比率がやや落ちる。[※18]

ほぼすべてのヨーロッパ人とすべてのアフリカ人がＡＢＣＣ１１遺伝子の湿性耳垢対立遺伝子を持つ。この二種類の対立遺伝子の顕著な分化は強い淘汰圧を示唆している。だが耳垢の機能は、ハエ捕り紙のように、虫が耳の中に入りこむのを防ぐことにすぎない。このような些細な役割が生き残りに不可欠とは考えにくい。でもＡＢＣＣ１１の二種類の対立遺伝子は、実はアポクリン腺にも関わっている。

先述のエクリン腺が全身に存在して水分のみを分泌するのに対して、ヒトのアポクリン腺の分布は、腋窩、乳首、まぶたなど、特定の部分にかぎられる。分泌物はすこし脂っぽい。耳の中のアポクリン腺の特色は、耳垢を分泌することだ（訳注：厳密には、耳垢を湿らせる成分を分泌する）。アポクリン腺の分泌物は最初は無臭だが、皮膚に偏在するバクテリアに分解されると体臭成分を放つ。

乾性耳垢対立遺伝子を持つ東アジア人は、アポクリン腺からの分泌物が少なく、結果として体臭が弱い。寒さを逃れて閉ざされた空間で何か月も過ごす人々にとって、体臭がないのは魅力的な形質だった可能性があるし、性淘汰も味方したかもしれない。

東アジア人のもう一つの特徴が、自然人類学ではモンゴロイドと称される頭蓋骨の型だ。モンゴロイドの頭蓋骨は顔の部品が小さく、広い頭部形状に、平坦な顔を持つ。また、歯の形状も特徴的だ。アフリカ人とヨーロッパ人はおおむね似たような歯列を持っており、これが祖先型と見られる。東洋では新たな形状の歯列が登場した。海面の上昇によってマレーシアとインドネシア諸島に分裂した氷河期の大陸、スンダランドの名前から、スンダ型歯列（スンダドント）と呼ばれる。東南アジア人と、東南アジアからポリネシアに渡った人口集団は、スンダ型歯列を持つ。およそ三万年前に、スンダ型歯列の変種、中国型歯列（シノドント）が登場した。上顎切歯がショベル型で、一部臼歯の根が多い（副根）。北部の中国人、日本人、そしてシベリアの人口集団を祖先に持つアメリカ原住民は、すべて中国型歯列の持ち主だ。

政治色の強い科学者たちは、明確な人種はないと宣言して、人種は存在しないかのようにほのめかしつつ、明言を避ける。人種が存在しても明確でない理由の一つは、人種が持つ特性が、しばしば勾配をなして分布しているからだ。北部の中国人はほぼすべてが中国型歯列を持つが、中国南部と東南アジアに向かうにつれて、スンダ型歯列の持ち主の比率が多くなり、中国型歯列は少なくなる。乾性耳垢対立遺伝子は、中国北部ではほぼ普遍的に見られるが、南に向かうにつれて湿性対立遺伝子に地位を譲る。東アジア人のほとんどは乾性耳垢の遺伝子を持つが、全員ではない。ほとんどがEDAR－V370A対立遺伝子を持つが、全員ではない。

これらのちがいはすべてヒトという共通テーマの上に重ねられた変異だ。人間には内集団と外集団を区別する強い傾向があり、外見のわずかなちがいも、社会的に大きな意味を持つ。方言として知られる、言葉のわずかなちがいのように、肌や髪の色のちがいは、ある集団が周囲と自身を区別する基盤にもなる。この断層を越えて集団外との婚姻が結ばれなくなると、他の差異が積み重なり、人口集団は分化に向けて押しやられて、共通の遺伝子プールへの再混在からは遠ざけられる。

五つの大陸人種

人種は存在しないと主張する人々は、三〜六〇の人種を認識してきた数々の分類体系がそれぞれ相容れないことを指摘する。でも意見が一致しないからといって、人種の存在が否定されるわけではない。いかに定義づけるか、判断がわかれているにすぎない。地理的基盤に基づいてさまざまに進化したあらゆる生物種と同じく、ヒトも遺伝子の交換のせいで、通常は近隣種族との間に連続性がある。明確な境界線がないため、はっきり区別された種族はない――それが種における多様性のありかただ。それでも有用な区別は設けられる。

ヒトの多様性と人種の発生を理解する第一歩は、おもな人口集団が分裂してきた歴史的な順をたどることだ。先述のように、最初にこのような分裂が生じたのはおよそ五万年前で、小集団が北東アフリカを離れて、世界のその他の地域に住みついた。だから人口集団の最初の大きな分裂は、アフリカ人と非アフリカ人をわけた（この「アフリカ人」はサハラ以南の人々をあらわす。サハラの北の人々の大部分はコーカソイドだからだ）。非アフリカ人は、まだはっきりしたところはわからないが、かなり早い時期に分離して、ヨーロッパ人と東アジア人になった。これで人口集団は三分割された。これは、だれもが一目で区別できる三つの集団、アフリカ人、東アジア人、コーカソイドに相当する。その他の人間がこれほど分類しやすくないからといって、この三つの基本カテゴリーの妥当性には影響しない。

アフリカの外での最初の移動はヨーロッパ人と東アジア人を生み出し、最終的にサフルにたどりついた。サフルははるか昔、氷河期に存在した大陸で、海面上昇によってオーストラリア、ニューギニア、タスマニアの三つの陸海にわかれた。意外にもオーストラリアのアボリジニは、他のどの人種ともちがうことがわかっている。オーストラリアのアボリジニと、ニューギニアの、アボリジニの近縁の人々は、歴史時代まで他の人種と混ざった痕跡がゲノムに見あたらない。これは、彼らが約四万六千年前にサフルに住みついてから、一八世紀にヨーロッパ人が訪れるまで、あとからやってきた移民をすべて撃退してきたことを示唆している。オーストラリアのアボリジニは、人口規模こそ小さいが、その大きなちがい、歴史の古さ、大陸に住んでいるという事実から、充分に独自の人種と見なせる。

北部・南部アメリカの先住民、いわゆるアメリカインディアンも、一つの人種と見なせる。彼らの祖先はおよそ一万五千年前にアラスカに渡ったシベリア人だが、当時と比べてみると、かなり分化している。

だからヒトの多様性を現実的なやり方で分類する方法は、出身大陸に基づいた五つの人種を考えることだ。三大人種——アフリカ人、東アジア人、コーカソイド——と、大陸に基づいた二つの集団——アメリカ先住民族、オーストラリアのアボリジニ（最終氷期の終わりまでオーストラリアとつながっていた島、ニューギニアの人々を含む）だ。

ちがう人種が出会う土地境界では、しばしば集団外との婚姻があり、遺伝学でいう混合集団が発生する。たとえばパレスチナ人、ソマリア人、エチオピア人は、アフリカ人とコーカソイドの混血。中国北東部のウイグル・トゥルク、アフガニスタンのハザラは、コーカソイドと東アジア人集団の混血だ。アフリカ系アメリカ人は、アフリカ人とたいていはコーカソイドの混血だ。

それぞれの大陸人種の中にはさらに小集団がある。劣等性を示すととられかねない亜種、亜集団、などの用語を回避するため、これを民族ともいう。だからはっきりした遺伝的特徴を持つフィンランド人、アイスランド人、ユダヤ人などの集団は、コーカソイドに属する民族といえる。

このように多様な人間を五つの大陸人種に分割するやり方は、ある程度は恣意性を持つ。でも実用的に意味をなす。三大人種は識別しやすい。五分類は人口の歴史上の出来事と一致している。そして最も重要なことだが、大陸による分類は、遺伝学的に裏付けられている。

第五章　人種の遺伝学

THE GENETICS OF RACE

利己的でけんかっ早い人々はまとまらず、まとまりなしには何も実現できない。上で述べたような性質を豊かに持つ部族は、広がって他の部族に対して勝利を収めるだろう。でもやがて時間が経つうちに、過去のあらゆる歴史から見て、そうした性質をもっと強く保有している他の部族に代わりに転覆されてしまう。こうして社会道徳的な性質はゆっくりと進んで世界中に広まる性質を持つ。

——チャールズ・ダーウィン※1

人種の場合、人種ごとの遺伝的なちがいはきわめて小さく微妙なものだ。人種がちがえば遺伝子もちがうと思いがちだが、そんなことはない。いまわかっている範囲では、あらゆる人類は同じ遺伝子を持つ。それぞれの遺伝子座は対立遺伝子という各種のちがった形をとるので、次に思いがちなのは、各種遺伝子座が持つ対立遺伝子のちがいで人種の区別ができるのでは、ということだ。でもこれまた実際の仕組みとはちがう。ある対立遺伝子が特定人種だけで生じる場合は、ほんの一握りしか知られていない。

実は人種間の遺伝的なちがいは、おもに対立遺伝子頻度に基づくものだ。つまりそれぞれの対立遺伝子がその人種で生じる割合ということだ。では、なぜ対立遺伝子頻度のちがいごときで、肉体的な形質の差が生じるのかについて以下に説明しよう。

人種とは変異のまとまりである

遺伝変異を研究するために有益なアプローチは、絶対的なちがいを探すのではなく、世界中の個人のゲノムが遺伝的な類似性に基づいてどのようにまとまるかを見ることだ。結果として、だれでも自分が最も多くの変異を共有しているまとまりに分類される。こうしたまとまりはつねに、一時的には五つの大陸人種に対応したものとなる。ただし追加のDNAマーカーを使うと、インド亜大陸の人々はときどきコーカソイドから分離して六つ目の大グループを形成し、中東の人々は七つめの大グループとなる。

初の遺伝的クラスタリング技法の一つは、タンデム反復と呼ばれる要素の分析を使う。ゲノム上には、同じDNA対が立て続けに何度か繰り返されている遺伝子座がたくさんある。CAというのは、シトシンと呼ばれるDNAユニットに続いてアデニンが並ぶ場合を示す。だからCACACAというDNAシーケンスは、タンデムCA反復と呼ばれる。こうした一列の反復はときどき、DNA複製装置を混乱させ、数世代ごとに細胞分裂前に生じる複製プロセスの中で、その反復が一つ増えたり減ったりすることがある。だから反復が起こる座はかなり変動があり、この変動性は集団比較に役立つのだ。

一九九四年に、DNAのちがいから人類同士のちがいを研究しようという最初期の試みが、テキサス大学のアン・ボウコックとスタンフォード大学のルカ・カヴァッリ＝スフォーザ率いるチームによって実施され、一四集団の人々のゲノム三〇座におけるCA反復を検討した。被験者をそれぞれのゲノムサイトにおけるCA反復に基づいて比較すると、この研究者たちは、人々が出身大陸となぜか一致するまとまりを形成していることを発見した。つまり、アフリカ人たちはすべて、似たようなCA反復パターンを持ち、アメリカ系インディアンたちは独自の反復パターンを持ち、という具合だ。全体として、CA反復のまとまりは主に五種類あった。そしてそれぞれが、アフリカ、ヨーロッパ、東アジア、アメリカ、オーストララシアという五つの大陸地域に暮らす人々のまとまりとなっている。[※2]

その後、もっと大規模で高度な調査がたくさんおこなわれ、そのすべてが同じ結論に達している。つまり「遺伝的な差は大陸に基づいて人々を分類したときに最大となる」。そう書いたのは、カリフォルニア大学サンフランシスコ校の統計遺伝学者ニール・リッシュだ。「こうした集団の遺伝研究は、大陸の祖先に基づく古典的な人種定義を実質的に再現したことになる。つまり、アフリカ系、コーカソイド（ヨーロッパと中東）、アジア、太平洋諸島民（たとえばオーストラリア、ニューギニア、メラネシア人）、アメリカ先住民だ[※3]」。

こうしたもっと高度な調査の一つの中で、南カリフォルニア大学のノア・ローゼンバーグとスタンフォード大学のマーカス・フェルドマンは世界中の千人以上の人々における、ゲノム三七七サイトでの反復数を調べた。ゲノム上でこれほど多くのサイトを検討すると、ある個人が複数系統の先祖を持っている場合には、個人のゲノムのどの部分がどの人種からきているかを分類できる。これはそれぞれの人種や民族が、それぞれのゲノムサイトに特徴的な数の反復を持っているからだ。

ローゼンバーグ＝フェルドマン研究は予想通り、調査対象の千人が五つの大陸人種に対応した五グループにきれいにまとまることを示した。この論文の筆頭著者で多くのアメリカ人集団遺伝学者を教えてきたフェルドマンは、この研究が発表されたときに、これが古典的な人種概念を裏付けるものであり、遺伝が大陸別の先祖による人種定義を裏付けているというニール・リッシュの発言を追認した。「ニールの論文は理論的なものだったが、これは彼の発言を裏付けるデータだ」とフェルドマンは述べている。[※4]

またほかの主導的な遺伝学者も、人間の変異が大陸ごとにまとまるというのが一般的な人種概念に対応していると考えている。「地球儀で境界線を引こうとするとむずかしい点も出てくるが、世界の出身地ごとにかなりの遺伝的な差があって、人々を一般的な人種概念に対応する集団に分類できることは、いまや明らかだ」とシカゴ大学のジョナサン・プリチャードは述べた。[※5]

またローゼンバーグ＝フェルドマン研究は、パシュトゥーン、ハザラ、ウイグルといった中央アジア民族が、ヨーロッパ系と東アジア系の先祖の混血だという事実も明らかにした。中央アジアを人々が頻繁に往き来したことを考えれば、これは驚くことではない。

言語はしばしば、近隣集団との通婚を抑止する孤立メカニズムとなることが多い。パキスタンに住むブルショー人は、独特の言語を持っており、調べると近隣とは遺伝的にも似ていない。人種内でも、さらに民族が分類できることをローゼンバーグ＝フェルドマン研究は示している。アフリカ人の間では、ナイジェリアのヨルバ人とサン人（舌打ち音／吸着音を使う言語でしゃべる南アフリカの人々、かつてブッシュマンとも呼ばれていた）、ムブティピグミーやビアカピグミーは、ゲノムで容易に区別できる。

多くの集団はあまり通婚が進んでいない。この研究は人々が歴史を通じて生まれた場所で暮らして死んでいく場合が実に多いことを裏付けた。[※6]

アフリカにおける人類すべての先祖となる集団では、何世代にもわたりそれぞれの遺伝子座についての多くの対立遺伝子が生じた。アフリカから世界へ移住した人々は、そうした対立遺伝子の部分的なサンプルしか持っていかなかった。そして新しい集団が分離するごとに、もとの集団からの対立遺伝子数はさらに減った。

このプロセスの起こる場所がアフリカから離れると、対立遺伝子の多様性もそれだけ減った。こうした多様性の逓減は、出身集団からあまりに遠くに移住しすぎて、遺伝子プールをよく混ざった状態にしておくような形での通婚ができなくなった集団すべてで起こることだ。

一部の研究者は、人種の代わりに遺伝勾配あるいはクラインが存在すると考えたがる。[※7] 社会人類学者フランク・リビングストンは「人種など存在せず、あるのはクラインだけだ」と述べた。批判者は、同じ反対論をローゼンバーグ＝フェルドマン研究に対しても向け、個人が人種にまとまるのは人工的な産物でしかなく、地理的にもっと均質な標本を使えば、クラインが得られただけだったはずだと主張した。[※8]そこでローゼンバーグ＝フェルドマン研究のチームはデータを分析しなおし、ゲノムのサイトをたった三三七か所ではなく九九三か所について調べて調査の精度を上げた。すると、まとまりが本当にあることがわかった。遺伝多様性の勾配は確かにあるが、最初の論文で記述された、大陸集団ごとのクラスター形成も存在したのだ。[※9]

ローゼンバーグ＝フェルドマンはDNA反復に基づいて人々のゲノムを比べた。その後、世界集団比較に使える別のDNAマーカーが登場した。それがSNPで、医学研究にはこちらのほうが好都合だ。SNPは、一塩基多型の略で、ゲノム上のあるサイトで一部のヒトはある種類のDNAを持ち、それ以外の人々は別種類のDNAを持つような場合を指す。ゲノム上の座の大半は固定されていて、みんなA、T、G、Cのどれか決まったものを持っている。固定サイトは、だれでも同じだから人間の変異については何も教えてくれない。人によって変わるので遺伝学者にとってはことさら興味深いのがSNPサイトだ。これにより集団比較を直接おこなう手段が得られるからだ。ある特定個人にだけ生じている多くのランダムな突然変異を排除するため、SNPはゲノム上で、集団の少なくとも一パーセントが標準的なもの以外のDNAユニットを持つものと定義されている。この一パーセントという数字は恣意的なもので明確な根拠はない。

ジュン・Z・リーとリチャード・M・マイヤース率いる研究チームは、ローゼンバーグ＝フェルドマンと似たクラスタリングプログラムを、世界全域の五一集団の千人近い人々に適用した。各個人のゲノムは、六五万か所のSNPサイトが調べられた。このSNPに基づいた場合でも、DNA反復の場合と同じく、世界中から標本として採られた人々は大陸に基づく五つのグループにまとまった。でもそれに加えて、SNPライブラリはほかに二つの大クラスターを明らかにした。これは使ったマーカーが少なかったローゼンバーグ＝フェルドマン研究では表面化しなかったものだ。使うDNAマーカーが増えれば、タンデム反復の場合でもSNPの場合でも、集団の中でわけられる下位区分も増える。

新しく判明したクラスターの一つは、インドやパキスタンを含む、中央アジアと南アジアの人々がつくるクラスターだった。もう一つは中東のクラスターで、ここはヨーロッパとアフリカの人々とのかなりの混血が進んでいる。[※10] インドのグループと中東グループを主要人種に昇格させて、全部で七つの主要人種を考えるのが適切かもしれない。でもそれを始めると、ますます多くの副次的な集団が人種に昇格可能になるので、話を単純にするためには、大陸に基づく五人種というのがほとんどの用途では最も現実的だろう。

読者の中には、人種の数がはっきり決まっておらず、人種をどう評価するかで変わってくるということに困惑する人もいるかもしれない。でも、人種というのは明確にわかれた存在ではなく、似たような遺伝的変異を持った個人のまとまりでしかないということを考えれば、別に驚くべきことではないはずだ。ニューハンプシャー州に丘はいくつある？　その答えは、どのくらい高ければ丘かという基準次第だろう。人種の数は、どの程度のクラスター化を人種と考えるかで変わる。だから人間の変異の主要な副次集合を数えるという問題に対しては、三つ、五つ、七つのどれも充分に根拠ある数字となる。

それぞれの大陸人種の中でも、SNP分析はさらに副次集団を選りわけられる。ヨーロッパ人種の中ではフランス人、イタリア人、ロシア人、サルディニア人、オーカディア人(スコットランド北部のオークニー諸島に住む人々)が区分できる。中国では、北方系漢人と南方系漢人とが区別できる。

アフリカ内での区分は特に興味深い。というのも、人類はここで誕生以来最初の一五万年を過ごしたからだ。これまでおこなわれたアフリカの最も徹底した調査で、サラ・ティシュコフらは一二一の集団からの人々について、一三二七か所の可変サイトでゲノムをスキャンした。そのほとんどはDNA反復サイトだ。ティシュコフは、世界の他の地域では明確な大陸人種があるが、アフリカではほとんどの集団はいくつかの先祖グループの混血だということを発見した。おそらくアフリカ内部では大量の移住が起きており、それがもともとは別個だった集団を混ぜ合わせたのだろう。最も最近の大規模移住はバンツー人拡大だ。この集団の爆発的増加は、新しい農業技術が可能にしたものだった。過去数千年で、西アフリカのナイジェリアやカメルーン出身であるバンツー語話者は、アフリカを横切って東アフリカに移住し、両海岸を下って南アフリカにまで到達している。こうしたアフリカ内の集団混合にあまり影響されていない集団はごく少数だ。タンザニアとアフリカ南部にいる、舌打ち音言語の話者たち(最近まで狩猟採集民だった)と、森林の奥深くにすむ各種ピグミー集団だ。[※11]

舌打ち言語話者とピグミーたちは、かつてアフリカ南部の相当部分と東海岸の北はソマリアあたりまで分布していた、ずっと初期の狩猟採集民の子孫かもしれない。舌打ち言語話者たちは、コイサンと呼ばれる言語群をしゃべっており、これはほかのどんな言語ともちがうし、また舌打ち語のそれぞれもきわめて薄い関係しかない。おそらくはそれらがきわめて古くから存在してきたことの反映なのだろう。ピグミー集団もかつてはコイサン系言語をしゃべっていたのかもしれないが、彼らは元の言語を失ってしまったため、確実なことはわからない。

アフリカには四つの言語族があり、コイサン語族もその一つだ。あとの三つはニジェール・コルドファン語族(ニジェール・コンゴ語族ともいう)、ナイル・サハラ語族、アフロ・アジア語族だ。ニジェール・コルドファン語族は最も広範で、バンツー人拡大に伴い西アフリカから東アフリカに伝わり、それから南部に向かった。これは紀元前千年頃に始まった、西アフリカの原バンツー故郷からの壮大な移民の流れで、その千年後にアフリカ南部に到達した。アフロ・アジア語族は北部アフリカの広い地帯で使われており、ナイル・サハラ語族使用者は北のアフロ・アジア語族と南のニジェール・コルドファン語族の間にはさまれている。

遺伝は通常は語族と相関するが、その集団が言語を切り替えた場合だとそうはならない。ピグミーは現在、ニジェール・コルドファン語族の言語を使い、ケニアのルオ人は、遺伝的にはニジェール・コルドファン話者と同系統だが、現在ではナイル・サハラ語族の言語でしゃべる。

ティシュコフのチームはシカゴ、ボルチモア、ピッツバーグ、北カロライナのアフリカ系アメリカ人を分析して、平均でそのゲノムの七一パーセントがニジェール・コルドファン語族の遺伝子と一致し、八パーセントが他のアフリカ系集団と一致し、残り一三パーセントがヨーロッパ系だという結果を出した。こうした比率は、個人ごとに大きくちがった。

ある種の起源は、その成員たちの遺伝多様性を調べ、その多様性がどこで最も高いかを見ることで突き止められる。なぜかと言えば、その種の創設個体群が多様性を生み出す突然変異を蓄積するための期間が最も長いからで、そこを離れて移住した集団は、元の突然変異のごく一部のサンプルしか伴わないからだ（自然淘汰のような他の力は、有害な突然変異を排除したり、もっと有利な突然変異が登場したら他の遺伝子を一掃したりすることで、多様性を減らす）。アフリカ人やその他に関する新しいゲノムデータをもとに、現代の移民の起源はナミビアとアンゴラ国境近いアフリカ南東部にあることがわかる。これは現在、舌打ち言語を使うサン族の故郷だ。この結論は決定的ではない。というのも古代の集団分布は、現在とはかなりちがっていたかもしれないからだ。それでも、ヒトの遺伝学が単一の起源を示しているという事実は、今日の人種がすべて同じ主題の変奏でしかないという主張を裏付けている。

ヒトゲノムに見られる自然淘汰の痕跡

上で述べた調査で使われるDNAマーカーの二種類である反復DNAユニットもSNPも、ほとんどが遺伝子の外側にあって、その人の身体的構造にはほとんど何の影響もない。遺伝学者たちが中立的変異と呼ぶもので、つまり自然淘汰からは無視されているということだ。ならば人の集団が相互にちがうようにするものは何なのだろう？

ちがいを形成する主要な力は自然淘汰であり、これは特に大規模な社会で顕著だ。小さな社会だと、遺伝的浮動——どの対立遺伝子が次の世代に受けつがれるかというくじ引きの運——がかなりの影響をもたらす。でも自然淘汰は、しばしば浮動とともに、長期的には大きな力となる。高速ゲノムシーケンス手法の進歩により、遺伝学者たちはやっとヒトゲノムの改変における自然淘汰の痕跡を仕分けできるようになった。こうした痕跡は、最近のものでしかも地域的に起こっており、つまり人種ごとにちがう。

淘汰が地域ごとにちがった形で起きているという証拠は、二〇〇六年にシカゴ大学集団遺伝学者ジョナサン・プリチャードが実施したゲノム全域スキャンにより明らかとなった。彼は三大人種——アフリカ人、東アジア人、ヨーロッパ人(厳密にはコーカソイドだが、ヨーロッパ人の遺伝学のほうが現在ではずっと詳しく調べられているので、通常はヨーロッパ集団が被験体として使われる)で淘汰を受けた遺伝子を探した。頻発する病気の遺伝的なルーツを研究するためにアメリカ国立衛生研究所がおこなったプロジェクトHapMapの一部として、それぞれの人種について大量の遺伝データが収集された。それぞれの人種についてプリチャードは、自然淘汰にさらされた特徴的な兆候を見せている遺伝部位を二〇〇か所ほど見つけた(アフリカ人で二〇六か所、東アジア人で一八五か所、ヨーロッパ人で一八八か所)。でもそれぞれの人種で自然淘汰の対象となっていたのは、おおむねちがった遺伝子の集合であり、重なる部分はきわめて小さかった。[※12]

遺伝子に自然淘汰が作用している証拠は、遺伝子の中で自然淘汰に好まれている対立遺伝子の頻度

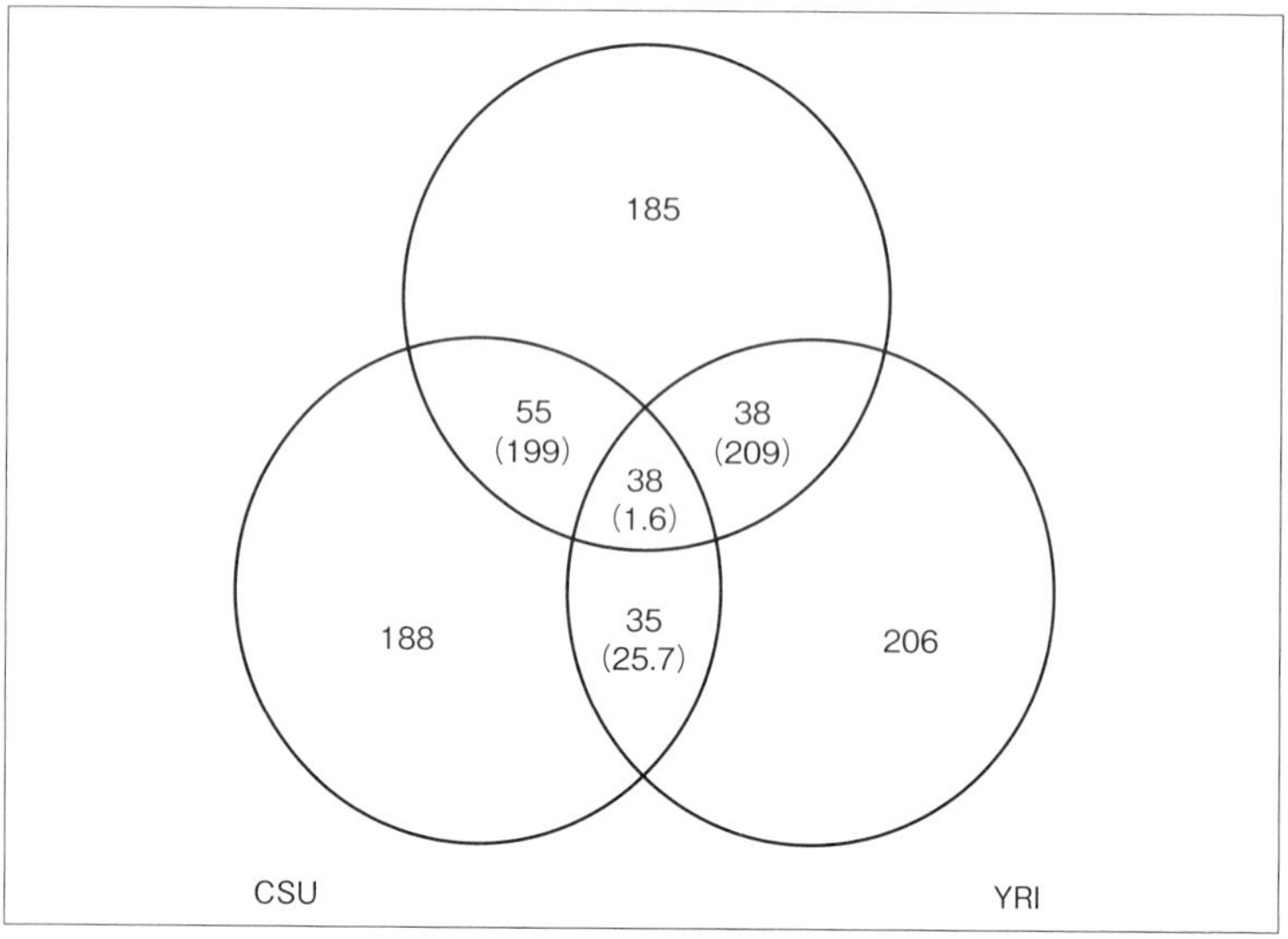

図5-1. 三大人種で高く自然淘汰されるゲノムサイト
ASN=東アジア、中国人と日本人が標本。YRI=ヨルバ(西アフリカ人)。CEU=ヨーロッパ人。
出所:Jonathan Pritchard, \textit{PLoS Biology}, 4:446-458 (2006)

が集団の中で高まるということだ。でも自然淘汰を受けている対立遺伝子の頻度はだんだん増えるが、それが遺伝子座の他の対立遺伝子をすべて置き換えて一〇〇パーセントになることはまずない。これが人種の中でしばしば起きるようなら、どの対立遺伝子を保有しているかだけで人種を区別できるようになるが、通常はそうはいかない。実際には、淘汰の強度は対立遺伝子の頻度が上がるにつれてゆるやかになる。必要な形質が充分に実現されつつあることになるからだ。

遺伝学者は、遺伝子が最近になって自然淘汰の標的となったかどうかを調べる検査法をいくつか持っている。こうした検査の多くは、プリチャードが開発したものもあるが、好まれた対立遺伝子が集団の中を席巻（スイープ）するにつれて、その遺伝子の中や周辺の多様性は集団全体としては下がるという事実に基づいている。なぜかというと、ますます多くの人々がいまや、そのサイトで同じDNAユニットのシーケンス、つまり好まれている対立遺伝子のシーケンスを持つようになるからだ。こうしたスイープの結果として、そのスイープで影響されたゲノム領域では、集団の成員間でのDNAの差は減る。スイープを自然淘汰の痕跡とする概念は、あとでさらに説明する。

ほかの研究者たちも、自然淘汰の痕跡を求めてゲノムスキャンをおこなう中で、主要人種または大陸人口のそれぞれが、淘汰の生じた独特な遺伝子サイト集合を持つことを発見している。

淘汰の対象となる遺伝子サイトは、しばしばとても大きく多くの遺伝子を含むので、自然淘汰が標的としていたのが、どの個別遺伝子なのかは判断がむずかしいか不可能だ。新しいアプローチは、いまや解読された多くのゲノム全体を活用するもので、ハーバード大学パラディス・サベティたちはこれによりアフリカ人、ヨーロッパ人、東アジア人でそれぞれ淘汰を受けた領域四一二か所を定義した。こうした領域は小さすぎて、ほとんどは遺伝子が一つかゼロしかない。遺伝子のない部分はおそらく制御要素を持っているのだろう。これは、どこか近くの遺伝子を制御するDNAの部分ということだ。[※13]

淘汰を受けていると示されたヒトゲノム四一二領域のうち、一四〇はヨーロッパ人だけが淘汰を受け、東アジア人も一四〇か所、アフリカ人は一三二か所だった。[※14] これらがまったく重ならない、つまりプリチャードの場合とちがって複数の集団で淘汰を受けている遺伝子がないというのは、サベティたちのゲノムスキャン手法のおかげだ。これは三つの集団でちがっている遺伝子サイトを探すという手法を一部使っているのだ。

淘汰を受けたそれぞれの遺伝子は、いずれその集団がさらされ、適応してきた歴史的なストレスについて、すばらしい物語を語ってくれることだろう。その好例がＥＤＡＲ－Ｖ３７０Ａ対立遺伝子の分析で、これは前章で述べた通り、東アジア人たちの太い髪といった形質を引き起こすものだ。でもその背後の物語には、今のところはまだ手が届かない。ヒトゲノムの探究はあまりに始まったばかりで、ほとんどの遺伝子の正確な機能すらわからないほどだ。

それでも、ほとんどの遺伝子の正確な仕事はまだ不確実でも、ほとんどの遺伝子のおおまかな役目は、未知の遺伝子のＤＮＡシーケンスをゲノムデータバンクに記録された既知の遺伝子のものと比較することで、憶測はできる。既知の遺伝子は、いくつかの全般的な機能カテゴリーに分類されている。たとえば脳遺伝子や、代謝関連遺伝子といった具合だ。そして機能は構造と関係しているから、それぞれのカテゴリーの遺伝子はＤＮＡユニットの特徴的なシーケンスを持つ。新しい遺伝子のＤＮＡシーケンスをデータバンクのシーケンスと比べれば、その遺伝子をおおまかな機能カテゴリーに割り振れる。プリチャードが自然淘汰で形成されたと同定した遺伝子の中には、排卵や再生産の遺伝子、肌の色の遺伝子、骨格発達遺伝子、脳機能遺伝子などがあった。脳機能カテゴリーでは、アフリカ人では四つの遺伝子が、東アジア人とヨーロッパ人はそれぞれ二つずつの遺伝子が淘汰を受けた。それらの遺伝子が脳の中で何をするかはほとんどわかっていない。でもこうした発見は、脳遺伝子が自然淘汰を受けない特別なカテゴリーに存在しているわけではないという、自明な真実を裏付けてくれる。脳の遺伝子だって、ほかのあらゆる遺伝子カテゴリーと同じく、進化的な圧力を受けているのだ。

集団遺伝学者たちは、自然淘汰が遺伝子のＤＮＡシーケンスに影響したかを見る検査法をいくつか編み出した。そのすべては統計的で、多くは好まれた遺伝子が集団をスイープする中で生じる遺伝子頻度の乱れに依存している。自然淘汰は、単一遺伝子やＤＮＡの単一の突然変異さえ選りわけることはできない。むしろそれは、遺伝的組換えというプロセスに頼る。これは母親と父親のゲノムが、卵子と精子をつくるに先立ってシャッフルされるプロセスだ。

卵巣細胞や精巣細胞では、その人物が父と母から一つずつ受け継いだ二組の染色体が隣り合って並び、そして細胞がその両者に、ＤＮＡの大きな塊を交換するように仕向ける。この新しい複合染色体は、一部が父親のゲノム、一部は母親のゲノムで構成され、これが次世代に伝えられる。

交換された部分またはブロックは、長さがＤＮＡユニット五〇万個にも及び、これは複数の遺伝子がおさまるくらい長い。だから有利な突然変異を持つ遺伝子は、それが埋め込まれているＤＮＡの大きなブロックと一緒に引き継がれることになる。有利な遺伝子が、こんな巨大なブロックの中に収まっているからこそ、ゲノムに対する自然淘汰が検出できる——好まれるブロックは、集団に広がる中で、ゲノムの大きな領域をスイープして排除してしまうのだ。

世代が進むにつれ、好まれるバージョンの遺伝子を持ったＤＮＡブロックは、ますます多くの人に保有される。やがて、新しい対立遺伝子は人口全体をスイープする。この場合、遺伝学者たちはそれが固定されたという。でもほとんどのスイープは、対立遺伝子を固定するには到らない。理由はおそらく、その形質が最も効率よい形へと固まるにつれて、特定の対立遺伝子に対する淘汰圧は弱まるからだ。

スイープが完全だろうと部分的だろうと、好まれるDNAブロックはやがて世代を経るにつれて削られる。なぜかというと、それを生み出す切断が、染色体の同じ場所でつねに起こるとはかぎらないからだ。ある計算によれば、たった三万年かそこらで、そうしたブロックは短すぎて検出不能となる。つまり淘汰の痕跡を探すほとんどのゲノム全域スキャンは、ほんの数千年前に起こった出来事を見ているということだ。これは人間の進化史ではきわめて最近のことだ。

生物学者たちは長いこと、進化の速度を判断するのに化石証拠に頼るしかなかった。でも化石は動物の骨しか示せない。そして種の骨格変化はかなり遅いので、進化は長いこと、きわめて緩慢で遅々としたプロセスと思われていた。

DNAシークンス解読が可能となり、生物学者は進化的変化の生のプログラミングを検討し、生物種の引き出しにあるあらゆる遺伝子を追加できるようになった。いまや、進化がそんなにグズではないのは明らかだ。すでに過去数千年でヒトが受けた進化的変化の明らかな例もある。たとえばチベット人の高高度への適応は、ほんの三千年前に始まったものだ。もちろん、ヒトゲノムのあらゆる遺伝子は、どこかの時点で自然淘汰により強い形成を受けてきた。でもほとんどの遺伝子の場合、淘汰はヒトはおろか霊長類の登場のはるか昔に生じた。こうした古代の淘汰イベントの痕跡は、とっくの昔に見えなくなっている。ほとんどのゲノムスキャンが拾う淘汰は、きわめて最近、つまり過去五千年から三万年の間に起きている。でもありがたいことに、これはまさに人類進化を理解するうえで、きわめて興味深い時期なのだ。

ヒトゲノムについては、すでに自然淘汰の痕跡を求めて二〇以上のスキャンがおこなわれてきた。そのすべてが淘汰を受けた領域として同じものを挙げているわけではない。でもそれは決して不思議ではない。それぞれの研究者たちは、使う検査法も統計手法もちがうし、そのどれも、そもそも厳密ではないからだ。でもどれか二つのスキャンで同定された地域だけにかぎっても、ジョシュア・M・アケイの推計によると、二四六五個ほどの遺伝子を含む七二二領域が、最近の自然淘汰圧にさらされてきた。これはゲノムの少なくとも八パーセントに及ぶ。[※15]

これほどのゲノムが検出可能なほど強い自然淘汰を受けていたということは、過去数千年で人間進化がどれほど活発に進んだかを示している。進化変化の主要な原動力は、広範な新しい環境に適応する必要性だろう。この点の証明として、淘汰を受けた七二二領域のうち八割ほどは地域的な適応の例だ。つまりそれらは、三大人種のどれか一つでは起きているが、ほかの二つでは起きていない。

淘汰を受けた遺伝子は数々の生物学的プロセスに影響する。目立つものとしては、肌の色、食生活、骨や髪の構造、病気への抵抗力、脳機能などがある。

似たような発見が、マーク・ストーンキングらの実施した極度に包括的なゲノムスキャンからも得られた。ストーンキングはライプツィヒのマックス・プランク進化人類学研究所の集団遺伝学者で、ヒトが初めて服を着るようになった年代を推計する巧妙な方法を開発したことで有名だ。衣服にしか棲まない身体シラミが、髪の毛にたかる頭シラミから進化した。ストーキングは、身体シラミの誕生年代を調べる遺伝手法を使うことで、初めてきちんと身体に合った衣服が登場した年代を推定できることに気がついた――それが七万二千年ほど前だ。※16

そのストーンキングのゲノム調査では、人々の環境との関わりに影響する多くの遺伝子が淘汰を受けてきたことがわかった。たとえばある種の食物の代謝に関わる遺伝子や、病原菌への抵抗を仲介する遺伝子などだ。また、神経系の各種側面、たとえば認知や感覚的知覚などに関連した遺伝子もいくつか見つかった。

神経系の遺伝子は、他の遺伝子と同じ理由で淘汰にさらされていた――人々が局所的な状況に適応するのを支援するためだ。人々が環境と関わるのはおもに社会を通じてだから、社会行動変化もまっさきに淘汰にさらされたかもしれない。脳遺伝子での淘汰の痕跡は「さまざまな人間集団が環境とどう行動的に関わるか、そして／あるいは他の人間集団とどう関わるかに関連しているかもしれない」とストーンキングらは書いている。※17

もう一つゲノムスキャンから示唆される地域的なトレンドは、どうも東アジア人やヨーロッパ人のゲノムのほうが、アフリカ人のものよりも淘汰にさらされた遺伝子が多いようだということだった。こうした結果はすべてのゲノムスキャンで得られているわけではない――上で述べたプリチャードのスキャンには出ていない――そしてアフリカ人人口の標本抽出はこれまでかなり貧弱だった。でもその後のスキャンで、プリチャードらも確かにアフリカ以外のほうがスイープが多いという証拠を見つけている。

「考えられる説明として、ヒトはアフリカから新しい居住地や寒い気候へと広がるにつれて、多くの新しい淘汰圧を体験したということだ。したがって、非アフリカ人に対しては目新しい表現型を求める持続的な淘汰圧が単純に多かったのかもしれない」と彼らは書く。[※18] 表現型（フェノタイプ）とは、DNAそれ自体（ゲノタイプ）ではなく、DNAが生み出す身体器官を指す。アフリカの外で必要とされる目新しい表現型の明らかな例としては肌の色がある。アフリカ人たちは、古代ヒト人口のデフォルトの黒い肌を維持したが、東アジア人とヨーロッパ人は、極北の緯度に適応した集団の子孫なので、浅い色の肌を進化させたのだ。

アフリカ内部とその外の世界の両方で、一万年ほど前に農業が開始されて人口が増大すると、社会構造は劇的に変化した。三大陸それぞれで独立に、人々の社会構造は狩猟採集集団より大きく複雑な定住社会の要件に適応し始めた。こうした社会変化の痕跡がゲノムに記述されているかもしれない。ひょっとすると、すでに淘汰にさらされたことがわかっている脳ゲノムの一部がそれかもしれない。攻撃性と反社会行動に影響するMAO－A遺伝子は、前章で述べたように、人種や民族集団間でちがっていることが知られている行動遺伝子の一つだし、今後もっと多くのものがまちがいなく明らかになるだろう。

ハードスイープとソフトスイープ

進化の教科書は、有利な対立遺伝子が集団をスイープして普遍的になるという話をする。こうした形でおそらく固定化された古代対立遺伝子はたくさんある。あらゆる人間は、少なくともチンパンジーと比べると、同じ型のＦＯＸＰ２遺伝子を保有している。これは発話機能に大きく貢献するものだ。ダフィー・ヌル対立遺伝子と呼ばれる変種は、マラリアの古代形態に対するすぐれた防衛機構だったので、アフリカ人の間でほぼ普遍的となった。ＤＡＲＣ（ダフィー抗原ケモカイン受容体の略）という遺伝子は赤血球の表面に居すわるタンパク質をつくりだす。その役割は、局所的ホルモン（ケモカイン）からのメッセージを細胞内部に伝えることだ。かつてアフリカの一部に蔓延していたプラスモディウム・ヴィヴァックスというマラリア原虫の一種は、このＤＡＲＣタンパク質を使って赤血球に入りこむことを覚えた。すると、ＤＡＲＣ遺伝子の突然変異版ダフィー・ヌル対立遺伝子が広まった。これは原虫に、エサとなる赤血球へのアクセスを与えず、このためこのマラリアに対するきわめて効力の高い防衛を提供したからだ。アフリカではほとんど全員がダフィー・ヌル対立遺伝子を保有し、アフリカ以外ではほぼだれも持っていない。[※19]

現在のマラリア原虫に対して人々を守るために、ほかにも多くの突然変異が生じた。たとえば鎌状赤血球貧血症やサラセミアを引き起こす変異などだ。鎌状赤血球貧血症はアフリカで高頻度で生じるし、ベータ・サラセミアは地中海でよく見られるが、どちらも集団の中でダフィー・ヌル対立遺伝子ほどの普遍性は獲得していない。もう一つ広く普及しているがかなり人種固有な対立遺伝子は、皮膚の色と関連している。これはＫＩＴＬＧ（ＫＩＴリガンド遺伝子の略）対立遺伝子で、薄い色の肌をもたらす。ヨーロッパ人と東アジア人の八六パーセントほどは、肌の色を白くするＫＩＴＬＧ対立遺伝子を保有する。この対立遺伝子は、ほとんどのアフリカ人が持つ、黒くするバージョンのＫＩＴＬＧで祖先に生じた突然変異によるものだ。[※20] ＳＬＣ２４Ａ５という遺伝子にある肌を白くする対立遺伝子は、ヨーロッパ人のほぼすべてをスイープした。

でも、ある対立遺伝子がある人種では固定化され、ほかの人種では別の対立遺伝子が固定化されたという遺伝子の数はきわめて少ないし、集団の間の差を説明するにはどう考えても不充分だ。プリチャードは、ナイジェリアの大部族であるヨルバ人で、対立遺伝子が固定化された例を一つも見つけていない。ここから、プリチャードをはじめとした遺伝学者たちは、完全なスイープはヒト進化においては思っていたよりもずっと珍しいものだと結論づけた。[※21]

でもあらゆる人類が同じ遺伝子集合を持ち、それぞれの人種でちがう対立遺伝子が支配的となるような完全スイープがほとんどなかったとすれば、どうして人種がお互いにちがうようになったのだろうか。過去数年に遺伝学者たちがしだいに気がつき始めた答えは、ある形質を変えるには必ずしも完全スイープは必要ないということだ。皮膚の色や身長や知能といった多くの形質は、大量のちがう遺伝子に制御されており、そのそれぞれが個別にはその形質にわずかな貢献しかしない。だからこうした対立遺伝子のほんの一部だけでも、ある集団の中でちょっとだけ普及すれば、その形質は大きく影響を受ける。このプロセスはソフトスイープと呼ばれ、完全スイープまたはハードスイープと区別される。ハードスイープでは、ある遺伝子座の一つの対立遺伝子が、集団内の他のあらゆるものに置き換わることになる。

プリチャードは身長を例に挙げる。これは何百もの遺伝子に影響される。身長を高くする方法は実にたくさんあるからだ。仮に、そうした遺伝子が五〇〇個あるとしよう。それぞれが二つの形をとれる。一つの対立遺伝子は身長にまったく影響せず、もう一つは身長を二ミリ高くする。個人の身長は、身長を伸ばす対立遺伝子のうち何個をその人が受けつぐかで決まる。そしてその受けつぐ数は、それぞれの対立遺伝子の頻度で決まる。つまりその集団の中でそれがどれだけ一般的かということだ。だから、もし身長を伸ばす対立遺伝子のそれぞれが、集団の中でいまよりたった一〇パーセントだけ普及度が上がれば、ほとんど全員がそれをもっと受け継ぎ、平均的な人物の身長は二〇〇ミリ、あるいは二〇センチ高くなる。[※22]

このソフトスイープのプロセス——多くの遺伝子の頻度がちょっとずつ増える——は、ハードスイープ——単一の対立遺伝子の頻度が激増するもので、しばしば進化の主要な原動力と思われている——よりも自然淘汰がずっと作用しやすい。その理由は、ハードスイープは突然変異が大きな優位性を持つ新しい対立遺伝子をつくることに依存しているが、これは集団の中ではきわめて起こりにくいということだ。小さな個体群でなら、そうした突然変異が起こるには何世代もかかるかもしれない。これに対して、ソフトスイープは既存の対立遺伝子に作用し、その一部をもっと一般的にするだけだ。つまりソフトスイープは、必要なときにいつでも始められる。

だから、仮にピグミー集団が森林の住み処を離れて暑い気候の中で牛の放牧を始めたとしよう。それにはスーダンのヌエル人やディンカ人のように背が高くて痩せているほうが有利だ。ちょっと背の高いピグミーは残す子どもも多く、身長に影響する身長を高くする対立遺伝子は、すぐに集団の中でずっと一般的となる。それぞれの世代で、個人は身長を伸ばす対立遺伝子を受けつぐ確率がちょっとだけ高くなり、集団は急速に、目に見えて背が高くなる。

逆に、大人になって牛乳を消化する能力が、現状ではまったく変異がない形質だったとしよう。人間存在のほとんどの期間、そして現存するほとんどの人々ではいまだに、ラクターゼの遺伝子は母乳を飲む時期が過ぎるとまもなくオフになる。この遺伝子をオンのままにしておくには、それを制御するプロモーターDNAの領域に有利な突然変異を必要とする。でもプロモーター領域は、DNA長が六千ユニットほどで、それがゲノムの三〇億ユニットの中ではほんの些末な比率を占めるだけだ。小規模な集団なら、これほど小さな標的で適切な突然変異が起こるには何世代もかかりかねない。

そして漏斗状ビーカー文化の人々に、ラクターゼプロモーター領域で正しい突然変異が起こるまでには、畜牛開始から二千年ほど――八〇世代ほど――かかったようだ。彼らは六千年ほど前に北欧に暮らした牛の放牧集団だ。この突然変異はいったん確立すると急速に広がり、いまや北欧ではかなりの頻度で見られる。

ヨーロッパの突然変異とはちがい、また相互にも異なるが、同じ影響を持つ三つの突然変異が、東アフリカの放牧民たちの間で独立に生じ、集団のおよそ半分をスイープした。どの場合も遺伝子は正しい突然変異が起こるまで待つしかなかったが、いったん起きたらその対立遺伝子はすぐに普及した。それが大きな利点をもたらしたからだ。

要するに、ハードスイープは正しい突然変異が起こるまでは開始できないし、それが集団全体をスイープするまでには何世代もかかりかねない。ソフトスイープは、単一の形質を制御する多くの遺伝子にすでに存在する変異に基づいているので、すぐに開始できる。生活範囲が急激に広がり、一連のちがった挑戦に急速に適応する必要がある生物種にとって、ソフトスイープが進化的変化の支配的メカニズムとなりそうだ。これで、なぜヒトゲノムに見られるハードスイープがこれほど少ないのか説明がつく。おそらくソフトスイープのほうがずっと普通なのだが、それが現状では検出がとてもむずかしいのだろう。なぜむずかしいかといえば、遺伝子浮動で生じた対立遺伝子頻度のちょっとした変化と、自然淘汰がソフトスイープを通じてもたらした、やはり微少な変化と区別しにくいからだ。

人種の遺伝構造

これで人間の変異の構造について、少なくとも漠然とした概要なら理解できるようになった。集団ごとに別の遺伝子があるわけではない――みんな同じ遺伝子のセットを持つ。ある人種固有の形質は、ソフトスイープにほとんどが符号化されており、したがってそれぞれの形質を形作る対立遺伝子クラスターの頻度の差にすぎないものにあらわれているのだ。

遺伝子が組み合わさって機能するという事実は、なぜヒトの集団にこれほどのバリエーションがあるのに、そのちがいのうち固定されたものがこれほど少ないかを説明できる。

対立遺伝子頻度が個別の形質を形成するうえで重要だということを考えると、それが個人の人種を同定する手段を提供してくれるのも不思議ではない。糖尿病やガンといった複雑な病気に貢献する対立遺伝子を検出する調査では、ちがう人種の被験者を排除するのが不可欠な手順となる。こうした調査は、ゲノム全域関連解析と呼ばれるが、ある病気にことさら弱い人々が、ある特定の対立遺伝子を持つ可能性が高いかどうかを調べるのが狙いだ。でも調査対象となる集団に、複数の人種の人々が交じっていると統計が混乱しかねない。病気状態と特定の対立遺伝子との間に見かけ上は関連が生じても、実はその関連は、一部の患者が別の人種に属していて、その人種がたまたまその対立遺伝子の頻度が高いことから生じただけかもしれないからだ。

ここから医療遺伝学者たちは、人種を区別するための対立遺伝子検査を開発した。一部の対立遺伝子、特に人種間の頻度が大きくちがう対立遺伝子は、他のものより役に立つ。こうした人種識別DNAサイトは、無味乾燥に「AIM」あるいは「祖先情報提供マーカー」と呼ばれる。三二六のAIMを使い、研究者たちは被験者の自己申告した人種と、遺伝的な分類で得られた人種とのほぼ完璧な対応関係を実現した。[※23] 出身の大陸人種、つまりヨーロッパ人、東アジア人、アメリカインディアン、アフリカ人に人々を振り分けるにはAIM一二八個で充分だ[※24](第五の大陸人種であるオーストラリアのアボリジニもまちがいなく同じくらい簡単に同定できるが、政治的な制約のためこれまでアボリジニの遺伝研究はほとんどが阻止されている)。

マーカーの数を増やせば、ヨーロッパ内部の各種民族など、もっと密接な関係を持つグループも識別できる。

一部の生物学者たちは、ＡＩＭは人種の存在を証明するものではなく、それが示すのは地理的な起源であって人種ではないと固執している。でも地理的な出身は、少なくとも大陸のレベルでは人種と実に見事に相関するのだ。

アフリカ系の先祖を持つ人々だけに見られるダフィー・ヌル対立遺伝子などの遺伝マーカー以外だと、ほとんどのＡＩＭはある人種でのほうが他の人種よりちょっと頻度が高いだけだ。東アジア人では四五パーセント見られ、ヨーロッパ人には六五パーセント見られる一つのＡＩＭは、その保有者がヨーロッパ人である可能性が高いとは告げるが、ほとんど断言はできない。一連のＡＩＭからの結果を組み合わせると、高い統計的尤度を持つ答えが得られる。これはＤＮＡ鑑定に使われる手法とおおむね同じだ。ただし鑑識ＤＮＡ分析で標本とされるゲノムの一四サイトは、ＳＮＰではなくＤＮＡ反復の変種分析を受ける。

この対立遺伝子の頻度比較アプローチは、混血人種に適用すると、ゲノムの構成部品それぞれを両親それぞれの人種的起源に割り当てることさえできてしまう。ちがう人種の人々が結婚すると、子供は両親の遺伝子の完全なブレンドとなる。でも遺伝子レベルでは、母親と父親の各人種からきたＤＮＡの塊は、何世代にもわたり別個で識別可能なままだ。研究者たちは、アフリカ系アメリカ人の染色体を追跡し、それぞれのＤＮＡの塊を、アフリカ系の親やヨーロッパ系の親のどちらかに割り振れるのだ。最近のある調査だと、研究者たちはアフリカ系アメリカ人二千人近くのゲノムを分析し、そのDNAの二二パーセントはヨーロッパ人の祖先から来ており、残りはアフリカ人から来ていると結論づけた。これは他の先行報告と合致するものだ。[※25]

同じ調査では、アフリカ系アメリカ人たちはすでに、祖先がアメリカにやって来てからの数世代で、すでに遺伝的にアメリカの環境に適応を始めているかもしれないという証拠も見つけた。アフリカ人によくある、鎌状赤血球貧血症を引き起こす変異遺伝子などのマラリア耐性をもたらす遺伝変異は、アメリカではもはや生存に必須ではない。だからこうした変異を維持しようとする自然淘汰圧は弱まる。研究者たちは、こうした変種が確かにアフリカ系アメリカ人で頻度が下がっており、その一方でインフルエンザ耐性をもたらす遺伝子が増え始めているという証拠をある程度見つけている。こうした発見は、もし確認されたら、過去数百年での進化的な変化を示す、驚くべき事例となる。[※26]

過去五万年で、現代人類はすさまじい進化圧にさらされてきた。その圧力の一部は、自分たちの社会文化の結果として生じたものだ。新しい地域や気候を探究し、新しい社会構造を発達させた。すばやい適応、特に新しい社会構造への適応は、それぞれの集団が独自の生態的ニッチを探究し、ご近所からの征服を避けるために不可欠だった。この急速な進化的変化を可能にした遺伝メカニズムはソフトスイープ、つまり既存形質を、制御対立遺伝子集合へのすばやいちょっとした改変を通じて形成しなおすというものだった。

でも、祖先のヒト集団で単一の実験として始まったものは、いったんそうした祖先たちが世界中に散らばると、並行した実験の集合となった。こうした独立の進化経路は、どうしてもちがった人間個体群、つまりはそれぞれの大陸に住む人種につながったのだった。

人種否定論

最近の人間進化が人種をつくりだしたとすでに納得した読者は、もう次章に進んでもらってかまわない。でも実に多くの社会科学者など、人種など存在しないという主張にまだ困惑している人々のために、異論のいくつかについて分析をおこなってみよう。

まず、地理学者で『銃・病原菌・鉄』の著者であるジャレド・ダイアモンドから始めよう。第四章では、人種という発想は地球が平らだという発想さながらだと述べているのを引用した。人種が存在しないというダイアモンドのおもな主張は、人種を定義づけるのに「同じくらい有効な手順」はいろいろあるが、どれも相容れないので、そのすべては等しくバカげているというものだ。ダイアモンドの提案するそうした手順の一つは、イタリア人、ギリシャ人、ナイジェリア人を一つの人種として、スウェーデン人とコサ人（南アフリカの部族）を別の人種にくくる、というものだ。

この理由づけとして、前者のグループはマラリア耐性をもたらす遺伝子を持ち、後者はそれを持たないという理由を彼は挙げる。これは通常の人種分類法である肌の色にひけをとらない尺度だけれど、肌の色とマラリア耐性とでは矛盾する人種分類が生じるので、人類のあらゆる人種分類は不可能だ、とダイアモンドは述べる。

この議論の最初のまちがいは、人々の人種分類が通常は肌の色という単一の基準でおこなわれているという暗黙の想定だ。実はそれぞれの大陸内部でも、肌の色は大幅にちがっている。ヨーロッパでは、きわめて色の薄いスウェーデン人から、南イタリアのオリーブ色の肌までさまざまだ。だから肌の色は、人種のマーカーとしては曖昧だ。人がある人種に属するのは、何か単一の形質によるのではなく、肌の色、髪の毛、目や鼻や頭蓋骨の形といった、各種尺度のクラスターで分類されるのだ。そうした基準がすべて揃う必要はない。すでに述べた通り、一部の東アジア人は太い髪の毛を持つEDAR対立遺伝子を持たないが、それでも東アジア人だ。

一方、ダイアモンドが代替案として提唱する単一の尺度、つまりマラリア耐性をもたらす遺伝子は、進化的にまったく筋が通らない。マラリアが人間の深刻な病気となったのはごく最近の、たった六千年ほど前のことだ。そしてそれぞれの人種はその後、独立に耐性を発達させた。イタリア人とギリシャ人がマラリアに耐性を持つのは、サラセミアと呼ばれる血液病を起こす突然変異のせいだし、アフリカ人がマラリア耐性を持つのは、鎌状赤血球貧血症を起こす別の突然変異によるものだ。マラリア耐性という形質は、人種がわかれた後で二次的に獲得されたものだから、明らかに集団の分類としては不適切だ。学者の仕事は明確化することなのに、ダイアモンドの議論は話をそらして混乱させるように構築されているようだ。

もっと真面目で影響の大きい議論は、これまた人種を政治と科学の用語から追放するために考案されたものだが、集団遺伝学者リチャード・ルウォンティンが一九七二年に初めて主張したものだ。ルウォンティンは各種のちがった人種の人々から一七種類のタンパク質を計測し、それがどのくらいちがっているかについて、ライトの固定指数（または近交係数）と呼ばれる指標を計算した。この指標は、ある集団の中にある変異のうちどれだけが、集団全体に見られる変異で、そのくらいが個別のサブ集団の差による変異なのかを計算するものだ。

ルウォンティンの答えは六・三パーセントになった。つまり、検討した一七種類のタンパク質の変異のうち、人種でちがったのはたった六・三パーセントで、さらに八・三パーセントが人種内の民族集団の差だった。この二つの変異源を足すと一五パーセントほどで、残りは集団全体に共通となる。「人間のあらゆる変異のうち、八五パーセントは民族や部族内部の個人間で生じるものだ」とルウォンティンは述べた。そしてこれをもとに次のように結論した。「さまざまな人種や個人は驚くほど相互に似通っており、ヒトの変異のうち圧倒的に多くの部分は個人間の差として説明される」。

そしてそこからこう述べる。「ヒトの人種分類はまったく社会的価値がなく、社会関係や人間関係を積極的に破壊するものだ。こうした人種分類はいまや、遺伝学だろうと分類学だろうと実質的に何ら有意でないと見られているので、それを続けるべき理由は何一つ提示できない」[※27]。

ルウォンティンの主張はすぐに、人種の存在否定が人種差別と戦う有効な手法だと信じた人々にとって、中心となる遺伝的なよりどころとなった。たとえば人種を政治と科学の用語から消し去ろうとする、人類学者アシュレー・モンタギュー著『人類の最も危険な神話：人種の誤謬』でも大きくとりあげられている。アメリカ人類学協会の人種に関する声明の冒頭でもルウォンティンの発言は引用されているし、またこれは社会学者たちが、人種は社会的構築物であって、生物学的な概念ではないと主張する基盤原理となっている。

でもいまだにずいぶん重要視されてはいるが、ルウォンティンの発言はまちがっている。別に基本的な分析がまちがっているわけではない。人間の変異のだいたい八五パーセントが個人間のもので、一五パーセントが集団間のものだというのは、ほかの多くの研究でも確認されている。それぞれの人種はその遺伝的な相続物を、比較的最近まで存在していた同一の祖先集団から受け継いでいるのだから、そうならないほうがおかしい。

ルウォンティンの主張でまちがっているのは、集団の間の変異量があまりに小さくて無視できるという部分だ。実は、これはかなり有意だ。高名な集団遺伝学者シューアル・ライトは、五〜一五パーセントの固定指数は「そこそこの遺伝子の差」を示すもので、固定指数五パーセント以下でも「その差は決して無視できるものではない」という。[※28] ライトの見方では、他の生物種で固定係数一〇〜一五パーセントが観測されたら、それは亜種と呼ばれるだろうという。[※29]

どうして人種間の一五パーセントの固定指数が有意だというライトの判断が、無視できるというルウォンティンの主張より重視されるべきなのか？　理由は三つ。(1)ライトはここで問題となる学問分野の集団遺伝学創始者三人の一人である。(2)そもそも固定指数を発明したのはライトで、だからライトの固定指数と呼ばれる。(3)ライトはルウォンティンとちがい、この問題に特に政治的な入れこみ方をしていない。

ルウォンティンの議論にはほかにも問題があり、その一つがルウォンティンの誤謬と呼ばれる細かい統計的な理由づけのまちがいだ。[※30] この誤謬は、集団同士の遺伝的なちがいに相関がないと想定することから生じる。相関があるなら、その有意性はずっと高くなる。遺伝学者A・W・F・エドワーズが述べるように「集団を区別する情報のほとんどは、データの相関構造に隠れている」。言い換えると、人種間の一五パーセントの遺伝的なちがいは、ランダムなノイズではなく、それぞれの個人が他の人種より自分の人種構成員に密接に関連しあっているという情報を含んでいるのだ。この情報は、本章ですでに述べたクラスター分析で抽出できる。この分析は人々を集団にまとめるが、それは最高次の分類では主要人種に対応するものだ。

ルウォンティンの議論が持つ不適切な政治的歪曲にもかかわらず、それは人種差があまりにわずかすぎて、科学的な注目に値しないという見方の中心となった。この主張は、それに反する考え方をする人物はだれであれ、何やら人種差別主義者にちがいないという醜悪なほのめかしをもたらした。やがて人種という主題は、最も勇敢で学術的に安泰な学者でなければ触れられないおそろしいものとなってしまった。

人間に見られる差異から人種をエアブラシで消し去ってしまおうとする人々がしばしば主張するのは、ある人種と別の人種との間に明確な一線が引けないというものだ。ここから、人種は存在しないという含意が出てくる。アメリカ身体考古学協会が人種について発表した声明は「人類は絶対的な境界を持つはっきりわかれた地理的カテゴリーには分類できない」と述べる。[※31] 確かに、人種は明確にわかれた存在ではないし、絶対的な境界線もない。これはすでに述べた通り。でもだからといって人種が存在しないことにはならない。人類を大陸に基づく五つの人種にわけるのは、きちんと根拠があることだし、ゲノムクラスター研究でも裏付けられている。さらに、アフリカ、東アジア、ヨーロッパという三大人種への分類は、人間の頭蓋骨や歯列の類型という自然人類学にも裏付けられている。

はっきりした境界がないという主張の変種は、黒い肌や髪の毛の種類といった、ある特定人種の特徴とされた形質がしばしば個別に遺伝し、その組み合わせもさまざまだというものだ。「こうした事実は、生物学的な集団の間に分割線を引こうというあらゆる試みを、恣意的かつ主観的なものにしてしまう」とアメリカ人類学協会の人種に関する声明は述べる。[※32] でもすでに述べた通り、人種は形質のクラスターで決まるものだし、ある人種に属するためにそれを同定する形質すべてを持つ必要はない。人類学者が議論している実務的な例を挙げると、ほとんどの東アジア人は中国型歯型を持つが、全員ではない。ほとんどはＥＤＡＲ遺伝子のＥＤＡＲ－Ｖ３７０Ａ対立遺伝子を持つが、全員ではない。ほとんどはＡＢＣＣ１１遺伝子の乾性耳垢対立遺伝子を持つが、全員ではない。それでも東アジア人というのは充分に意味ある人種分類で、東アジア人のほとんどはそこに所属する。

ある人物がどの人種に属するか、身体的な外見だけですぐにはっきりわからないこともある。これは先祖が混血人種の人ではよくあることだ。それでも人種はゲノム水準で区別できる。上で述べたような、先祖を明らかにするマーカーの助けを借りれば、ある個人は高い信頼性で正しい出自大陸に割り当てられる。アフリカ系アメリカ人などの混血人種の場合でも、ゲノムの各ブロックをアフリカ系の先祖とヨーロッパ系の先祖とに割り当てられる。少なくとも大陸別の集団の水準では、人種は遺伝的に区別できるし、これで人種が存在すると断言するには充分だ。

第六章　社会と制度

SOCIETIES AND INSTITUTIONS

ある民族が現在保有する社会国民的な慣習を、そのいわゆる「歴史」、特にその国家形成プロセスと結びつけるのは、まだ通例とは言えない。多くの人々は、暗黙のうちに「一二世紀、一五世紀、一八世紀に起こったことなんて過去だよ――自分とは関係ないでしょ」という意見を持っているようだ。でも実際には、ある集団の現代における問題は、どうしようもなく彼らの以前の運命、その発端なき発展に影響されているのだ。

――ノルベルト・エリアス[※1]

中国社会はヨーロッパ社会とはおおいにちがっているし、そのどちらもアフリカの部族社会とはまったくちがっている。どうしてこれらの三社会は、衣服や肌の色といった各種のちがいのもとで、人間性を構成する行動集合から見ればお互いに実に似通っているというのに、こんなにちがっているのだろうか？　その理由は、これら三社会が制度面でおおいにちがっているということだ。制度とはつまり、社会を構成し、それが環境内で生き延びられるようにして、近隣集団と競合できるようにしてくれる、行動パターンのまとまりだ。

中国、ヨーロッパ、アフリカの社会制度は、それぞれの社会が環境の課題に取り組んできた独自の歴史によって根深く形成されてきた。こうした制度の一部を形成してきた歴史的発展はこれから説明する。でもまずは社会制度というのが、豊かな文化的文脈はあっても、自立的なものではないことを指摘すべきだ。それらはむしろ、基本的な人類の社会行動に根ざしている。こうした社会行動は第三章で述べたように、社会的な生物種としての人類存在の根底にある。たとえば集団内の成員とは活発に協力し、集団内のルールに従い、逸脱する者を処罰するという本能などがある。また少なくとも集団内の他の成員に対しては、公平性と互恵性の本能がある。人類は本能的な道徳性を持ち、それがある行動の正邪に関する直感的な知識の源となっている。人々は自分の集団を守ったり、他の集団を攻撃したりするためには命がけで戦う。

社会制度は遺伝と文化のブレンドだ。あらゆる重要な制度は遺伝的に影響された行動に基づいており、その表現が文化によって形成される。取引と互恵性に対する人間の直感はおそらく多くの経済行動の根底をなしているが、その表現は、農民市場から合成担保債務負担までさまざまで、文化的に影響されている。「個人の取引の根底には、人類の本能的な精神能力がある。こうした遺伝的特徴は取引の枠組みを提供し、歴史を通じて社会を特徴づけている人類の相互作用構造の基盤となっている」と制度の権威である経済学者ダグラス・ノースは語る。[※2] 遺伝的な形質と文化が制度の中でそれぞれずばりどの程度貢献しているかは、まだ解決されていない、とノースは指摘する。

戦争、宗教、交易、法律は世界中に見られる社会制度だ。戦争は家族と集団を守ろうという根深い本能と、充分な力があれば他人の女や財産を盗もうといった、他を収奪しようという動機に基づくものだ。宗教行動の本能はあらゆる社会で見られるが、初期の人間コミュニティでは集団のまとまりを得るのに不可欠だったし、現代社会でも宗教がかつて果たしていた多くの役割を他の制度が代替したとはいえ、いまだに重要な役割を果たしている。交易は、すでに述べた通り、取引と互恵性の人間本能に基づく。法律は、ルールに従い、社会規範の違反者を罰するという本能、自己懲罰と恥の根底にある個人的侵犯の感覚など、いくつか複雑な社会本能に根ざしている。

社会行動に関わる遺伝子の性質がわからないので、現在では社会制度形成に文化と遺伝がそれぞれどう影響したかを解きほぐすのは不可能だ。でも関係する例が言語から得られるかもしれない。文法法則はあまりに複雑なので、あらゆる子どもがそれをゼロから学ぶとは考えにくい。むしろ神経の仕組みとして、文法規則を生み出し、子どもたちがまわりで話されている言語を何であれ学ぶようあらかじめ仕向けるようなものがあるにちがいない。遺伝の役目はこの神経学習機械を立ち上げることだ。でも言語コンテンツのすべてを提供するのは文化だ。

言語の文化部分が驚くほど急速に変わることは指摘しておくべきだ。七〇〇年前の英語は、今日ではほとんど理解不能だ。遺伝機械のほうはおそらくかなり不変だ。これは言語の根本的な性質が世界中で同じらしいことからうかがえる。

宗教でも、同じような遺伝と文化の融合が存在するのだろう。既知のあらゆる社会に宗教があるということは、どの社会も宗教的性向を古代人類から受け継いだということを示唆している。これに代わる説明だと、それぞれの社会が独自にこの独特な人間行動を発明して維持してきたということになるが、あまり説得力がない。宗教性向は人間の心にあまりに深く根付き、感情中枢に触れるし、これほど自発的に登場していることから見て、本能的なものに思える。さらになぜ宗教が神経回路に焼き込まれたかを説明する、強い進化的な理由もある。宗教の大きな役割は社会的なまとまりをつくることで、これは早期の社会では特に重要だった。まとまりのある社会が、まとまりのない社会をつねに打破したなら（これはあらゆる武力紛争におそらく当てはまるはずだ）宗教行動をもたらす本能は自然淘汰に強く好まれたはずだ。でも各社会で宗教がとる個別の形態は文化に依存する。これは言語の場合と同じだ。

多くの社会制度が驚くほど長命なのは、文化だけのせいだとされることが多い。文化は変わりやすいし、流行の影響で実に浮薄に流動するものだが、一部の文化形態は何世代も続く。でもほとんどではないにしても、多くの重要な社会制度は、言語や宗教がおそらくそうであるように、文化と遺伝のブレンドである可能性はかなり高いし、安定性を提供しているのがその遺伝的な構成部分のほうだという可能性は充分ある。なぜそうかといえば、遺伝に基づく行動は変わるまでに何世代もかかるのに対し、文化は浮動しがちだからだ。文化の物質的側面は極度に安定なこともある――槍は何千年も使われてきた――が、人間行動の純粋に文化的な部分、たとえば言語の文化コンテンツなどは、安定したコミュニケーションのほうが有利に思えるのに、数世紀で目に見えて変動する。宗教もまた一定性と古代性の外観に大きく依存するが、その文化的形態はかなり急激に変わる。これはプロテスタンティズムがアメリカでいかに形を変えてきたかを見ればわかる。清教徒は会衆派にとってかわられ、それがメソジストに置き換わり、これが一八五〇年あたりにピークを迎えたあとは洗礼派が勢力を増した。

制度の根底にある遺伝に基づく社会行動は、ほかの遺伝的な形質すべてと同じく、自然淘汰で改変される。ヒトの社会的性質はどの社会でもおおむね似たようなものだが、社会行動のちょっとしたちがいで、社会制度にはきわめて重要かつ長命なちがいが生じる。部族社会と現代社会のちがいの大半は、信頼の範囲のちょっとした差かもしれない。この行動の遺伝基盤はまだわかっていないので、計測もできない。でも第三章で述べたように、人種や民族を比べると、攻撃性を司るMAO－A遺伝子の構造がちがっていることがわかっているし、この遺伝子のちがいは自然淘汰で生じたものかもしれない。

だから何世紀にもわたる（中国の場合には何千年にもわたる）制度的連続性は、制度の遺伝的な構成要素がもたらす安定性のあらわれかもしれない。こうした遺伝効果を示唆するものの一つは、もし制度が純粋に文化的ならば、ある制度を一つの社会から別の社会に移植するのは簡単なはずだ、ということがある。でもアメリカの制度はイラクやアフガニスタンなどの部族社会には簡単に移植されない。逆に、アメリカ人たちがそもそも自分の属する部族を解明できたとしても、部族社会の制度はアメリカでは機能しない――それどころか多くは違法だ。アフガニスタン人たちは、中央政府が通常は弱い状況で生き延びるために、何世紀にもわたり保護を得るのに部族システムに頼らざるを得ず、部族制度はたとえばスカンジナビアの民主社会のものとはちがった行動――たとえば血で血を洗う復讐や、部族に不名誉をもたらしたとされる女性親族の殺害など――を必要とするのだ。

大転換

制度変化を通じて人間社会が適応したという最も劇的な事例は、ノマド的な狩猟採集社会から定住集団への移行だろう。これが始まったのはたった一万五千年前だ。定住社会の新しい制度は、人間社会行動の徹底した改訂を必要とした。そしてこれは、明らかに望ましい目標である、うろうろして持ち運べるものだけを所有するかわりに一箇所への定住を現代人が実現するのにこれほど時間がかかった理由の一つかもしれない。

定住生活への大転換は、一発限りの出来事ではなかった。この転換が始まったとき、古代人類はすでに世界中に散らばっていた。それぞれの大陸で、必要な行動変化は独立に生じ、ほぼ全員にそれが広がるまでに何世代もかかった。ちょうどヨーロッパ人と東アジア人が薄い色の肌を獲得するのにまったくちがう遺伝メカニズムを経たように、定住存在様式に適応するための新しい社会行動もそれぞれ独立に発達した。世界の大文明ごとのちがいの原因は、ひょっとすると最初の定住からすでに存在していたのかもしれない。

狩猟採集社会の制度は、その後の定住社会の制度とは大ちがいだった。現存する狩猟採集民の行動から見て、狩猟採集民の集団はたった五〇人から一五〇人だった。それ以上大きくなると争いが生じて、通常は血縁に応じた集団の分裂が起こる。

狩猟採集民集団の中では、頭領も首領もいなかった。厳密な平等主義が実践され強制された。他人にあれこれ指図をしようとする人は強く警告を受け、それがダメならば殺されるか追放された。ほとんどの狩猟採集民は持ち運べるわずかな個人所有物以外には、財産を持っていない。だからその経済は未発達で、生存においてあまり大きな役割を果たさない。

遺伝的には狩猟採集システムはおそらく、平等主義により変動が抑圧されているという事実から安定性を得ている。頭がいいとか狩猟の才能があるといった突出した性質を持つ個人でも、そうした才能を直接活かして子どもを増やすわけにはいかない。獲物はみんなで分かち合うというルールがあるからだ。狩猟採集集団の社会行動は、このため変化を特に促進する力を持っていなかった。

定住にはリスクがあるが、それでも定住が望ましい理由の一つが人口圧力だった。狩猟採集民は、消費する動植物をつくりだす大量の土地を必要とする。しばらくすると、絶え間ない戦争で死亡率が高くても、だんだん土地が不足してくる。既存のリソースの高度利用をする以外に選択肢はなく、たとえば野生の草の種を集めてそれを植えたり、野生動物を制御して囲いに入れたりすることになる。こうした行動がやがて、意図的な部分と同じくらい偶然による部分もあったが、一万年ほど前の農業発明につながる。

初の定住は人間の社会行動に深い変化をもたらした。定住コミュニティの多数の人間をまとめるには、階層システムが不可欠だった。狩猟採集民の平等主義は廃止された。人々は親分に従うという慣れない技能を学習した。その精神世界も一変した。定住コミュニティは初めて余剰を蓄積するようになり、それを取引できた。こうした余剰の管理は新しい技能を必要としたし、それを守るためには新しい形の軍事組織を必要とした。

狩猟採集社会では、唯一の分業は性別による分業だった。男は狩り、女は採集した。定住社会では、労働の専門化が生じた。専門化に続き富の格差が生じた。

こうした変化により、社会の社会的遺伝的な分散度合は大きく高まった。社会技能や知性を持った人物は豊かになる可能性がそこそこ生じた。これは人々の差がなく問題とするほどの富もなかった狩猟採集社会では決してあり得なかったことだ。平等主義にかわって格差が生じるというのは、あまりよい取引には思えないかもしれないが、大規模な定住社会を運営するための新しい社会構造のためには、この切り替えが不可欠だった。

最初の定住社会で台頭したエリートは、生き残る子どもをもっと育てられた。自分の富と地位の優位性を相続させることに大きな関心を持つようになった。でも金持ちのほうが子だくさんで人口が同じ規模なら、金持ちの子どもの一部は社会的地位が下がるしかない。こうしてエリートの社会行動は、遺伝的に社会のその他部分にトリクルダウンする。金持ちが生き延びる子どもを増やせるため、自然選択により成功する行動が拡大される強力な仕組みが初めて生じた。攻撃性が報われる社会では、攻撃的な男がたくさん子どもをつくれた。折り合いをつけて取引する能力が利得を得る社会では、こうした形質をもつ人々が次世代にたくさん子孫を残すことになった。

これら新社会の内部／外部両方の理由から、新しい社会行動の急速な採択が必要となった。それぞれの社会では、人々は労働特化といった新しい制度に適応するにつれ、かなりちがう技能を必要とした。そして社会自体も、変わる環境からリソースを抽出し、他の集団との戦いを生き抜くといった外部圧力に適応しなければならなかった。定住への転換の中で、戦争と宗教という二つの重要な制度がどれほど過激に変わらねばならなかったか考えてみてほしい。

戦争という制度は、まちがいなくヒトとチンパンジーの共通の先祖から受け継がれたものだ。どちらの種も縄張りに基づく攻撃を実践しているからだ。現存する狩猟採集社会の行動から判断すると、思春期の厳しいイニシエーション儀式により若者は平然と苦痛に耐えることを学ぶ。狩猟採集民や部族の成員は通常は相互にかなり強い血縁関係があるので、集団をまとめる要素として親族関係が重要となった。定住社会では、個体数がある程度を越えると、軍事的まとまりの本質的な基盤として血縁関係は放棄された。日常生活で階層構造に慣れ親しんだ人々は、軍事的な規律を喜んで受け入れるという事実を指導者たちは活用した。

宗教もまた、定住社会では徹底的に改変された。狩猟採集民では、宗教の核となるのはみんなの踊りであることが多かった。踊りは長く力強く、夜遅くまで続いた。みんな一緒にリズミカルな運動をすると、なぜか帰属意識が生まれてくるのだ。狩猟採集民の中には神官はいない。集団のみんなが平等に祝う。人々は神々と直接交流する。通常は、踊りそのものやドラッグによって集団の一部成員がトランス状態になることでそれが実現された。

これに対し、定住社会では人々とその神様たちとを仲介する宗教的な係官が台頭してきた。踊りは弾圧された。神官たちの解釈に頼らず直接神様とやりとりできる手段は、宗教的権威への脅威だったからだ。神様についての知識はもはや歌や口承にはなかった。それは神官たちが説く宗教教義にまとめられるものとなった。

初期社会の宗教は中心的な構造という役割を担っており、支配者はしばしば自分自身を神官の長に指名した。古代エジプトのファラオは神官の長でもあった。ローマ皇帝はしばしば最高神祇官の称号を名乗った。初期定住社会は司法の公式システムや警察や法廷といった仕組みが一切なかったため、宗教や神様の機嫌を損なうことに対するおそれこそが秩序を保つための不可欠な手段となった。[※3]

人々は、戦争や宗教といった制度の性質変化に対し、ほとんどの場合は文化的なやり方で反応した。でもどちらの行動もおそらくは、各種の行動とまったく同じように、本能的あるいは遺伝的な基盤があり、それが世代を超えて適応するのだろう。文化人類学者ナポレオン・シャグノンによれば、ベネズエラやブラジルのヤノマモ族などの部族社会では、攻撃的な男性は絶え間ない村落間戦争における防衛役として珍重され、戦闘で人を殺した者――ウノカイスたち――は、殺したことのない男性よりも子どもが平均で二・五人多い。[※4]でもそれ以外の社会だと、きわめて攻撃的な人々はあまり繁栄できず、平均では子どもの数も少ないだろう。だから何世代か続くうちに攻撃的な性向は弱まる。おそらく現代社会が中世よりは暴力的でない理由の一つがこれだろう。

ヒトの社会行動は、攻撃から共感に到るまで、それぞれの社会の制度を形成する。もちろん、詳細はすべて文化が提供するのではあるが。こうした制度は社会の生態的軍事的状況が変わるにつれて変化する必要があるので、ヒトの社会行動のあらゆる側面は、自然淘汰の絶え間ない圧力を受けている。

狩猟採集から定住生活への大転換はヒトの社会的性質に対していくつかの圧力をかけた。それに続き、別の再形成プロセスが始まった。これは同じくらい徹底したものであり、新たな村民たちを帝国の臣民にするという転換だった。

村落から帝国へ

社会人類学者たちは通常、人間社会が進化したというニュアンスを出さないように気を配る。そうでないと、一部の社会が他のものよりも進歩していて、したがって優秀なのだというふうに見えてしまうからだ。でも古代エジプト、メソポタミア、中国のような文明を形成するにあたり、人間の社会行動が大幅に進化したのは確かなようだ。そのすべては同じ課題に直面したとき、同じステップの順序で進化したか、少なくとも並行した道筋をたどった。

こうした事例すべてを動かす力は人口動態だった。最初の定住後、人口は増えだした。最初の定住者たちが暮らす村は、人口一五〇人もいただろうか。そして村人たちは、大規模な農業プロジェクトや防衛のために協力を始めた。こうした地元集団の中で暮らす大人数は、そのために何らかの方法で組織化されねばならず、この要件が族長率いる階層社会をもたらした。戦争はまとまりの強い社会があまりうまく組織化されない社会を破壊したり吸収したりする淘汰圧を行使した。人間社会の最大規模が大幅に変わった根底には、人間の社会的性質の劇的な変化があった。狩猟採集民集団は、一五〇人かそこらを超えると二つに分裂するのが常だった。五千年ほど前に興り始めた初の都市文明時代になると、人々は人口一万人から一〇万人の都市で暮らすようになっていた。

初の族長たちは、宗教的な機関も掌握することで政治力を確保した。部族国はおもに家族経営として運営され、その親戚は世襲エリート層となった。でも部族国の寄せ集めは安定した状況ではない。特にその農業リソースが、山や砂漠に取り囲まれている場合はそうだ。こうした地理的制約のため、部族国のどれかが拡張しようとしたら他の首長国にはみ出すことになる。こうした状況のため、戦争はほぼ避けられないものとなった。

世界のそれぞれの地域で、部族国同士の戦争から、初の原始的な国家が生まれてきた。文化人類学者ロバート・カルネイロによれば「代表的な例をいくつか挙げると、メソポタミア、エジプト、インド、中国、日本、ギリシャ、ローマ、北欧、中央アフリカ、ポリネシア、中米、ペルー、コロンビアなどでの国家形成の初期段階には、歴史的または考古学的な戦争の証拠が見つかっている※5」。

部族国は通常、領土を巡って戦い、制圧した土地に住む人々を殺すか追放した。でも作戦規模がある程度大きくなり、人口が高密で生産性が高く、支配階層を支えられるほどなら、部族国でも大きなものは国家へと発展した。国家は土地だけでなく人口も求めて戦った。征服した人々をその土地から追い払うかわりに、帝国はそれを従属させて国家のマンパワーの一部にした。

支配者一家だけで運営するには大きく複雑になりすぎた国家は、独自の役人群を発達させた。ある地域内で競合部族が争うと血なまぐさいことになりがちだ。でもある地域を単一の支配者が統一したら、安定性と秩序はずっと高まった。

世界史上の一般的なパターンとして、国家はまず人口密度の高いところで発達する。特に灌漑《かんがい》農業がしやすい大河沿いに発達するのがつねだ。古代エジプト国家は紀元前三一〇〇年頃、ナイル南部の部族支配者であるナルメルが北部部族を撃破して統一システムをつくりだしたときに始まった。

同じ頃、現在のイラクにあたる地域でユーフラテス川沿いにシュメール文明が発達した。インドでは、インダス川流域にハラッパ文明が興った。中国の国歌は、黄河や揚子江流域沿いに生まれた居留地の統合により形成された。

こうした第一世代国家はすべて、旧世界で五千年ほど前に創始された。新世界ではこのプロセスがずっと遅れた。国家発展に必要な人口圧が生じたのが、初の住民たちがシベリアからアラスカへ、ベーリンギア（両大陸を結ぶ陸橋だったがいまは沈んでいる）を渡ってやってきた一万五千年前から、かなり経ってのことだったからだ。中米では、紀元前一五〇〇年頃にオルメカ国が花開き始めた。南米ではモチェ国家が紀元一〇〇年頃に始まり、南米で最も発達したインカ帝国が台頭したのは、やっと一二世紀になってからだった。

国家形成と人口規模との厳密な歴史関係は、世界のそれほど住みやすくない地域を見れば明らかだ。北極圏には国家はなく、エスキモーたちがまばらに暮らしているだけだ。ポリネシアでは首長国しかない。これはおそらくほとんどの島の人口収容力がかなり小さいからだろう。大きな例外がハワイだが、カメハメハ大王が諸島を統一したのはやっと一八一一年になってからだ。

人口増が遅かった大規模な地域としてはアフリカのサハラ以南地域がある。この大陸は、航行可能な川がないことが欠点で、風土病のために多くの地域は人が住みにくい。アフリカの一部の部族は、ガーナのアシャンティ帝国やエチオピア帝国、ジンバブエのショナ王国といった大規模な王国に発展したが、ヨーロッパ人がやってきてこれらがさらに発展するのを阻止してしまった。一八七九年には槍と牛革の盾で武装したズールー軍が、イサンドルワナの戦いで近代兵器を持ったイギリス軍を撃破した。でもアフリカの大半では、高密な人口と大規模な戦争という現代国家形成の二つの不可欠な要素がなかったために、そうした国家構造が台頭できなかった。サハラ以南のアフリカは有史以来ほとんどの時期は部族社会にとどまった。これはオーストラリア、ポリネシア、北極圏や南極圏も同様だ。

ヒトの社会行動進化はこのように、それぞれの大陸でちがっていたし、ほとんどあるいはまったく相互に独立して進んだ。五千年ほど前に中東、印度、中国では国家が発達し、中南米ではそれが千年ほど前だった。よい土壌、有利な気候、航行可能な川、人口圧がないため、アフリカは部族国と初歩的な帝国の大陸にとどまった。オーストラリアでは、人々は農業を発達させないまま部族水準に達した。その技術は現代になっても石器時代のままだった。

歴史上の人間行動

歴史家たちは国家に注目し、国家内部の構成員たちが権力のレバーをどのように獲得したかを問題にする。でも長期的には社会の運命を決定づけるものとして、制度のほうが重要なのだ。根深い社会行動のうえに構築された制度は、何世代も持続するし極度にカタストロフ的な出来事ですら耐えられる。ロシア人たちはスターリン以後もロシア人だったし、中国人は毛沢東の下でも中国人だった。ヒトラーですら、ドイツ史の中ではおおむね例外的な出来事でしかない。

歴史は個人という単位で分析すれば、ほとんど一貫性がない。国民という単位ですらそうかもしれない。でも各種文明や人種が発達させた制度という目で見ると、論理的な発展の概観があらわれてくる。それでもかなりランダムな要素はあるが、人類史のおおまかな一般テーマは、それぞれの人種が独自の環境での生存を確保するのに適切な制度を発達させたということだ。つまりこれこそが各人種の最も顕著な特徴ということだ。その成員たちが肉体的な外観の面でちがっているということではなく、その社会の制度が社会行動のちょっとした差のためにちがっているということなのだ。

社会制度から見た人類史分析の記念碑的な著作が、政治学者フランシス・フクヤマによって最近書かれている。彼の主張は、主要文明が個別の地元地理や歴史状況にあわせて制度をいかに適応させたかを描くもので、人類の社会適応と各文明がとった異なる道のロードマップを提供してくれる。

フクヤマの想定は、上で引用したノースのものと同じく、制度はヒトの社会行動に根ざしているというものだ。「現代生物学による人間性の回復（中略）は政治発展のあらゆる理論の基盤としてきわめて重要である。なぜならそれは、人間制度のあとの進化を理解するための基本的な建設部品を提供してくれるからだ」とフクヤマは書く。※6

人類の社会的性質の根幹は、家族や近い親族をひいきにする傾向であり、これは部族主義の根底となる。部族社会は人間の政治組織として最初の形態だろう。これは人類がその存在の大半を過ごしてきた狩猟採集集団が、おそらくはごく初期から部族としてまとまってきたことからも想像できる。部族は婚姻で女性を交換する集団で形成される。部族組織はきわめて柔軟で、部族はかなりの規模に成長し、相当な事業を実行できる。蒙古民族の帝国は太平洋からヨーロッパ国境にまで広がったが、部族的なまとまり方をしていた。部族システムの弱みは後継問題だ。強い指導者が死んだら、その各種家系の首長は跡継ぎの地位をめぐって戦うのが常で、そのために連合すべてがもっと小さく相争う集団へと崩壊してしまいかねない。蒙古帝国はまさにそうなった。

部族は男系の血筋をもとにまとまっている。部族内では二つの血筋が相争ったり、手を組んで第三の血筋と対抗したりする。あらゆる血筋は創始の家長から出ているので、どんな血筋二つでも共通の祖先を見つけ、血縁関係と同盟相手としての近しさを証明できる。人類学者たちは部族を分節的社会と呼ぶ。これは各種の血筋や分節を、何か社会的な目的に応じてはめあわせられるからだ。

フクヤマに言わせると、部族システムは実に強いので、ほとんどの現代国家においても決して完全に消えたりはしていない。むしろ国家という装置は部族システムのうえに重ねられたもので、絶えず部族システムと緊張関係にある。中国では、役人は地位を使って親戚の利益を拡大し、国の利益を度外視する。この問題は、今日の中国だろうと過去のどの時点の中国だろうと同じように重要だ。家族関係があまりややこしくなく、部族がもはや存在しないヨーロッパやアメリカでさえ、縁故主義はいまだに頻発する。

部族主義は初期人間社会のデフォルト状態であり、現代社会のデフォルト状態は独裁制となる。部族社会はおそらく人類という種の初めから存在していたはずだし、現在でもまだ多く残っている。スペイン、フランス、ドイツ、イギリスの住民はローマ帝国の征服前も、その後も部族民だった。中国では、部族国は紀元前四世紀まで消えたりしなかった。アフリカと中東のほとんどでは、部族組織はいまだに有力だ。

部族主義がこれほど広まっているなら、現代国家はそもそも興ることさえむずかしそうだ。フクヤマのアプローチは、現代国家の間に存在するちがいを検討して、その特徴のうちどれが最も重要かを理解することだった。中国、ヨーロッパ、インド、ムスリム世界で台頭した現代国家を調べたフクヤマは、すべてが同じ基本的な課題に直面しなければならなかったことを発見した。その課題とは、部族主義を抑えて国家の権威が主流となるようにすることだ。でもそれぞれの文明はこれをかなりちがった形で実現した。

中国はヨーロッパより千年早く近代国家を実現した。この早熟な発展は、揚子江と黄河の間の平原の性質にかなり左右されたかもしれない。この領域は農業に適しており、それが人口成長をもたらした。またここは戦争にも適している。つまり国家形成の二つの主要推進力が生じたわけだ。絶え間ない統合のプロセスが続き、部族システムは国家へと道を譲った。

紀元前二〇〇〇年には多数の政治集団——伝統的に一万個とされている——が黄河の峡谷に存在していた。紀元前一五〇〇年の殷王朝時代には、それが三千個の部族首長国に減っていた。西周王朝が七七一年に興る頃には一八〇〇の首長国となっており、この王朝が滅びる頃にはそれが一四にまで減って、ずっと国家に近いものとなっていた。その後の戦国時代は紀元前四七五年から紀元前二二一年あたりまで続いたが、残った七つの国は一つまで減った。

中国が統一されたのは紀元前二二一年、秦が戦国時代の競合六か国を倒したときだった。これは一八〇〇年近いほぼ絶え間ない紛争の末に起きたことだ。戦国時代には戦争に必要とされるものが中国国家の独特な形状を構築したのだった。

部族システムは、黄河流域に比較的住民が少なかったときには続いた。弱い部族はあっさり他に引っ越せばすむ。でも人口密度が上がるにつれて、戦うか潰されるかという選択を迫られるようになる。

部族に対する圧力は、彼らの戦闘様式を通じて生じた。男系の血筋に基づくため、戦いは馬車に乗った貴族によっておこなわれ、それぞれの馬車は兵士七〇人からなる補給ラインを必要とした。戦争が度重なると、戦いにかり出せる貴族はやがて底をついてしまった。周の時代に必死になった一部の部族は別の戦争形態を開発した。農民たちを徴発して歩兵隊にするというものだ。

これは生やさしい転換ではない。そもそも貴族も農民もこんなことは嫌がる。さらにこれには複雑で独創的な制度変更がいろいろ必要となる。大軍を支えるためにはもっと税収を増やさねばならない。人々から税金を徴収するには、個別部族ではなく国家に忠誠を誓う種類の役人が必要だ。

こうした変化はいくつかの国家で始まったが、改革を最も推し進めたのは、戦国時代の七か国のうち最も西にある秦だった。フクヤマによれば「初の秦に現代的な国家の基礎作業は、西端にある国家秦において、孝公とその宰相である商鞅《しょうおう》によりおこなわれた」[※7]。

秦の指導者たちが近代国家をつくったのは、部族システムの貴族の血筋が国家の力にとって邪魔だというのを明示的に理解したからだ。商鞅は貴族による世襲の役職を廃止して、軍事的な勲功に応じた二〇段階の階級制度を導入した。この変化は、あらゆる役職の人間がいまやその地位や忠誠を国家に対して捧げているということだ。もう部族や血筋とは無縁だ。

官僚は功績に応じて任命されるばかりでなく、報酬も業績連動だった。土地、従僕、妾、衣服は国家によく尽くした人物に分配された。

社会エンジニアリングの大胆な動きの第二弾として、商鞅は農民が貴族所有の畑を耕作するだけでなく、自分でも土地を持てるようにした。農民たちはいまや直接国に帰属し、国に税金を納める。貴族たちに対してではない。

でもこれは農民の利益を考えて設計された農業改革などではなかった。それまでの農民は貴族の監督下で働いた。商鞅はそれを、五世帯や一〇世帯ごとにまとめなおし、それぞれの集団がお互いに監督しあって犯罪などを国家に通報した。通報しなければ死刑だった。

「人々が政府より強いなら国家は弱い。政府が人々より強ければ軍は強い」と商鞅は語ったとされる。[※8] 政策はすべてこのためだった。農民は支配され課税された。官僚は国家を監督して税収を得たが、それは大量の農民兵の資金をまかなうためだった。

西方にあった秦は、長いこと僻地扱いされていたが、いまや大規模軍の費用をまかなうだけの政治組織を手に入れた。この軍を使って秦王は紀元前二二一年に他の六か国を撃破して中国を統一しおおせた。統一は二五四年に及ぶおそろしい戦国時代を終わらせた。この期間中に、競合国の間では四六八回もの戦争がおこなわれていたのだ。

中国はヨーロッパより千年も早く近代国家を発明した。その仕上げとなったのは紀元前一二四年に漢の武帝が導入した官僚登用試験制度だ。軍と徴税制度、国民登録、厳しい懲罰システムだけでなく、中国は社会学者マックス・ウェーバーが近代国家の決定的なしるしと見なした制度をもう一つ持っていたのだ。それが能力で選ばれる客観的な官僚制度だ。

中国で国家が登場したのは部族的な仕組みが戦争の要求を扱いきれなかったからだ。中国をお手本に、ほかの文明が近代国家を発展させた方法を比較できる。たとえばヨーロッパは、部族が国家に発展しつつある時期には東周と似た時期を経験したが、これはフランク諸侯の王がフランス国王になったプロセスが象徴的だ。この時期、ヨーロッパの政治区分の数は五〇〇から二五へと減った。でもヨーロッパはその後、中国のパターンからは外れた。この削減プロセスが最終的な統一につながらず、何か戦国時代を経て一か国が勝者として台頭することがなかったからだ。

なぜヨーロッパでは、秦に相当するものが登場してヨーロッパ全土を制圧しなかったのか？　理由の一つは、国家構築がヨーロッパにやってきたのが千年遅れで、その頃には封建主義が中国よりもしっかり根付いていたからかもしれない。地方豪族たちは、商鞅のようなやり方でお役御免にはできなかった。各国の王様は豪族と交渉しなくてはならなかった。だからヨーロッパの国家はどれ一つとして、少しでも持続的な意味で他のすべてを圧倒するだけの強さは持てなかった。ローマ人以後、ヨーロッパで帝国を目指す試みは、つねに部分的で短命に終わった。

別の理由として、地理や文化による障壁が、ヨーロッパでは黄河流域に比べてずっと厳しかったことがある。ヨーロッパは山脈や川で分断されており、こうした自然の仕切りの中で、各種の宗教や言語が生じてきた。こうした障壁は、統一ヨーロッパ国家の構築をずっとむずかしくした。

中国は独裁国家の制度を構築して、それが実に効果的だったので、現代史のほとんどの時期で、それが短期の荒っぽい不統一期を何度かはさんでいるとはいえ、統一されていた。独裁的とはいえ、中国は何度かモンゴルや満州族といった、中国の北国境の外のステップをうろつく各種の放牧民に制圧されている。でもこうした征服者たちも、中国を支配するためには部族方式は捨てて中国の制度を受け入れるしかないということを発見したのだった。

中国の発展パターンに対する驚くような反対例がインドだ。紀元前六世紀には、インドでも中国同様に初の国家が樹立されていた。でも中国ではその後五〇〇年にわたり執拗な戦争期が続いたが、インドはそんなプロセスを経ることはなかった。人口密度が低かったせいかもしれない。インド社会のおもな形成要因は戦争ではなく宗教だった。ブラフマン教は社会を四階級にわけた。司祭、戦士、商人、その他全員だ。この四階級はその中でさらに何百という同族内職業カーストにわけられた。この仕組みは部族的な区分のうえに重ねられたものだが、あまりに強すぎてどんな政府にも覆せなかった。このようにインドは強い社会と弱い国家をつくった。これは中国の状況とは正反対だ。中国は今も昔も、人々が政府支配制度を攻撃するなどということはほとんどなかった。

実は国家があまりに弱すぎたために、インドはほとんど統合されたことがなかったのだ。マウリア帝国は紀元前三二一年から南インドを除くほぼ全土を支配したが、中国の秦とはちがい、帝国全土に独自の制度を強制しようとはしなかった。それが解体したときも、この亜大陸統合に興味を示したのは、ムガールやイギリスなど外国からの侵略者だけだった。

インドの政治制度の中には圧政国家のための基盤がないが、中国では秦以来、国家はつねに市民にあれこれ指図をする権利を維持してきた。でも中国は、早熟な近代化にもかかわらず法治を発達させたことはない。法治とは、支配者が何か独立したルール群に制約されるべきだという概念だ。インドでは、法は「中国のように政治権力から生じたのではない。それは政治的支配者と独立してそれを上回る出所からやってきたのだった」とフクヤマは書く。

インドは、ヨーロッパ国家が支配者に法的責任を負わせるために考案したような公式メカニズムは発展させなかった。でもごく初期から、国家の力を制約する中心的な制度となっていたのは宗教法だった。インドと中国がそれぞれ発達させた制度は、今日に至るまで両国の歴史の差を形成するにあたり、大きな役割を果たしている。万里の長城から三峡ダムまで、中国国家は市民に高価な公共事業を押しつけるのをためらうことはなかったし、市民たちはそれに抗議したり抵抗したりする手段を持ち合わせていなかった。これに対してインドだと、政府は新しい空港や工場予定地を提案したとたんに、すさまじい世論の反対に直面する。

中国では、部族主義を抑えたのは国の直接行動だった。インドはそれが宗教だった。部族主義を潰す最も巧妙な方法は、イスラム世界でアッバース朝に考案され、オスマン朝に完成した。それは軍事的奴隷制の導入で、ここでは帝国の軍と官僚組織の双方で、エリート層が奴隷で構成されている。自分の望みを実現しようとして官僚の抵抗にあったあらゆる首長はうらやむかもしれないが、スルタンはあらゆる奴隷官僚の処刑を、最低の役人から大宰相まで好きに命じられたのだった。奴隷たちは少なくとも原理的には家族を持てず、結婚が認められた場合でも、その息子たちは父親の役職を継いだり兵になったりすることは認められなかった。

このようにして、自分の親族や血族を優遇したいという人間本能は阻止された。奴隷エリート役職保持者たちが帝国の貴族階級にとどまれたのは一世代だけだった。子どもたちは平民に属するしかない。どこで奴隷を手に入れるかという問題については（イスラムはムスリムの奴隷化を禁じている）、オスマン朝のスルタンたちはデヴシルメという制度で対応した。これはスカウトマンたちがキリスト教地域、特にセルビアを訪ね、地元の神父たちにその地域で洗礼を受けた少年たち全員の名簿を要求するという制度だ。最も有望な少年は親元から誘拐され、二度と会えない。そして少年たちはイスラムに改宗させられ、高位行政官か、あるいはイェニチェリというエリート軍人集団に入るよう訓練を受ける。

軍事奴隷の制度は異様で非人間的に思えるかもしれないが、部族主義を阻止して支配者の命令に従う行政官カーストを確保するために、国家がどれほどの手間暇をかけるか示すものではある。この制度を発明したのは、七五〇年から一二五八年まで近東で勢力を誇ったイスラムのアッバース朝だった。

アラブの部族組織では広大な帝国支配は不可能だと悟ったからだ。それをさらに発展させたのはエジプトのアイユーブ朝スルタンたちで、トルコ部族やコーカサスから捕まえてきた奴隷によるマムルークという軍を創設した。貴族や親族システムのない奴隷軍では、人々は純粋に能力だけで昇進できた。これと指揮官たちのスルタンだけに対する忠誠心は、マムルーク軍やイェニチェリ軍の成功に大きく貢献した。

エジプトのマムルークたちは、一二六〇年に蒙古軍の侵略をアインジャルートの戦いで撃破して、イスラム世界を救った。でもマムルーク軍の指揮官バイバルスは下克上を敢行してエジプトのスルタンとなった。マムルーク軍は数十年にわたり強大な軍事力であり続けた。でも豊かになったマムルーク軍人たちは、子孫への財産相続を禁じる規定を迂回する方法を見つけ、システムはだんだん再部族化していった。フクヤマはこう語る。「一世代だけの貴族という原理は人間生物学の基本的な動きに逆らうものだったし、それは非人格的な中国の試験制度も同じだった。マムルーク軍人のそれぞれは、自分の家族や子孫の社会的地位を守ろうとしたのだった」。

マムルーク制は衰え始めた。派閥主義に冒され、いまや戦場を支配する新しい火器への偏見に脚を引っ張られたマムルーク軍は、一五一七年にトルコのオスマン人たちに撃破された。

軍事奴隷制はオスマン人たちにも好都合で、しばらくは同国の経済が依存する継続的な武力制圧を可能にしてくれた。でもオスマン帝国拡大が止まると、スルタンたちはまずイェニチェリたちに結婚や子づくりを認め、その後はその息子たちが軍に入るのを許した。するとデヴシルメ制は不要となった。そしてまたこの制度の基本的な目的である、世襲エリート台頭の防止も破壊された。制度は衰退し始め、オスマン帝国の緩慢な崩壊が進んだ。

ユーラシア大陸第四の大文明であるヨーロッパ文明は、複雑な制度群を編み出した。これは中国やインド、イスラムなどの少し単純な仕組みと比較したほうが、理解しやすくなる。ヨーロッパ各国の決定的な特徴は、部族主義から脱出したときに、ほかの三文明がどこも生み出さなかった制度を発達させたということ――強い指導者を社会がコントロールする手段だ。

ヨーロッパには法治の概念が生まれ、社会とエリート層の間で支配者が至高なのではなく、法が至高なのだ、というコンセンサスができた。第二に、ヨーロッパ、特にイギリスは王様に法的な責任をとらせる手法を発展させた。この構造は、支配者が協力ではあっても制度的な制約にさらされるという利点を持っていた。

中国国家は、秦の時代から効率的で官僚化された独裁制度だった。でも今日に到るまで、中国は法治を発達させていない。その皇帝や、いまでは中国の党政治局は、立法はするがそれに縛られることなく、自分ではその法に従わなくていい。中国はいつでも人々に万里の長城やその同等物をつくるよう強制できる。でもその強い国家の大きな欠点は、悪い皇帝に対して無防備だということだ。その直近の例が毛沢東だった。

ヨーロッパの制度発展における中心的な役割を果たしたのが宗教だった。フクヤマによれば、宗教はまず脱部族化で重要な役割を果たし、次に法治の導入で重要となった。部族的な血筋の本質は、男系の財産相続だった。でも中世の短い期待寿命と高い幼児死亡率の中で男子をつくるのは、とても確実とはいえない。だから部族は富を血筋の中に維持するための各種戦略を発達させた。たとえばいとこ婚、世継ぎを生まない女性の離婚、養子、逆縁の掟（未亡人が夫の兄弟と結婚すること）などだ。さらに女性は自分の財産を持てなかった。

教会はこうした世継ぎ戦略すべてに反対した。別に既存のキリスト教教義にそれを否定する内容があったわけではなく、教会なりにもっとよい思いつきがあったからだ。人々は世継ぎではなく教会に財産を遺贈すべきだというのだ。七世紀末には、フランスの生産地の三分の一は教会のものとなっていた。ヨーロッパの部族は、フランクだろうとアングロサクソンだろうと、スラブ、スカンジナビア、マジャールだろうと、キリスト教に改宗すればやがては財産を奪われ、影響力も失い、封建制に向かうことを思い知ることになる。

中世ヨーロッパの断片化された政治状況で、教会は豊かで強力になったけれど、独自の部族制または縁故主義的な問題が生じ始めた。その神父たちは、自分の教会の財産や役職を親族に継がせるのにご執心となった。グレゴリウス七世教皇は、神父たちに教会に忠誠を維持させ親族に肩入れしないよう、神父たちが禁欲生活を送るよう強制した。

グレゴリウスはまた、教皇と神聖ローマ皇帝との間の叙任、つまりだれが枢機卿を任命できるかという問題をめぐる歴史的対決の中心人物でもあった。グレゴリウス七世はハインリヒ四世を破門し、ハインリヒは逆にグレゴリウスを更迭させようとした。だが教会が勝ち、ハインリヒ四世は一〇七七年にカノッサの教皇邸に赴いて、雪の中を裸足で三日にわたり立ち尽くしてグレゴリウスの許しを得ようとしたのだった。

教会はその力を使い、法治の概念を支持した。まずは一九七〇年頃に再発見されたローマ法のビザンチン式定式化であるユスティニアヌス法典を支持し、その後はグラティアヌスが何世紀にもわたる教会法をまとめあげてつくった教会法が支持された。この法は教会の権威が神の力で認められていると定めていたため、ヨーロッパでは支配者が法を無視した支配はできず、支配者としての地位そのものが法の護持という役割のおかげなのだ、という目新しい考え方が生まれた。

封建時代のヨーロッパは、ほとんど不可侵な城に君臨する地元豪族の集まりだった。王様はそうしたおおむね平等な豪族の中でのトップにすぎず、権力行使にはほかの豪族と相談が必要だった。至高なのは法であって王ではないという概念も、考慮せざるを得なかった。農民たちに課税したり徴用したりはできなかった。そうした権利は封建領主のものだったからだ。また封建システムで認められる財産権のおかげで土地を収奪することもできなかった。

ヨーロッパで国民国家が生まれたのは、王、エリート、その他権力との闘争の結果だった。王が絶対君主だったことはほとんどない。その権力の制約が最も大きかったのはイギリスで、議会が独自に軍を立ち上げてチャールズ一世を処刑し、ジェームズ二世に譲位を強いた。このようにイギリス国家は支配者が法に従属し、代表体が王にその遵守を強制するようなシステムを構築し、のちに他のヨーロッパ諸国もそれに倣った。

フクヤマはこう書く。「ひとたびこのパッケージがまとめられると、それは実に強力で、正当で、経済成長に適した国家をつくりだしたので、世界中で適用されるモデルとなった[※9]」。

社会と個人の行動への影響

中国、インド、イスラム世界、ヨーロッパという四つのまったくちがう政治秩序と制度が過去二千年で生じてきた。それは個別の成員が適応すべき四つのまったくちがう社会環境をつくりだした。この進化プロセスのおかげで、四つの文明はいまでもちがうものであり続けている。

各文明の社会制度はかなりの惰性を持っている。つまりあまり急激には変わらないということだ。何世代も変わらず続く制度は、遺伝的に形成された社会行動に根ざしているために安定性を保っている可能性がとても高い。東アジア社会が持つ独特の性質は、効率的な独裁制をもたらしがちだ。たとえばシンガポールは、イギリスの政治制度の文化的遺産を持ちつつも、外的にはヨーロッパ的国家の形態を見せながら、内部的には中国国家的な独裁制のゆるやかなものとなっている。

社会行動の似たような連続性がアフリカでも見られる。ここは一時的な植民地支配の前も後も、おおむね部族的にまとまった社会となっている。ヨーロッパの列強は自国の政治制度を押しつけることで、植民地独立の種を撒いた。でもヨーロッパの政治制度は、ヨーロッパ環境に沿って何世紀もかけて発展したものだ。ヨーロッパ人たちが部族主義から脱してきた長い歴史プロセスを考えると、アフリカ諸国が一夜にして部族主義から脱けられなかったのも当然だろう。彼らはそれまでの数世紀にわたり、アフリカ人たちが適応してきた社会システムに戻っていったのだった。

部族システムでは、人々はきわめて合理的に親戚や部族集団に支援を求め、中央政府に助けてもらおうとはしない。中央政府の通常の機能は税金や軍事サービスを徴収することで、それに対してほとんど何も代償を提供してくれなかったのだ。ヨーロッパやアメリカの制度は、イラクやアフガニスタンなどの部族社会にそう簡単には輸出できない。というのも欧米の制度は公共の利益に沿って運営されるようになっており、役職保持者やその部族の権力増強のためではないからだ。

人間の社会行動や、それを体現した制度のさまざまなバリエーションは、きわめて大きな影響を持っている。実はそれこそが人間社会や、それぞれの各種経済発展水準の間に見られる決定的なちがいなのだ。開発経済学者たちはかなり前に、国が貧しいままなのは単に資本や資源が足りないからではないということを学んだ。過去五〇年で、何十億ドルもの開発援助がアフリカに注ぎこまれたが、生活水準はほとんど改善しなかった。イラクのような国は石油は多いが、その市民は貧しい。そして資源のないシンガポールのような国は豊かだ。

社会の豊かさを左右する相当部分が人的資本だ――それはその人々の性質、訓練水準、社会の一体性、それをまとめる社会制度を含むものだ。フクヤマが述べるように、「貧困国が貧困なのは資源がないからではなく、有効な政治制度を欠いているからだ[※10]」。

同じ結論に達したのが、最近出た経済学者ダロン・アセモグルと政治学者ジェームズ・ロビンソン『国家はなぜ衰退するのか』だ。「国家が経済的に破綻するのは、収奪的な制度のせいだ」と書く[※11]。収奪的な制度というのはつまり、腐敗したエリートが他の人々の経済への参加を排除する制度ということだ。逆に「豊かな国が豊かなのはおおむね、過去三〇〇年のどこかで包含的な制度を発達させられたからだ[※12]」。

アセモグルとロビンソンの理論は次章でもっと詳しく扱う。とりあえず関係するのは、彼らとフクヤマが別々に、制度が人間社会の成功と失敗にとって中心的なものだと結論しているということだ。もっとはっきりしないのは、なぜ制度が社会ごとにちがうのかということだ。そうした差が最もあらわになるのは、産業革命へとつながる人間社会構造の大きな変革の中でのことだ。

人間社会の発達には二つの大きなステップがあって、どちらも人間の社会行動変化に裏打ちされていた。最初のものは狩猟採集的な生き方から定住社会への変化だ。定住社会は農業を発達させたが、その後何百世代にもわたり、マルサスの罠として知られるものの中で停滞した。マルサスの罠とは、生産性が増大するごとに人口増が起こり、それが余剰を食い尽くして人口が餓死寸前になってしまうということだ。この罠を脱出するには、人間の社会的性質が第二の大規模変化をとげねばならなかった。以下に続くのは、マルサスの罠からの脱出と、農業社会から現代社会への転換の根底には、社会行動の深い遺伝的な変化があったのではないかと考えるべき根拠となる。

第七章　人間の天性を見直す

THE RECASTING OF HUMAN NATURE

何世紀にもわたる社会史の中で、きわめて執拗につきまとう最も赤裸々な事実に直面する必要がある——人々の生産性がすさまじくちがっていて、そうしたちがいが経済的な面をはじめ各種の影響を及ぼしてきたという事実だ。

——トマス・ソーウェル[※1]

大文明はそれぞれ、独自の状況や生存に適した制度を発展させてきた。でもそうした制度は、文化的な伝統に大きく影響されているとはいえ、遺伝的に形成された人間行動の基盤のうえに存在している。そしてある文明が独特の制度を生み出し、それが何世代も続くなら、それは人間の社会行動を左右する遺伝子の何らかの変異が、そうした制度の発生に伴っていたのではという疑問も充分にあり得る。

歴史家はときどき国民性などと言う。でも、たとえばドイツ人と日本人は国民性がちがって、それがそれぞれの歴史に深く影響していることは多くの人が認めても、その国民性の顕著な要素をどう定義するかという点については、意見がいろいろわかれる。そして何らかの客観的な尺度がなければ、国民性を記述しようとする試みは、すぐにカリカチュアに堕してしまう。

人間の天性が次第にどう変わるかについて、客観的な指標などあるのか？　驚いたことに、そうし

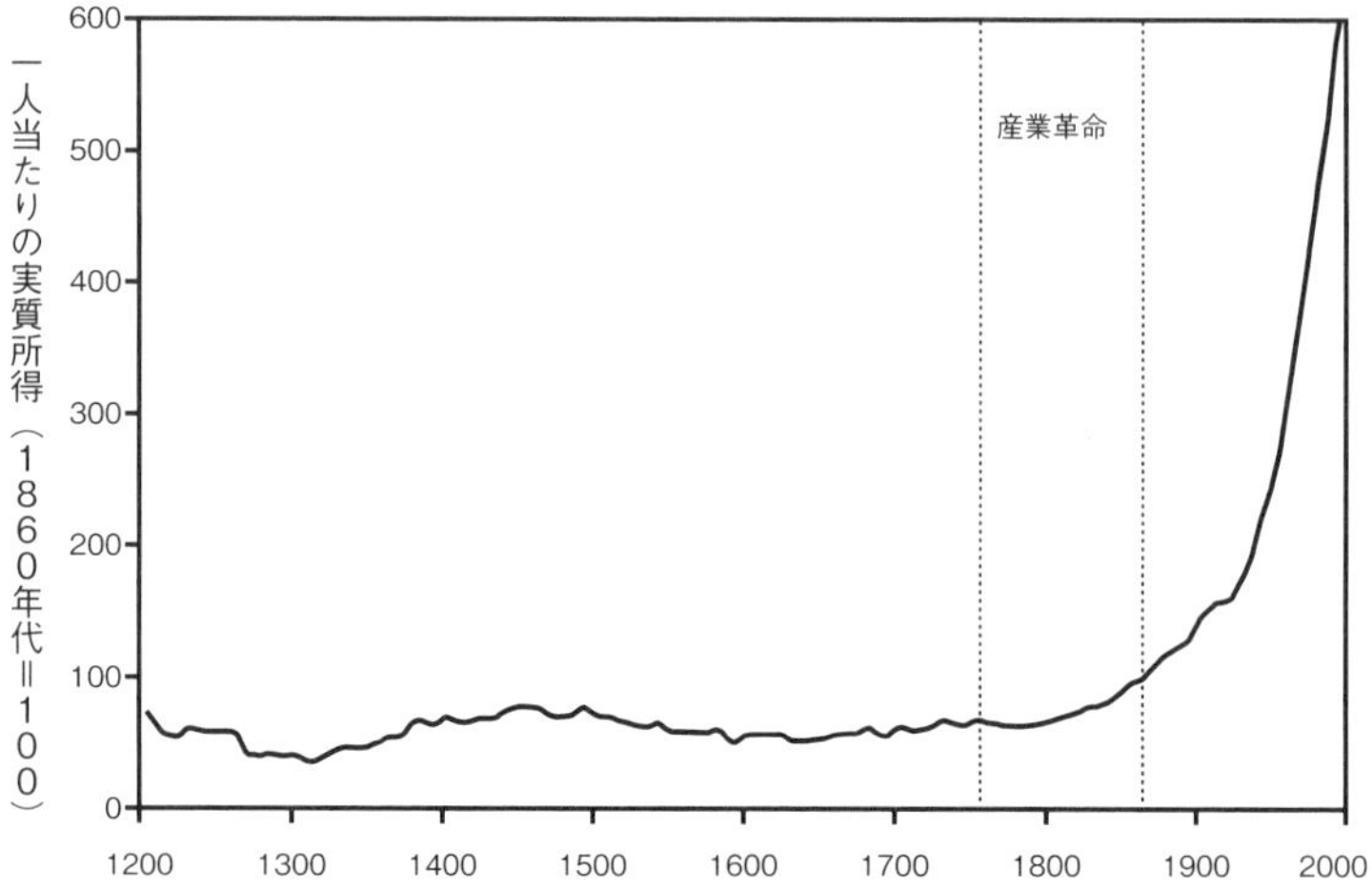

図7.1：イギリスの一人当たり実質所得、1200〜2000年代
出所：クラーク『10万年の世界経済史』

た指標は間接的なものとはいえ、実在するのだ。それは経済史研究者の研究からきている。たとえばマリステラ・ボッティチーニやツヴィ・エックスタインはユダヤ史における教育の役割を記述しており、グレゴリー・クラークは産業革命に先立つ六〇〇年間のイギリスにおける経済社会行動を再構築している。

産業革命によってもたらされた変化は、屋外ではなく家に住むといった人々のライフスタイルを目に見えて変えることはなかった。でも社会の生産性は飛躍的な向上をとげた。少なくとも検証できる五世紀半にわたり停滞していた賃金は、一八世紀半ばに急上昇を始めた。これは生産的な労働の水準が驚異的に増えた反映だ。

生産性上昇なんて、経済学者しか興奮しないようなものに思えるかもしれない。でもそれは人々の生活を一変させた。産業革命以前は、貴族以外のほとんどの人は、飢え死に寸前の生活をしていた。農業経済の特徴は、生存かつかつの暮らしであり、これは農業が初めて発明された頃から変わらなかった。

別にこれは創意工夫がなかったせいではない。一八〇〇年のイギリスには帆船も銃砲も印刷機も、狩猟採集民が夢にも思わなかったようなさまざまな技術があった。でもそうした技術は、平均的な人々の生活水準を上げたりはしなかった。その理由は農業経済の自縄自縛で、おそらく農業の発端からずっと存在していたものだ。

その自縄自縛はマルサスの罠と呼ばれている。それを記述したのが一七八九年に『人口論』を著したトマス・マルサス牧師だったからだ。生産性が向上して食べ物が豊富になるたびに、成人する子どもが増えて、その追加の口が余剰の食べ物を食い尽くしてしまった。だから一世代もすれば、みんなが餓死かつかつの水準に戻ってしまうのだ。

こうした進歩欠如は、カリフォルニア大学デイヴィス校の経済史研究者グレゴリー・クラークによって実証された。イギリスは一〇六六年以来、敵の侵略を受けていないため(一六八八年オレンジ公ウィリアムの侵略は招待されたものだった)歴史情報が大量にある。ここからクラークは、一二〇〇年から一八〇〇年にかけてのイギリス農場労働者の実質日給を再構築できた。この期間の終わりでの賃金は、六〇〇年前とほぼ完全に同じだった。みすぼらしい食事がやっと買える程度のものだ。

でも賃金はこの間ずっと一定だったわけではない。一三五〇年から一四五〇年にかけて、倍以上になっている。その原因は生産性が何やら奇跡的に高まったからではない――黒死病のせいだ。これに

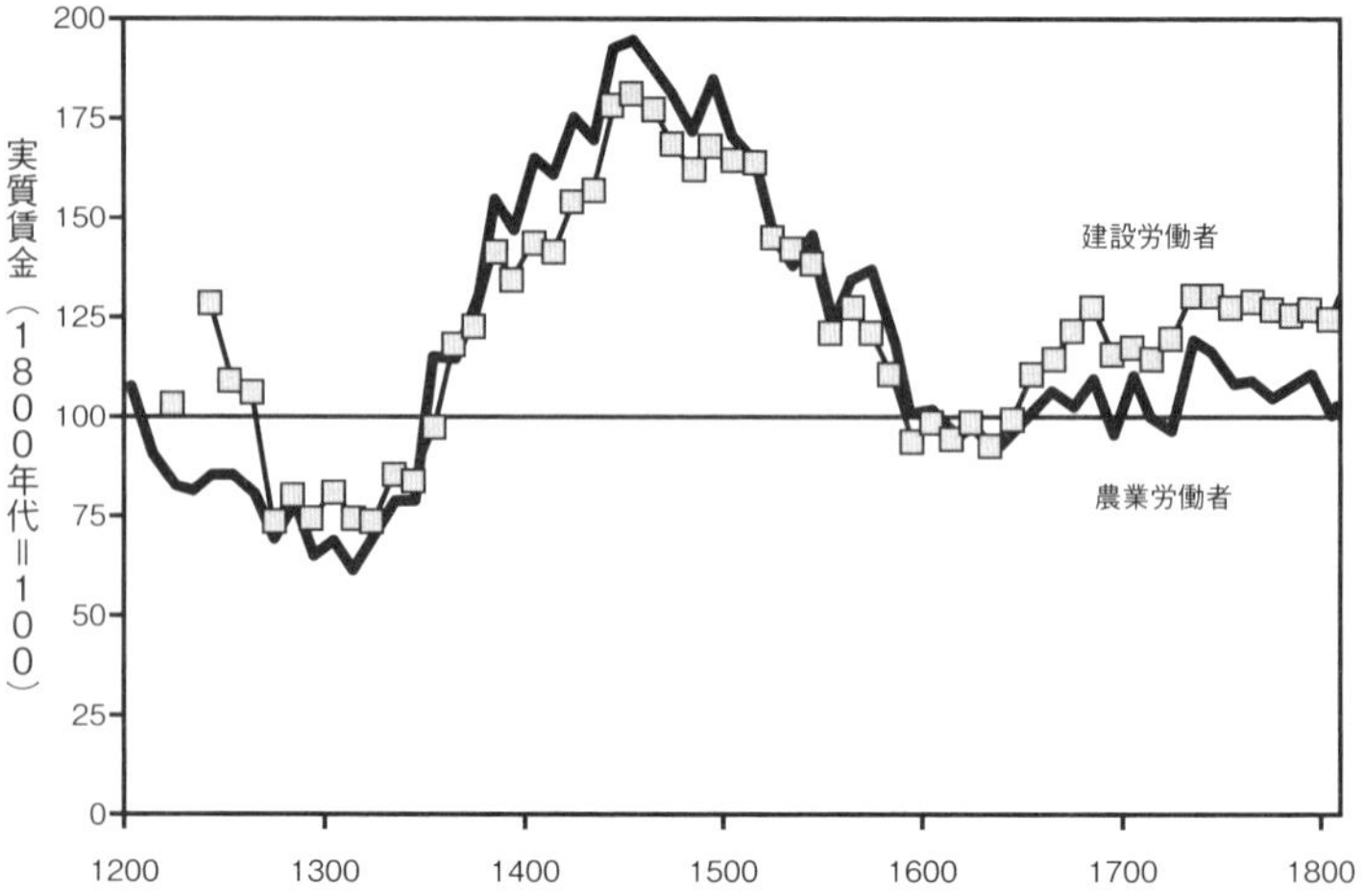

図7-2：イギリス労働者の実質賃金、1200〜1800年。1300年以後の急上昇は、黒死病に続く労働力の希少化によるもの　出所：クラーク『10万年の世界経済史』

よりヨーロッパ人口の半分ほどが失われた。マルサスの罠の世界では、疫病は少なくとも生き残った人々にとってはありがたいものだった。食わせる口が減れば、みんなの食事は改善し、労働が希少になるので労働者は賃金の上昇を享受できた。この潤沢な時代は一世紀続いたが、やがて人口が増えてマルサスの罠が再び人々を襲うこととなる。

農業の発明以来ほとんどあらゆる社会で、支配エリートを除くほとんどの人々はこうした過酷な条件のもとで暮らしていた。イギリスもおそらくは、一二〇〇年から一八〇〇年にかけてヨーロッパや東アジアのほかの農業社会と大差なかったはずだ。単にそのマルサスの罠の経済状況が異様にきちんと記録されていた点がちがうだけだ。

不思議なことだが、マルサスがその論説を書いたのは、イギリスがまさにマルサスの罠から逃れようとしていたときだった。ほかのヨーロッパ諸国もすぐに追随した。この脱出は、実に大規模な生産効率改善によって実現したものだ。おかげで労働者を追加すると、所得は制約されるどころかかえって向上するようになった。

この発展は産業革命として知られるものだが、経済史上で実に大きな出来事なのに、経済史家たちはこれをどう説明すべきかについてまったく合意できていないという。「多くの近代社会科学の起源は、一九世紀後半から二〇世紀にかけてのヨーロッパ人による、西ヨーロッパの経済発展の経路を独特なものにしたのは何なのかを理解しようという努力にあった。しかし、それらの努力からは、何ら共通の理解がもたらされていない」と歴史家ケネス・ポメランツは書いている。[※2] 一部の専門家たちは、人口動態こそが真の原動力だったという。ヨーロッパ人がマルサスの罠を逃れたのは、晩婚などの手法を通じて子づくりを抑えたからだというわけだ。また現代イギリス民主主義の創始、財産権確保、競争市場の発達、発明を刺激した特許などの制度変化を挙げる人もいる。さらに一七世紀と一八世紀の啓蒙時代から始まる知識の成長や、資本の容易な入手を挙げる人もいる。

こうした無数の説明と、どれ一つとしてあらゆる専門家が納得するものではないという事実は、まったく新しい説明カテゴリーの必要性を強く示唆している。経済史家グレゴリー・クラークは、自明ながらいまだ検討されていない可能性をあえて検討することで、そうした新しい説明を提案している。生産性が上昇したのは、人々の天性が変わったからだ、というものだ。

クラークの提案は、伝統的な考え方に刃向かうものとなる。というのも経済学者はすべての人を、どこにいようとも同じものとして扱いがちだからだ。ヨーロッパ人が初めて発見した頃のニューギニア社会が暮らしていた石器時代の経済が、ニューギニア人の天性と関係があったなどと主張する人はいない。同じインセンティブ、リソース、知識ベースを提供すれば、ニューギニア人たちだってヨーロッパ人と似た経済を発展させるだろう、とほどんどの経済学者は言う。

少数の経済学者たちは、この立場がかなり非現実的だということを認識して、経済のあらゆる財やサービスを生産し消費する、慎ましい人間個々人の天性こそが、その経済のパフォーマンスにある程度は影響するのではないかと考え始めた。そこで議論されているのは人間の性質だが、これは通常は単に教育と訓練という話だ。一部の人は、一部の経済がほかの経済とまったくちがう働きを見せる点は文化で説明できるのではと示唆したけれど、文化のどういう側面を考えているのかについては具体的に述べていない。まして文化の中には行動の進化的な変化も含まれているかもしれないとあえて述べた者はいない。とはいえ、その可能性を明示的に否定した人もいないのだが。

クラークの発想の背景を理解するにはマルサスに戻る必要がある。マルサスの論説はチャールズ・ダーウィンに深い影響を与えた。ダーウィンが進化理論の中心的なメカニズムである自然淘汰の原理を考案したのは、マルサスにヒントを得てのことだった。人々が餓死寸前で苦闘し生き残りをかけて競争しているなら、ほんのわずかな優位でも決定的なものになり、その優位性を持つ者がそれを子孫に伝えることになる、とダーウィンは気がついた。その子孫やそのまた子孫が栄え、ほかは消え去る。

ダーウィンは自伝にこう書いている。「一八三八年一〇月、つまりわたしがこの系統的な検討を開始した一五か月後、わたしはたまたまおもしろ半分で人口についてのマルサスの論説を読み、そして至るところで長期にわたり続けてきた動植物の習慣の観察から、あらゆるところで続いている生存をめぐる闘争を充分に理解できるだけの下地があった。おかげでそうした状況では有利な変異が保存されがちとなり、不利なものは破壊される傾向にあるのだ、ということに突然気がついたのだった。その結果が新しい種の形成となる。つまりここでついにわたしは作業を進めるための理論を得たわけだ」

ダーウィンの理論の正しさからして、自然淘汰がまさにその証拠をもたらしたイギリス人口に対しても作用していたことを疑うべき理由はない。そこで決定的な問題は、ずばり何のための性質が淘汰を受けていたのか、ということだ。

たまたまクラークは、一二〇〇年から一八〇〇年にかけてイギリスの人口において安定的に変化した行動を四つ記録しており、その変化が生じたメカニズムとして説得力あるものも提案している。その四つの行動とは、人間同士の暴力、識字率、貯蓄性向、労働性向だ。

たとえば男性の殺人率は、一二〇〇年には千人あたり〇・三人だったのが、一六〇〇年には〇・一人になり、一八〇〇年にはそれがさらに一〇分の一になった。[※3]この期間の冒頭ですら、個人的な暴力の水準は現在の狩猟採集社会に比べるとずっと低い。パラグアイのアチェ人たちでは、男性千人あたり殺人一五件という率が記録されている。

識字率は、結婚届けや法廷文書などで、自分の名前をXXで署名するかわりにきちんと綴れる人の割合から推計できる。イギリス男性の識字率は、一五八〇年に三〇パーセント程度だったのが、一八

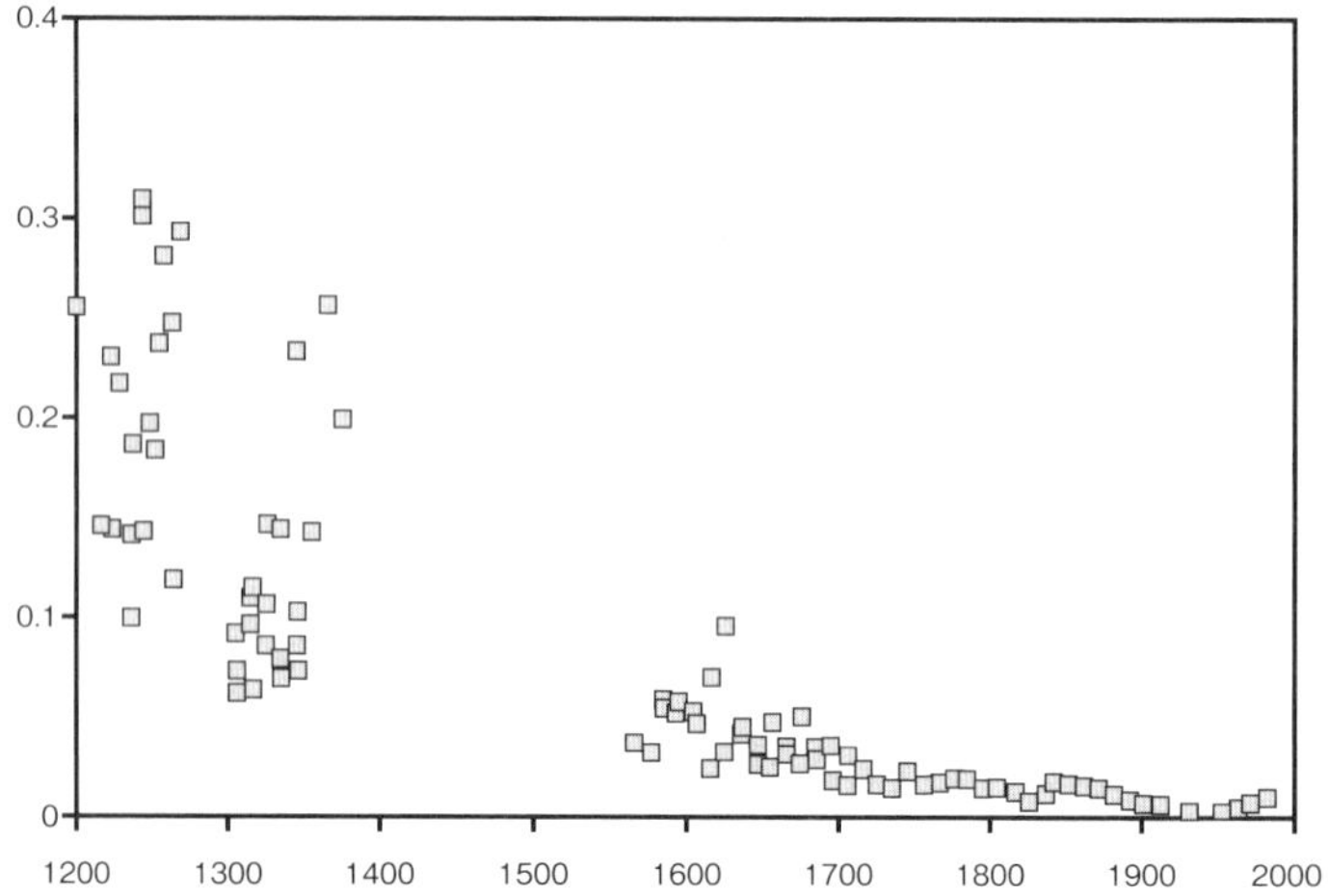

図7-3：イギリスの男性の殺人率、1190〜2000年
出所：クラーク『10万年の世界経済史』

〇〇年には六〇パーセント以上となっている。イギリス女性の識字率はもっと低いところ——一六五〇年に一〇パーセント——から始まったが、一八七五年には男性に追いついている。※4

労働時間はこの期間を通じて着実に増え、利子率は下がった。インフレとリスクを差し引くと、利子率はある個人が財の消費を現在から将来に遅らせることで、即時の満足を先送りするために要求する補償を反映したものとなる。経済学者はこれを時間選好と呼び、心理学者はこれを満足遅延と呼ぶ。子どもは通常は満足遅延があまり上手ではないので、時間選好が高い。有名なマシュマロテストで、心理学者ウォルター・ミシェルは幼い子どもに対し、いまマシュマロ一つをもらうか、一五分後に二つもらうかという選好についての試験をおこなった。この単純な決定が、実は実に遠大な結果を持つこと

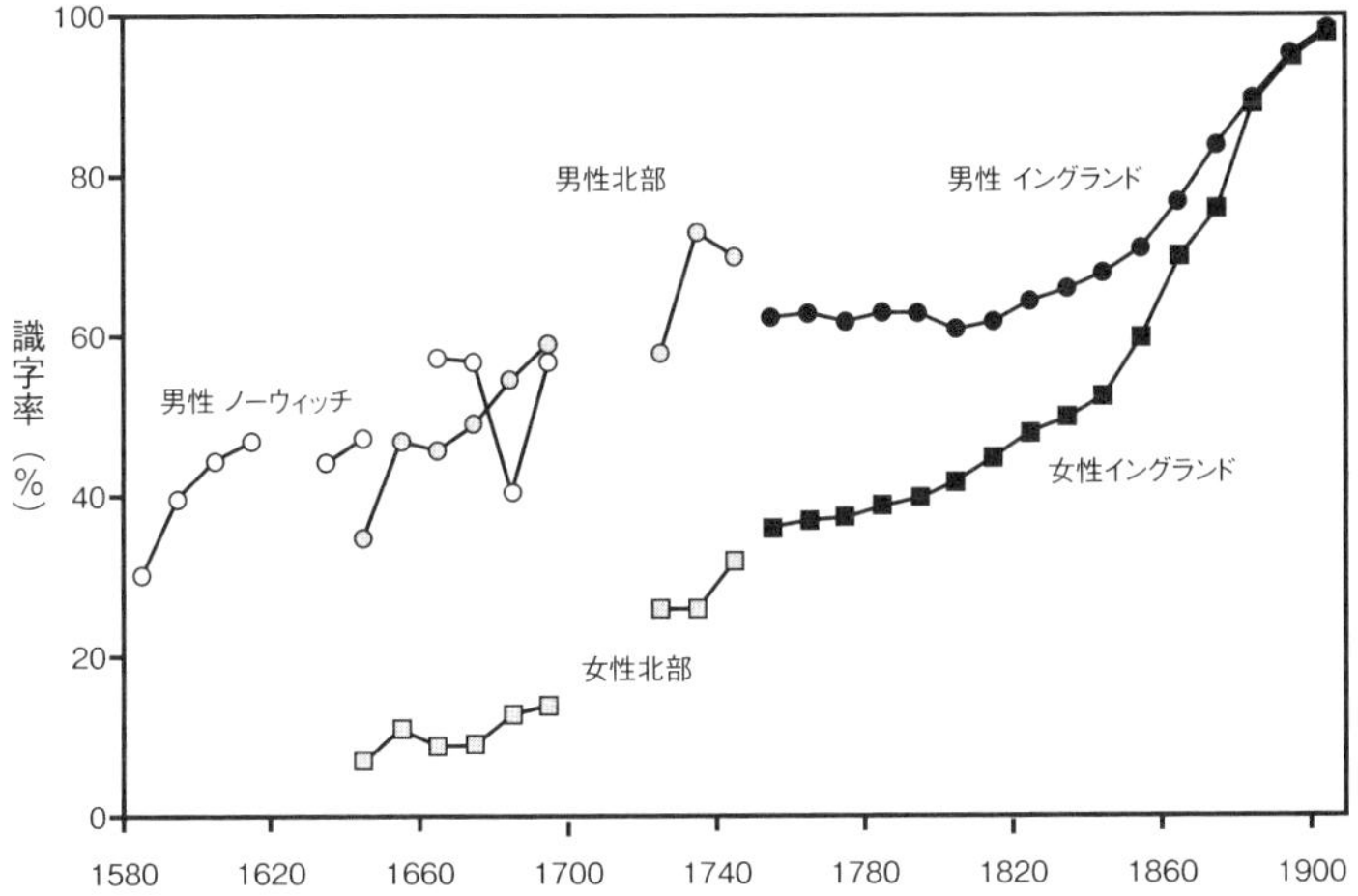

図7-4：イギリス男女の識字率、1580〜1920年
出所：クラーク『10万年の世界経済史』

がわかった。大きな報酬を得るために我慢できる子は、後の人生でも学校の成績が高く、社会能力も高かった。子どもはきわめて高い時間選好を持つが、年齢が上がり自制心が発達するとそれが下がる。たとえばアメリカの六歳児は時間選好が一日三パーセント、あるいは月に一五〇パーセントだ。即時の満足を遅らせるために与えられねばならない追加報酬がこの規模ということだ。時間選好はまた、狩猟採集民の間では高い。

利子率は歴史の最初期から、紀元一四〇〇年までデータのあるあらゆる社会においてはきわめて高く、一〇パーセントほどだった。その後、利子率は着実に下がる時期を迎え、一八五〇年には三パーセントほどになった。インフレなど利子率に圧力を加えるほかの要因がほとんどなかったので、利子率の低下は人々が以前ほど衝動的でなくなり、忍耐強く、貯蓄意欲を高めたということを示唆しているのだ、とクラークは論じる。

一二〇〇年から一八〇〇年にかけてのイギリス人口のこうした行動変化は、経済的に決定的な重要性を持っていた。それは暴力的で無規律な農民人口を、効率的で生産的な労働力に変えた。毎日定時に仕事にきて八時間以上の反復労働に耐えるというのは、自然な人間行動にはほど遠い。狩猟採集民はそんな職業に率先して耐えたりはしないが、農業社会は当初から畑での労働規律と、正しい時期に種まきや植苗をおこない収穫をするだけの規律を必要とした。おそらく、農業イギリス人口では一二〇〇年以前から規律ある行動が何世紀にもわたりだんだん発達しつつあったのだろう。一二〇〇年からはその記録があるというだけだ。

生産効率の増大は経済産出を大きく変える。人々の反映と生存は、経済産出次第なのだ。産業革命の飛躍前夜である一七六〇年には、一ポンドの綿花を布に換えるためには一八時間の労働が必要だった。一世期後にはそれがたった一・五時間になった。[※5]

効率上昇には技術改善が大きく貢献した。その差をもたらしたのは、リチャード・アークライトの水紡機やジェームズ・ハーグレイブのジェニー紡績機といった歴史家お気に入りの大発明ではなく、むしろ労働者たちが活用した、拡大する共通の技術知識プールに対する着実で継続的な改善の連続のほうだった。

クラークは、マルサス的な経済がこうした変化をイギリス人口にもたらした、単純な遺伝メカニズムを解明した。金持ちは貧乏人よりも生き残る子どもが多かったのだ。一五八五年から一六三八年に

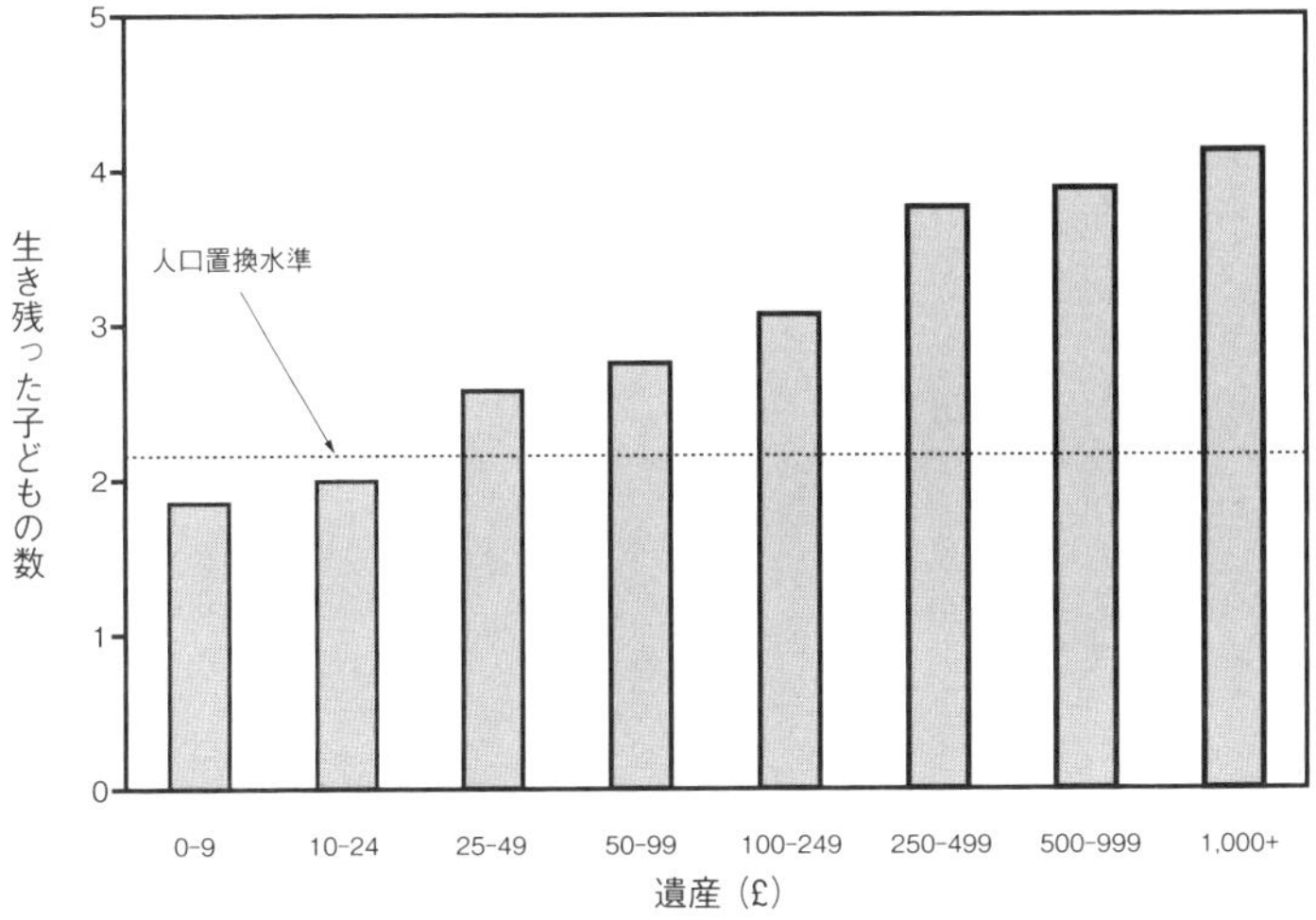

図7-5：生き残る子どもの数と遺産人の資産規模
出所：クラーク『10万年の世界経済史』

かけての遺言状の研究に基づき、彼は遺族に九ポンド以下しか遺さなかった遺言作成者は、平均で二人弱の子どもしかいなかったことを示している。遺族の数は資産とともに着実に増え、最も豊かな資産階級となる千ポンド以上の遺産を遺した男性は、四人強の子どもを残している。

イギリスの人口は一二〇〇年から一七六〇年にかけておおむね安定していた。この文脈で、金持ちが貧乏人より子どもが多かったということは、容赦ない社会的な階級下降という興味深い現象を生んだ。金持ちのほとんどの子どもは、数が多すぎて上流階級に居残れなかったために、社会的な階級としては下がるしかなかった。

この社会的下降は、親たちを金持ちにしたのと同じ行動の遺産を社会の下層にもたらすという、きわめて影響力の大きい遺伝的な結果を生んだ。中の上階級の価値観——非暴力、識字、倹約、辛抱強さ——はこうして低い経済階級にも注入され、社会全体に広がった。世代ごとに、それは社会全体の価値観となった。これがイギリス人口についてクラークが記述した、暴力の着実な低下と識字率の増加を説明してくれる。さらに、こうした行動は数世紀かけてだんだん登場してくる。この時間尺度は文化的な変化よりは進化的な変化に見られがちなものだ。

人間の社会行動に深遠な変化がほんの数世紀で進化したというのは驚くことに思えるかもしれないが、ドミトリ・ベリャーエフが家畜化についておこなった実験（これは以前述べた、もっとおとなしいラットや凶暴なラットを育成しようという実験だ）に照らせば充分可能なことだ。ベリャーエフはソ連の科学者で、当時ソ連の公式ドクトリンだったトロフィム・ルイセンコの反遺伝的な考え方に逆らって、進化を信じていた。僻地ノボシビルスクの研究所で、彼は古代の農民がたった一つの基準に従って野生動物を家畜化したという理論を検証し始めた。その基準とは、おとなしいかどうかだ。家畜とその野生の先祖とを区別する他のさまざまな性質——細い頭蓋骨、毛皮に白い斑点、垂れた耳——はおとなしさを選択する中で副次的についてきたものだ、とベリャーエフは想定した。

まずはギンギツネの中からおとなしい個体を選び始めた。これは自分の目の黒いうちに、古代農民が数百年かけて達成した変化を見られるという驚異的な賭けにでたということだ。でも八世代で、ベリャーエフは人間が近くにいても平気なギンギツネを培養できていた。実験開始のたった四〇年後、そして三〇世代から三五世代ほどの交配で、キツネたちは犬並におとなしく従順になっていた。そしてベリャーエフの予言通り、おとなしいキツネは毛皮に白い斑点ができて、耳も垂れた。そうした形質を特に選択したわけではないのにそうなったのだ。[※6]

ベリャーエフの研究は、ソ連国外には一九九九年まで伝わらなかったが、行動の深遠な進化的変化が、どれほどすばやく起こるかを実証したものだ。一世代に二五年とすると、一二〇〇年から一八〇〇年にかけて人間は二四世代を経たことになる。これはもし自然淘汰の圧力がかなり強いものなら、社会行動の大きな変化を引き起こすのに充分な時間だ。

もっと広い意味で言えば、こうした行動変化はイギリスの人口が市場経済に適応するにつれて起こった多くの変化のごく一部でしかない。市場は価格とシンボルを必要とし、識字能力や計算能力、象徴を使って考えられる能力には報酬を与える。クラークによれば「人口の特性はダーウィン的淘汰を通じて変わっていた。イギリスが最先端となったのは、少なくとも一二〇〇年、おそらくはそのずっと以前までさかのぼる長い平和的な歴史のおかげだ。中流階級文化が生物学的な仕組みを通じて社会全体に広がったのだ」。[※7]

経済史家は産業革命をかなり突発的な出来事だと考え、自分たちの仕事はそのすさまじい経済生活転換を生み出した歴史的条件を明らかにすることだと考えがちだ。でも深遠な出来事は、深遠な原因を持つのが通例だ。産業革命はその前の世紀に起きた出来事が引き起こしたのではなく、過去一万年にわたり農業社会でゆっくり進化しつつあった人間の経済行動変化により生じたのだった。

これでもちろん、なぜ産業革命の慣行が他のヨーロッパ社会やアメリカ、東アジアでは実に容易に採用できたのかが説明できる。こうした地域の人口は農業経済で暮らし、何千年にもわたりマルサス的な仕組みの同じ厳しい制約下で進化してきた。何か単一の資源や制度的な変化——ほとんどの産業革命理論でやり玉にあがるもの——が一七六〇年頃にこれらすべての国で効き始めたとは考えにくいし、実際そんなことは起きていない。

すると残るのは、なぜ産業革命は突然起きたと思われていて、なぜそれがすでに条件の満ちていた他の多くの国では起きずに、まずイギリスで起きたのか、という疑問だ。これらの疑問に対するクラークの答えは、イギリス人口の急増だ。イギリスの人口は、一七七〇年から一八六〇年にかけて三倍になった。この驚異的な人口爆発こそ、マルサスが人口に関する不吉な論説を書くきっかけとなったものだ。

でも悪徳と飢餓がもたらす人口激減というマルサスの陰気な予測（これはそれ以前の歴史段階であればいつでも当たっていただろう）とは裏腹に、この場合の所得は上昇し、経済が初めてマルサスの罠から逃れた事例となった。所得が上がったのは、イギリス経済の生産効率が一六〇〇年以来着実に高まっていたからだ。それが高い水準に達していたため、人口の急増と相まって、イギリス経済の産出が目に見えて増えた。イギリス労働者は、工場での労働のみならず、寝室での労働でもこの激増に貢献したのだ、とクラークはあっさり述べる。

イギリスがマルサスの罠から脱出したのを如実に示した人口激増は、クラークに言わせれば無関係な出来事だった。それは脱出を引き起こすのには貢献しておらず、単にすでに起きつつあったプロセスを増幅しただけだった。クラークはそれを、かつては出産時の死亡率がきわめて高かったのが一七世紀以降は激減したことに女性たちが気がついたせいだとしている。一六五〇年に、平均的な数の子どもを産んだ女性は、出産時の死亡率が一〇パーセントだった。このかなりのリスクは、一九世紀初期にはたった四パーセント強にまで下がった。一六五〇年には、女性の二〇パーセントは一度も結婚せず、結婚のリスクとして認知されていたものは、合理的な抑止要因となっていた。一八世紀初期になると未婚女性の比率は一〇パーセントに下がった。これと結婚年齢低下トレンドのおかげで、イギリスの出生率は一六五〇年から一八〇〇年にかけて四割増えた。※8

クラークの理論は経済史家や政治経済学者の主流の見方から大幅に逸脱している。多くの学者は世界の貧困や産業革命といった大問題の説明として制度を持ち出す。とはいえ、人によってお気に入りはちがう。知的財産権が好きな人もいれば、法治、議会民主制などが挙がることもある。クラークは、こうした説明のカテゴリーを丸ごと不充分として一蹴する。多くの初期社会は、世界銀行のエコノミストが願うような経済成長の前提条件をすべて備えていたが、どこも経済成長をとげなかった、とクラークは述べる。「経済史家は、このように奇妙な異世界に暮らしている。その日々は、現場でのあらゆる真面目な研究が否定しているビジョンを証明するのに費やされているのだ」。こうして彼らは「このますます締めつけが厳しくなる知的な死のスパイラルにとらわれている」。

クラークの本はおおいに話題となったが、その異端説のせいで、当然ながら多くの批判的な書評を受けた。一部の書評子はクラークの理論について、クラークが彼らの理論を一蹴したのと同じくらい即座に却下した。一部は、産業革命以前のイギリスが真にマルサス的な状態だったというクラークの想定に異論を唱えた。また一部は農業以前の人間の富をめぐるクラークの計算を疑問視した。それは現存する狩猟採集民から推測するしかなかったからだ。だが厳密な経済問題をどう考えるにせよ、進化的変化のメカニズムとしてクラークが提案したものに対しては、あまり攻撃はなかった。金持ちが生き残る子どもを残しやすく、その一部が社会階級を下るにつれて、遺伝子と行動を人口全体に広めた、というメカニズムだ。

その後クラークは、このメカニズムをチェックする独立手法を編み出して裏付けを得ている。その手法とは姓の広がりだ。姓は父から息子へ伝えられ、Y染色体と実質的に似たような形で広まる。妻が不倫を働かずだれも養子を迎えないとした場合には、姓は男性の遺伝子をたどるものとなる。そして不貞の子や養子は、中世イギリスでは稀だった。クラークは珍しい姓、たとえばバンブリック、チェヴェニー、レディフォード、スパチェット、トークラブといったものを二組、一五六〇年から一六四〇年のイギリスの記録をもとに追跡した。一組は遺言を残すほど豊かな男性、もう一組は、エセックスの裁判所で窃盗、密猟、暴力犯罪などで起訴された人々、つまりは最貧層と思われる人々だ。

珍しい姓の場合、その保有者の相当部分は親戚同士だ。クラークは、金持ち家族たちのほうが、貧困家族よりも世代を通じてずっと多くが生き延びたということを発見した。一八五一年だと、一五六〇〜一六四〇年の最富裕姓のうちで消滅したのはたった八パーセントだったが、起訴された姓のうち二一パーセントは消滅していた。貧困者は遺伝子プールから消されてしまうリスクが高いのだ。

でも、永続的な金持ちエリートがいつまでも生き延びるということではない、というのもクラークの発見だった。むしろイギリス社会では、かなりの社会階層移動がある。一五六〇〜一六四〇年に金持ち一家に所属していた珍しい姓の多くは、一八五一年になると中所得や低所得職業の人々の姓となり、以前に起訴されていた姓の一部は一八五一年には上流階級に上がっていった。

「姓が示す証拠は、工業化前のイギリスで経済的に成功する遺伝子が絶えず選択され、貧困者や犯罪者の遺伝子が絶えず選択されなかったことを裏付けている。経済的成功者の追加的な再生産上の成功は、後の人口における遺伝的構成に対して永続的な影響を与えた」とクラークは結論づける。[※9]

クラークのデータは、イギリスの人口がマルサス的な世界の厳しいストレスに対して遺伝的に対応したというかなりの証拠を提供してくれる。そして一二〇〇年から一八〇〇年にかけての社会行動変化が自然淘汰により形成されたという証拠にもなっている。イギリスの人口はまさに自然淘汰の力をダーウィンに示唆したものだったが、その自然淘汰がイギリスの人口に奇跡的に作用しなかったと主張したい人々のほうにこそ、いまや挙証責任は移っていると言えるだろう。

中国での遺伝的変化

中国では、幾世代にもわたる社会行動の変化をたどれるような類似のデータはない。でも人々は人口密度が上がるにつれて、明らかに厳しいマルサス的圧力にさらされた。一三五〇年から一八五〇年にかけて、人口は六五〇〇万人から四・三億人に拡大した。人口増大を抑えるものは、高い幼児死亡率と、出生率低下をもたらす栄養失調というマルサス的な制約だけだ。女児殺しが主要な出生抑制手段であり、結果として多くの男性は生涯結婚できなくなった。

その闘争の厳しさは、中国の相続慣習のおかげで拍車がかかった。中国では遺産の領地は、所有者の息子たちが均等にわけて相続するのだ。小金持ちの農民一家がいても、その息子たちはずっと小さな土地から出発するので貧困に逆戻りしてしまう。「それぞれの世代で、運がよかったり有能だったりして地位が上がる人々は少数いたが、大多数はつねに貧しくなり、そして底辺近くの一家はあっさりこの世から消滅した」とエッセイストのロン・ウンツは書いている。[※10]

成功した家族がその経済的な地位を長期的に維持するためには「それぞれの世代において、土地やそのご近所から、高い知能や鋭いビジネスセンス、重労働とかなりの真面目さにより、大量の追加的な富を抽出した場合だけなのだ」とウンツは書く。

多くの貧困世帯は消えたが、逆方向の動きもあった。専制主義的な構造ではあったが、その中で中国社会はそこそこ能力主義だった。官僚登用試験（科挙）は、原理的にはあらゆる成人男性に開かれていた。明朝（一三六八〜一六四四年）と清朝（一六四四〜一九一二年）の記録を見ると、官僚の最高位に就いた者の三割以上は平民一族の出身だ。

こうした力は、中国人口の遺伝や社会行動の形成にどう影響しただろうか。それぞれの世代で最貧の個人は排除されてしまったことを考えれば、きわめて強い淘汰圧があったのは明らかだ。勤勉で、適切な社会スキルを持ち、知的な選択をおこなった人々は、社会底辺からてっぺんへと数世代で到達できた。政府高官の富があれば育てる子どもも増やせたし、それで子孫の地位がまた下がるまでに成功遺伝子を増幅できたのだった。

一見すると官僚階級は莫大な人口に遺伝的な影響を与えるには小さすぎるようにも思えるが、官僚登用試験制度は何世代も続いていたし、その対象人口も当初は現在よりずっと小さかった。この制度をかなり未発達な形とはいえ、最初に導入したのは紀元前一二四年の武帝だ。多数の世代を経て、豊かな人々のますます多くの子どもたちが社会階層を下るにつれて、上流階級の価値観は社会全体に広まっただろう。

でも受験者たちは、独創性はまったく評価されなかった。試験は中国古典とそれに対する形式化された註釈の丸暗記に基づいていた。「こうした普遍的な試験の制度は、上級官僚の委員会がつくった試験問題によるものであり、態度と意見のすさまじい均質性を確立したのは明らかだ」と科学社会学者トビー・ハフは書く。[※11]この制度の影響はおそらく、すぐれた記憶力と高い知性と、浮動の従順性を選択することだっただろう。

それぞれのサイクルで、中国人口は生存技能が豊かになった。同時に、専制主義政権はちがう意見を無慈悲に弾圧した。これは今日も同じだ。この独特な圧力が中国人口に二千年、あるいは八〇世代ほどかけられたので、その進化的な結果は中国人を独特な人口に仕立てた。中国のマルサス的社会が形成した行動の一つは高い知能かもしれない——中国人はヨーロッパ人に比べ、ＩＱテストでは得点が高い（朝鮮人と日本人もそうだが）。もう一つの行動が、従順さかもしれない。

家畜化の長い円弧

一二〇〇年から一八〇〇年にかけてのイギリス人口のブルジョワ化は、はるか昔の前回の氷河期に始まった長い進化プロセスの中で、たまたま記述可能だったほんのわずかな一断面でしかない。そのプロセスはわれわれのはるか祖先を文明化し、無秩序な略奪者の蠢く集団だった人間を、一緒に定住できる程度に平和的な人間へと転換させたのだ。

このプロセスは家畜化とも呼べる。というのも人間の化石から判断すると、それは最初の農民たちによる動物種の家畜化と並行して起こったらしいからだ。すでに述べたように、ヒトの頭蓋骨や骨格は、四万年ほど前から軽くて華奢になった。まるでその所有者たちがもはやしょっちゅう争ってばかりいなくなったので、もっと軽い骨の構造でも大丈夫になったかのようだ。

こうした骨の軽量化は遺伝に基づくプロセスだが、ブタや牛がその野生の先祖から家畜化されるにつれて、化石で見られるプロセスでもある。ヒトだとこのプロセスは華奢化(gracilization)と呼ばれるが、自然人類学者マーサ・ミラゾン・ラールによると世界の人口集団それぞれで独立して進行した。[※12]すべての人口集団は、人間移住の両極端にいる二集団、南米の先っぽにいるフェゴ人とオーストラリアのアボリジニを除き、このトレンドに従っている。頭蓋骨の華奢化はサハラ以南のアフリカ人と東アジア人で最も顕著で、ヨーロッパ人はかなりの堅牢性を残している。[※13]

家畜動物だと華奢化は飼い慣らしプロセスの副作用の一つだ。この一般的プロセスは幼形進化と呼ばれ、子どもの形態に向かうトレンドだ。だから犬の頭蓋骨と歯はオオカミよりも小さく、その頭蓋骨は子どものオオカミに似ている。

ヒト頭蓋骨の華奢化は、霊長類学者リチャード・ランガムによれば、家畜に見られる華奢化とそっくりだ。もしこれが人間の家畜化の副作用なら、その飼い慣らしをやっているのはずばりだれなんだろう？　ランガムの示唆では、明らかな答えとして人々は自分たち自身を飼い慣らしたのであり、あまりに暴力的な個人を殺したり村八分にしたりすることでそれをおこなったのだ。さらに、この古代プロセスはいまだに続いているとランガムは考える。「目下の証拠を見ると、わたしたちは進化的な出来事のまっただ中にいるのだと思います。歯が小さくなり、あごの大きさが小さくなっているし、ヒトが引き続き自分自身を飼い慣らしていると想像するのは至極当然だろうと思います」とランガムは語る。[※14]人々が先祖よりもはるかに飼い慣らされた証拠らしきものは、あごが小さくなっていまやプログラムされている歯を全部おさめる余地がないため、親知らずをしばしば抜く必要があるということだ。

人間の飼い慣らしプロセスについてもう一つの洞察は、まったくちがう視点からのもので、社会学者ノルベルト・エリアスが提唱したものだ。迫る第二次世界大戦の影の中で研究を進めていたのに、エリアスは中世以来のヨーロッパで暴力が減少していることに魅せられた。注目したのは、国同士の戦争ではなく、日常生活での暴力だ。個人暴力の減少は人口の長期的な心理変化、つまり自制心の成長によるものだ、と彼は主張した。

エリアスの分析出発点は、ルネサンスの学者エラスムス著『子供の礼儀について』といった礼儀正しさに関する中世の論考だった。一六世紀には、ヨーロッパ人の日常社会行動は醜悪なんてものではなかった。よいエチケットを説明した本が、テーブルクロスで鼻をかむなとか、食べるときにババリアの田舎者みたいに鼻を鳴らしたり唇で音を立てたりするなとか助言しなければならないような社会だ。食事は手づかみで、フォークは奇妙な贅沢品だった。ハンカチもちり紙も使わずに手鼻をかんだ。多くの肉体的な用足しを公開の場でおこなった。他人の苦痛に対する配慮はないも同然。公開処刑もよくおこなわれ、それに先立ち、拷問や手足切断もおこなわれた。人々は何も考えずに動物に対して残酷に振る舞った。

一六世紀パリの有名な真夏のお祭りが、ネコを一ダース、生きたまま焼き殺すイベントだった。通常は王様と女王も列席し、王様か王子が薪の山に火をつける。そしてネコは頭上のバスケットから炎の中に投じられ、群集はその悲鳴に大喜びした。

「もちろんこれは、異端信者の火あぶりや、各種の拷問や公開処刑に比べてことさらひどい見世物というわけではない。それがひどく思えるのは、生きた生物の拷問を喜ぶ様子が実に赤裸々で何一つ目的がなく、理性の前に一切の言い訳ができない状態となっているからだ。この制度の報告だけでわたしたちが感じる嫌悪感は、今日の感情制御の基準からすれば〝正常〟と理解すべきものだが、まさに長期的な人格構造の変化を実証するものとなる」とエリアスは書く。[※15]

エリアスは、中世から現代にかけて社会全体で感受性の高まりと繊細なマナーへのシフトが起こったと論じている。この文明化プロセスの根底には、自覚と自律性の拡大に対する心理的なシフトがあるとエリアスは考えた。この人格構造の変化の原因の一部は、国による武力の独占のせいだとエリアスは述べている。つまり個人は自衛のために暴力に頼る必要が減ったわけだ。別の理由は、都市社会での相互のつながりの増大で、これは個人がますます自分のおこないを他人と協調させ、つまりは自分の行動を穏健化せざるを得ないということだ。

エリアスは自分の議論を数字で裏付けられなかったが、その数字を大量に提供してくれたのは、心理学者スティーブン・ピンカーによる歴史を通じた暴力に関する大部の調査だ。二〇世紀は空前の暴力的な世紀だったという一般的な信念とは裏腹に、個人の暴力も戦争での死者数も、記録があるかぎり一貫して減少しつつあるのだ、ということをピンカーははっきり示す。

国家間の暴力で見ると、戦死者の比率は考古学と人類学の証拠から見て、国家以前の社会のほうが、その後の社会よりもずっと高い。国家以前の社会ではその比率は一五パーセントだが、二〇世紀前半ではたった三パーセントに下がる。二〇世紀前半というのは両世界大戦を含む時期だ。[※16]

個人の暴力もまた、着実に低下している。一二〇〇年から二〇〇〇年にかけて、人口一〇万人あたりの殺人率は、ヨーロッパ五か国で九〇人からたった一人強にまで下がった。[※17] 暴力低下と並行して、他人の痛みに対する同情も一般的に高まった。人々は魔女の嫌疑で女性を火あぶりにしなくなった。イギリスで最後に魔女が火あぶりになったのは一七一六年だ。司法での拷問もヨーロッパでは一六二五年から次第に廃止された。[※18] 最後に同情によって奴隷制廃止も起こった。

文明化プロセスの主要な原動力は、武力がますます国家に独占されるようになったことだ、という点でピンカーはエリアスに同意している。それにより個人間の暴力の必要性が減った。また、都市化と商業により他人との相互作用が増大したことも大きな原動力だ。

次に興味深い問題は、もっと抑制された行動への長期にわたる行動シフトに遺伝的な基盤があったかどうか、というものだ。一万五千年前までのヒト頭蓋骨の華奢化はほぼ確実に遺伝的な基盤があった。そしてクラークは、イギリス人口が粗野な農民から生産的な市民へと一二〇〇年から一八〇〇年にかけて形成されていったのも、この進化的プロセスの継続だという説得力ある議論をおこなっている。ピンカーによる大量の証拠の集積から見て、自然淘汰は人間の気質を和らげるのに強く働きかけており、それはまともなデータがある最初期からごく最近まで続いているようだ。

ピンカーが読者に強く示唆するのもこの結論だ。彼は、マウスがたった五世代でずっと攻撃的になることを指摘し、その逆も同じくらい急速に起こるという証拠だとしている。ヒトの遺伝子でも、第三章で述べた暴力を促進するMAO－A変異などが簡単に変調できて攻撃性を抑えられることを述べている。そして双子の研究をもとに、暴力がかなり遺伝的であり、したがって遺伝的な基盤を持つはずだということも指摘している。だからピンカーは「人間の集団が、人種や民族集団や国民が分岐したずっとあとの最近の数千年やひょっとすると数世紀でも、ある程度の生物学的進化を経たという可能性を否定するものは何もない」と述べる。[※19]

でも最後の最後になって、ピンカーはそれまで実に強力に示唆してきた結論、つまり人間の集団が過去数千年で暴力性を下げたのが、低い暴力に向かう長い進化的なトレンドの続きなのだという結論に背を向ける。進化心理学者（ピンカーもその一人だ）は、ヒトの心が一万年前の環境に適応してお り、その後変わっていないという立場を堅持してきたのだ、とピンカーは述べる。

でもその後もほかの多くの形質が進化してきたのだから、人間行動だけが例外だという理由はないのでは？　うん、でもそうなったら政治的にはえらく不都合だよね、とピンカーは述べる。「そうなったら、先住民や移民人口は千年にわたり文字を使う国家社会に暮らしてきた集団に比べ、生物学的に適応性が低いという不穏な含意が生じてしまう[※20]」。

ある理論が政治的に不穏かどうかは、その科学的な有効性の評価にはまったく影響すべきではないはずだ。ピンカーがしっかりした科学的議論を迂回すべく、最後の最後でこんな主張を持ち出してくるというのは、ピンカーほどの地位と独立性を持った研究者ですら真実をあまりに追及しすぎると政治的に危険だということを、読者に対して暗黙に認めているようなものだ。

そして手のひらを返したように、ピンカーはここで過去一万年の暴力減少が進化的な変化だという証拠はないと主張する。この公式な結論に到達するため、彼はそうした進化的な変化があったというクラークの証拠に反論せざるを得ない。でもそこで持ち出される一連の議論は、あまり決定的とは思えない。クラークが中流階級価値観の普及メカニズムとして提案したものは、金持ちが最近までは貧乏人よりも生き残る子どもが多かったという事実に基づいている。ピンカーは、これがあらゆる社会に当てはまるもので、後に産業革命へと突入した社会だけに見られるものではないと反論する。でもこれはまさに、産業革命がほかの国に広がるためにクラークの理論で必要とされていることなのだ。このメカニズムは、どんな場所であれ産業革命が起こるための前提となる。産業革命が他のヨーロッパや東アジアなどではなくイギリスで起きた理由を説明できるような固有の引き金は、イギリスの人口が急増したことだった。

ピンカーはさらに、中流階級価値観の選択が最近おこなわれていない中国や日本のような国でも、驚異的な経済成長を実現できると指摘する。でもこの両国とも、長く続いた農業国であり、イギリスと同じくマルサス的な制約のもとで、勤勉で貯蓄を増やした人々が有利な環境となっていた。こうした国々が現代経済に移行するのを阻んでいたのは制度的な障害だけで、そうした障害が除かれたとたん、どちらの経済も急成長した。最後に、ピンカーはイギリス人が産業革命を享受していない国の住民に比べ、先天的に非暴力的だということをクラークが証明できていないとあげつらう。暴力の根底となる遺伝子がほとんど解明されていないことを考えれば、これは批判として不当に思える。それでも、アメリカ、ヨーロッパ、中国、日本の殺人率は一〇万人当たり二人以下だが、サハラ以南のアフリカ諸国の大半では一〇万人あたり一〇人を越える。このちがいは発展の遅れた国での暴力の多さについて、遺伝的な要因を証明するものではないけれど、そうした説明の余地を与えるものではある。[※21]

クラークの理論が究極的に証明されるには、ヨーロッパ人や東アジア人が現代経済に移行するために必要とされる社会行動を仲介した新しい対立遺伝子が発見されればいい。でもそうした遺伝子はおそらくいろいろあって、それぞれがごくわずかでほとんど検出できない影響を与えているはずなので、それが明るみに出るまでには何十年もかかるかもしれない。

それまで、クラークの進化的変化理論は、現代社会を理解するための強力な説明スキームを提供してくれる。特にフクヤマが発展させた政治制度の理解と組み合わせると非常に強いものとなる。現代国家への転換を完了していない国々は、人間の政治システムのデフォルト状態、つまりは部族主義システムを維持しているわけだ。

部族社会

アフリカと中東の相当部分は、いまだにほとんど部族社会のままだ。部族的な組織は現代国家とは相容れないので、部族主義は厳しい評判がつきまとう。でもそれさえなければ、政府も法廷も警察も法律書もなしに、荒っぽいながらも社会的秩序を確保するための驚くほど見事な手法ではある。

中東のアラブ圏では、部族主義は集団保護の発想に基づいている。市民が正義を求めてそれを確保できるような司法システムを政府が提供しない場合、人々は代わりに親戚に頼る。何か不当な目にあった人は、親族の応援を受けて、自分を不当な目にあわせた相手に対抗しようとする。親族は家族だけかもしれず、拡大家族、あるいは全部族のこともある。これはその紛争がどこまでエスカレートするか次第だ。その糾弾された相手のほうも、似たような規模の集団が後ろ盾となる。争いが生じるだろうが、でも対立する二集団が和解しようという誘因もたくさんある。だいたい同じくらいの数だし、それぞれの中には、相手の集団内に親戚がいる人も同じくらいいるはずだ。その個人の権利はこのように守られるが、それは法への訴えや正式な司法プロセスによるものではなく、武力の脅しによる。

この仕組みが機能するのは、それぞれの個人が他人に対抗するにあたり、自分にどんな費用がかかろうとも所属集団を支持する義務があると感じるからだ。対立の中で一家や部族を支持しないとメンツが失われ、自分が不当なめにあったときに集団からの将来的な支援が得られなくなりかねない。

部族システムは平等で個人主義で、不当行為に対する救済を最低限の官僚手続きで確保できる。こうしためざましい利点にもかかわらず、そこには大きな欠点もある。それは武力と集団の忠誠心に依存しており、法には依存していない。子どもはきわめて幼い頃から、自分たちの集団がつねに正しく、何があろうと支持されねばならないと教わる。大人たちは古代のルールに従う。最も身近な親戚集団を、もっと遠くの集団に対して支援せよ。国の政策になると、部族主義の精神は「権力独占、敵の無慈悲な弾圧、利権蓄積」ということになるのだ、と遊牧部族を研究するマギル大学人類学者フィリップ・サルツマンは書いている。「要するにこれは、専制主義と圧制の温床だ[※22]」。

中東は、もちろん完全な部族社会ではない。大都市もあるし、都市化された人口と政府もある。でも中東の政府はサルツマンによれば、伝統的なオスマン時代の、おおむね搾取的な存在となっている。市民からは税金を取りたてるが、そうやって搾取された市民を他の簒奪者から守る以外にはほとんどサービスを提供しない。多くの人は、いまだに正義のためには部族システムに頼っている。政府は何もしてくれないからだ。

現代的な制度を発達させられなかったので、中東には経済停滞が生じている。この地域は一九八〇年以後二五年にわたり経済成長がない。[※23] アラブ諸国は西側制度の形だけは発展させたが、その実践はいまだにできていない。「あらゆるアラブ諸国は、民主プロセスを拡大し深め、市民たちが公共政策の起草に平等な立場で参加できるようにしなければならない」とアラブ諸国の発展に関する国連報告を書いたアラブ系著者たちは述べる。「エリートが支配する政治システムは、いかに民主主義的な形式で飾り立てたところで、あらゆる市民にとって人間の安全保障をもたらすような結果は生み出せない」と彼らは予言する。[※24]

なぜ部族主義が中東では続いたのにヨーロッパでは消えたかという問題は、中東を過去二千年にわたり支配したビザンチン帝国、アラブ帝国、オスマン帝国の性質と関係している。どの帝国も市民の福祉などたいして気にしなかった。ビザンチン帝国は重税を課したのできわめて不評であり、だからこそビザンチン帝国が停滞したときにアラブ帝国が成功することになった。その後近東支配においてビザンチン帝国に続いたウマイヤ朝とアッバース朝の何よりの関心は、イスラム支配地の着実な拡大だった。その後アラブ帝国に続いたオスマン帝国は、純粋な収奪マシンだった。帝国の領土が依存している兵たちに支払いをおこなうため、絶え間なく新しい征服と収奪をしなければならなかった。こうした状況で、人や財産の安全保障はつねに低いままだった。イギリスで、もっと暴力性の低い識字能力の高い人々が繁栄し、自分と似た子どもたちをもっと増やせるようにした、安定したラチェット機構に相当するものは何一つなかった。そこの住民にとっては、国よりも部族を信頼するほうがつねに合理的だったので、中東では部族主義が決して消えなかったのだった。

アフリカでもまた、部族主義が継続しており、現代社会とはなかなか折り合いをつけられていない。アフリカの大半を通じて政府の標準様式は泥棒政治だ。権力を得た人はみんな、それを使って自分の家族や部族を豊かにする。これは部族システムでの権力の使われ方として昔ながらのものだ。アセモグルとロビンソンが定義した収奪的制度はアフリカにはびこっており、特に天然資源が豊かな国でその傾向が強い。

西側国から四千億ドルもの援助を受けながら、多くのアフリカ諸国は植民地支配のもとにあった頃よりほとんどマシになっていない。汚職がはびこっている。貧困者のための多くのサービスは、エリート層に吸い上げられてしまい、意図された受益者たちにはスズメの涙ほどしか残らない。一部のアフリカ諸国は一九八〇年はおろか、場合によっては一九六〇年よりも一人当たり所得が低い。「アフリカの八億人のうち、半分は一日一ドル以下で暮らしている。就学率が下がっていて、文盲が当たり前となっている唯一の地域だ。(中略)そこはまた期待寿命が下がっている唯一の地域でもある」とジャーナリスト兼歴史家のマーチン・メレディスは書いている。

問題の根底にあるのは、メレディスの考えでは、アフリカの指導者たちが有効な政府をつくれなかったということだ。「アフリカはその大立者や支配エリートたちの手の中で、絶望的なほど苦しんできた。その連中が専心しているのは、何よりも自分を豊かにするために権力を手に入れることだ。(中略)彼らが獲得した富の大半は、豪勢な暮らしで浪費されたり、外国の銀行口座にしまいこまれたり、外国投資に姿を変えたりして貯め込まれている。世界銀行の推計では、アフリカの民間の富の四割は、外オフショアに置かれている。こうした蓄財への殺到は、社会のあらゆる水準で腐敗が蔓延する文化を生み出してきた」[※25]。

資本逃避と同じくらい深刻なのが、有能で教育を受けた人々の逃亡だ。「最近アフリカを訪れる白人に対する最もありがちな依頼は、特に若者から、ヨーロッパやアメリカの査証入手を手伝ってくれというものだ。毎年この大陸からは七万人ほどが逃亡していると報じられている」と別のジャーナリストであるパトリック・ダウデンは書いている[※26]。

サハラ以南のアフリカは、頻発する暴力に苦しめられている。その三分の一の国が、現時点で紛争に関わっているのだ。スーダンは一九五六年の独立以来、一連の内戦から脱けられずにいる。コンゴは果てしない悲惨の地域だ。ナイジェリアは原油の呪いを受けて、汚職の大海が地域紛争で悪化している状態だ。

こうした各種の深刻な問題にもかかわらず、この地域のGNPは最近成長を始め、二〇〇〇年から二〇一一年にかけて年平均四・七パーセントずつ拡大している。GNP増大は、いまだに残るすさまじい格差を隠すものではあるけれど、持続可能な成長を示唆するような長期トレンドもいくつかある。人口過剰は通常はよいことと思われていないが、人口圧はヨーロッパと東アジアでは都市化に大きな役割を果たしたのに、アフリカではまだそうなっていない。でもこれは変わりつつあるようだ。世界銀行のエコノミスト二人、シャンタヤナン・デヴァラジャンとヴォルフガグ・フェングラーによれば「世界銀行が高所得と判断する水準に、都市化が進まない状態で到達した国も地域も一つもない。アフリカの人口は伝統的にほとんどが地方部だったが、サブサハラアフリカの都市は驚異的な勢いで成長している」。彼らの予測では、あと二〇年で地域の人口の大半は都市住民となる。これは世界のほかの部分でもそうだ。[※27]

エジプト、メソポタミア、中国、アメリカで最初の文明を生み出したのは、都市化と帝国構築だった。現代国家を構築するためにアフリカも同じ道をたどる必要があるかどうかは、まったくわからない。でもアフリカ大陸で激しい圧力が作用しているのは明らかだし、人々はそれに適応するだろう。その適応の一つが部族主義の低下かもしれない。

生産的な西側式経済を運営するのが単なる文化の問題なら、アフリカや中東諸国が東アジア諸国とまったく同じように、西側の制度やビジネス手法を輸入して適応できるはずだ。でもこれは明らかに、簡単な作業ではない。当初は植民地主義の邪悪がいけないのだと言いつのることも正当化できた。でもいまやアフリカと中東からほとんどの外国勢力が引き上げてから、二世代以上も経っているので、この説明の力はある程度弱まってしまった。

部族的な行動は、文化に規定される行動よりもずっと根深い。その長命と安定性は、遺伝的な基盤を強く示唆している。これは意外でもなんでもない。部族というのは人間の社会制度としてデフォルトだからだ。部族主義が生得的に組み込まれていることを考えれば、東アジアや、後のヨーロッパ人たちがその致命的な掌握から逃れるのに何千年もかかったのかは説明がつく。そこから脱出できたことこそが実に予想外なのであって、アフリカや中東の人々がこれまで部族的な政治行動という古代の遺産を捨てる機会がなかったというのは、それほど意外ではないのだ。

部族主義と貧困からの脱出

現代工業世界への参入には二つの主要な要件がある。最初は、社会が人間のデフォルトである部族主義制度から逃れる、少なくとも相当程度まで逃れられるような制度を発達させること。部族主義は、血縁を核にしているので、現代国家の制度とは相容れない。部族主義からの脱出はおそらく、人々が家族や部族以外の人に対しても高めの信頼水準を抱くといった行動を発達させなければならない。進化上必要とされる第二の変化要件は、その人口集団の社会傾向が、多くの狩猟採集民や部族社会で典型的な、暴力的で短気で衝動的な行動から、東アジア社会や産業革命前夜にイギリス労働者についてクラークが記述したような、もっと規律ある将来を見据えた行動に変わることだ。

三大人種を見ると、それぞれが局所的な状況に適応する中で、ちがう進化的な道筋をたどった。言うまでもなく進化的な観点からすると、どの道筋が特によいというわけではない――自然の唯一の成功尺度は、それぞれがその局所的な環境にどれほどうまく適応するかということだけだ。

まずはコーカソイドを考えよう。これはヨーロッパ人、中東人、インド亜大陸の住人（インド人とパキスタン人）を含む人口集団のくくりだ。ほとんどのヨーロッパ諸国は、イギリスに続いてほぼ即座に現代経済へと移行した。その人口集団はイギリスと同じく、はるか昔に部族主義を捨てていた。ヨーロッパ人たちは長いこと、クラークがイギリスについて記述したのと同じマルサス的経済に暮らしていたのだ。ものの数十年で、その国もイギリス式生産手法を輸入し、現代経済を発達させた。だから産業革命は、それに先立つ変化がヨーロッパや東アジア一帯でも起きていたことを考えれば、特にイギリスだけの現象ではない。産業革命がたまたまイギリス経済で最初に登場したのは、まったく関係ない理由――さっきの述べた人口の急増――のためだったのだ。

なぜ産業革命は、労働や土地や資本市場の面でイギリスと大差なかった中国や日本には、それほどすぐに広まらなかったのだろうか？ クラークによれば、中国や日本の上流階級はイギリスの上流階級ほど子だくさんではなかったので、ブルジョワ価値を人口に広めるための原動力が、東アジアではちょっと遅めにしか効かなかったのだという。[※28] これに対して経済史家ケネス・ポメランツは、ヨーロッパと中国には重要なちがいはほとんどなかったけれど、イギリスはカリブ海とアメリカの植民地へのアクセスがあったために、中国を押しとどめていた制約を脱出できたのだと論じる。その結論は「市場外のさまざまな力とヨーロッパ外の諸々の複合状況こそは、ほかには何の変哲もない中核の一つであった西ヨーロッパが、唯一、ブレイクスルーを達成し、人口を激増させながら前例のないほど高い生活水準をも実現して、一九世紀の新しい世界経済の特権的中心としての地位を固め得た最も重要な原因であった」というものだ。[※29]

進化的な観点からすると、ヨーロッパと東アジアの集団は、その農業経済がマルサスの罠から逃れようとする淘汰圧により、すでに呼び水が入った状態になっていた。移行が始まるきっかけとなったのが、どの特定要因や事象だろうと、話はたいして変わらない。どうも東アジアの進歩を妨げたのは、人間性よりは制度だったようだ。中国、日本、朝鮮の人々は、必要な制度さえ整えば産業革命を受け入れる用意が完全に調っていた。日本の場合、それは一八六八年明治維新以降だった。中国では、鄧小平が一九七九年より導入した改革だった。

東アジアの集団の中で、朝鮮では歴史が示唆的な対照実験をおこなってくれた。北朝鮮人と韓国人は、遺伝的にはとてもよく似ているが、北朝鮮人は貧しく、韓国人はアジアの虎と呼ばれる、ポストマルサスの現代的で繁栄した経済を発達させた。ちがいは、明らかに両国の遺伝子や地理ではなく、同じ社会行動の集合が良い制度も悪い制度も支えられるという事実にある。南北分割後、北朝鮮は共産主義制度を導入し、世襲エリートの支配する中央統制経済を採用した。北朝鮮には財産権も信頼できる司法制度もなく、国が好き勝手に財産を接収できるから、人々は将来に投資するインセンティブもない。その国民は国家プロパガンダ以外の教育を否定されている。これに対して韓国は、最初の二代にわたる専制主義指導者の方針で市場経済に向かった。

二〇一一年に韓国は、北朝鮮のかつての同朋たちの一八倍近くも豊かになった。一人当たりGDPは、北朝鮮が一八〇〇ドルに対して韓国は三万二一〇〇ドルだ。経済学者ダーロン・アセモグルとジェームズ・A・ロビンソンの著書『国家はなぜ衰退するのか』の記述では「文化も地理も無知も、北朝鮮と韓国の道筋がこれほどわかれた理由は説明できない。答えを見つけるには制度を見るしかない」。[※30]

中国、日本、韓国が、ひとたび適切な制度が整ったら易々と現代経済を発達させたという事実は、そこの集団がヨーロッパと同じく、イギリスについて記述されたものに相当する行動変化をとげていたという証拠だ。

中国の集団に対するもう一つの大きな影響が都市化だ。都市は識字能力、象徴操作能力、高い信頼に基づく交易ネットワークに報いる環境だ。都市化が長引けば、都市生活技能を身につけた者たちは子どもも増え、人口は都市生活への適応を達成した遺伝変化をとげたはずだ。西洋諸国では、金持ちは今や少子化しており、中国も一人っ子政策を持っているので、どちらもちがう進化上の力を生み出す。でも現代になるまでは、ヨーロッパでも東アジアでも、集団はおそらく金持ちが生き残る子どもを多く持てることで形成されてきたはずで、これまた富のラチェットの実例となる。

三大人種の三番目である、サハラ以南のアフリカ集団に目を向けよう。こうした国々の現代経済への移行はずっとゆっくりしたものとなった。アフリカは貧困、疫病、戦争、汚職で大きく足を引っ張られている。大量の外国からの援助にもかかわらず、生活水準は植民地支配時代からたいした改善を示していない。いくつかの国では最近になって経済が急成長したが、それでもまだ東アジアやヨーロッパとのギャップ拡大は止まっていない。

でも五〇年前には、アフリカ人は多くの東アジア人と同じくらいの貧しさだった。なぜ東アジア人は現代経済にあっさり移行できたのに、アフリカ人にはそれがこんなにむずかしいのか？

すでに論じたように、理由の一つは部族主義だ。アフリカ諸国は部族主義に変わる制度を発達させていない。この発達は、現代国家のためには不可欠なものだ。アフリカの集団はヨーロッパや東アジアの集団の行動を形成してきたようなマルサス的試練を経験していない。一二〇〇年から一八〇〇年にかけて、イギリス人たちは集約農業経済の厳しい圧力に適応する中で、暴力を減らし、識字能力を高め、将来への貯蓄意欲を高めた。アフリカでは、人口圧力は昔からヨーロッパやアジアよりずっと低かった。これはおそらく痩せた土壌と不利な気候のため、食料生産が制約されていたからだろう。すでに述べたように、国家形成は肥沃な川沿いに暮らすなどの地理的な制約により、ある程度の大きさの政治体が競争を余儀なくされて戦争をする必要がある。でも人口密度が充分に上がって人々の選択肢がほかになくならないかぎり、大規模な戦争は起こりにくい。

現代になるまで、アフリカの人口はとても少なかった。疫病と多くの熱帯地域に見られる土壌の肥沃度の低さが制約要因となっていたのだ。人口圧がなかったため、彼らはヨーロッパや東アジアの集団が何世代もさらされてきた、都市化と集団化から逃れてきたのだった。

進化的な観点からすれば、アフリカの集団は、ヨーロッパとアジアの集団に負けず劣らず、自分たちの環境にうまく適応してきた。小規模でゆるく組み敷かれた集団は、アフリカ大陸の困難な状況に対する適切な対応だった。でもそれは、ヨーロッパや東アジアの集団が適応してきた高効率経済には必ずしもうまく適応していなかった。この観点からすると、アフリカ諸国が現代経済への移行に長くかかるのも無理はない。

近東はと言えば、ここの集団はヨーロッパ人と同じく、コーカソイドのグループに属する。でもヨーロッパ人や東アジア人とはちがい、彼らはかなり安定した農業経済で暮らすという形成的な経験を欠いている。過去一五〇〇年にわたりこの地方で勢力を振るったビザンチン帝国、アラブ帝国、オスマン帝国は、収奪的な政権であり、その狙いは国民に奉仕することではなく、富を収奪して支配エリートを維持することだった。こうした支配が何世代も続くと、人々はきわめて合理的に、支援を求める相手として家族や部族を選ぶようになり、政府には助けてもらおうとしない。そしてこうした状況では、部族行動が現代経済で求められるもっと信頼の高い行動に道を譲るのもむずかしい。近東諸国、特にイスラム系のアラブ諸国は、まだ部族主義を越える制度を発達させておらず、したがって現代経済への移行を実現するにあたって深刻な障害に直面している。

こうした障害は、おそらく社会の水準に存在するものであって、その個別メンバーの能力とはあまり関係ない。たとえば世界中にいる成功した金持ちレバノン人海外移住者を見れば、レバノン人がレバノン以外でいかに成功できるかを証明している。この状況は、過去二世紀に及ぶ華僑コミュニティと似ている。でも中国はその後、レバノンよりは容易に自国の制度を改善できている。

経済開発の問題

経済学者が経済開発について採用する一般的な見方は、人々の性質はほとんどまったく関係ないというものだ。あらゆる人間はまったく同じユニットで、インセンティブに同じ形で反応する(少なくとも経済理論では)のだから、ある国が貧しくてある国が豊かなら、ちがいはその人々のちがいではまったくあり得ず、制度やリソースへのアクセスのちがいにあるはずだ、というわけだ。充分な資本を提供し、ビジネスに好適な制度を課せば、しっかりした経済成長がまちがいなく起こるはずだ。この考え方の強い裏付けとしてはマーシャルプランがあるようで、これはコーロッパ経済が第二次大戦後に復活するのを助けた。

この理論に基づき、西側は過去五〇年にわたり二・三兆ドルほどの援助を投入してきたけれど、アフリカの生活水準は改善していない。何か理論が充分に正しくないところがあるのでは？　世界経済における人間というユニットは、経済理論が想定しているほど完全に交換可能ではなく、結果としてその時間選好や労働倫理、暴力傾向などの性質の差が、彼らの経済判断にある程度は影響しているのでは？

理論と実践の間の乖離を説明しようとして、開発に興味を持った少数の学者は、人間がやっぱり影響するのではと示唆し始めた。その示唆というのは、人々の経済行動において、文化が重要な役割を果たす、というものだ。

一九六〇年代初期、ガーナと韓国の経済は似たり寄ったりで、一人当たりGNPも同水準だった。それが三〇年ほど経ってみると、韓国は世界一四位の経済で、高度な工業製品を輸出している。ガーナは停滞し、一人当たりGDPは韓国の一五分の一にまで後退した。こうした経済的運命の乖離について考えた政治学者サミュエル・ハンチントンはこう述べた。「どうも文化が説明の相当部分を占めるはずだと思えた。韓国人たちは倹約と投資、勤勉、教育、組織、規律を重んじた。ガーナ人たちの価値観はちがった」[※31]。

援助を増やせとひたすら主張し続ける経済学者ジェフリー・サックスですら、経済開発のちがいに文化が多少は貢献するかもしれないと認めざるを得なくなっている。「富裕国と貧困国の大きな開きは地理と政治が関わっている」が、「それでも確かに文化が仲介する現象の示唆もある。最も明確なものは二つある。北アフリカや中東のイスラム諸国の低成長と、かなりの華僑コミュニティを持つ東アジアの熱帯諸国の強いパフォーマンスだ」とサックスは書く。※32

でも、ほんの少数の集団でも経済パフォーマンスが文化で説明できるなら、全経済ではかなり大きな役割を果たすこともあり得る。学者たちはこの問題をこれ以上追及したがらない。というのも彼らは実は、文化というのを後天的な学習行動という一般に受け入れられた意味だけで使っているわけではないからだ。むしろそれはあらゆるものが入った万能用語で、彼らが怖くて絶対に論じない概念。つまり人間行動は人種ごとにちがう遺伝的基盤があるという可能性への言及も含んでいるからだ。

たとえば社会学者ネイサン・グレイザーは、文化と人種が有効な説明変数だが使うわけにはいかないのだと明確に認める寸前までできている。「文化は現在の考え方では、あまり好まれない説明カテゴリーの一つとなっている。最も好まれない説明カテゴリーは、もちろん人種だ。（中略）今日のわたしたちは人種には言及しないし使いもしたがらないが、確かに人種と文化には、ひょっとしたら単なる偶然かもしれないが、関係があるように思える。大きな人種区分はそれぞれちがう文化が特徴のようであり、この文化と人種とのつながりは、わたしたちが文化的説明で落ち着かない理由の一つなのだ」と彼は書く。※33

進歩の障害として経済学者たちが同定した社会行動のいくつかは、充分に遺伝的基盤を持ち得るものだ。一つは信頼の範囲だ。現代経済では、これは見知らぬ人にすら広がるが、前近代社会では家族か部族にとどまる。「内側から見るとアフリカ社会はサッカーのチームのようだ。そのチームは、個人間のライバル関係とチーム精神欠如のため、どの選手もほかの選手にパスをしようとしない。パスをしたらそいつがゴールを決めるのではとおそれるからだ。そんな状態でどうして勝利が望めようか？　われわれの共和国では、民族的な〝セメント〟（中略）の外にいる人々はお互いにほとんど共感がないため、そもそも国が成立していることこそ奇跡なのだ」とカメルーン人経済学者のダニエル・エトウンガ＝マンゲレは書いている。※34

貯蓄して満足を遅らせる意欲は、クラークによれば産業革命以前の六〇〇年間のイギリス人口でだんだん高まった社会行動だ。逆に、部族社会では貯蓄性向が大幅に低いようだ。これは大ざっぱに言えば、そうした社会が貧しいからかもしれない。みんな豊かになれば貯蓄も増える。でも部族社会が貯蓄しないのは、即座の消費を求める強い傾向と関連している。またもやエトウンガ＝マンゲレを引用すると「アフリカ人たちが時間に対して持っている信頼のため、将来のための貯蓄は、即座の消費より優先度が低い。富を蓄積しようという誘惑がないように、定期的に給料をもらう人は、兄弟、いとこ、甥や姪の教育費を負担し、新参者に宿を与え、社会生活を満たす山ほどのセレモニーの費用も負担させられるのだ」。

信頼に遺伝的な基盤があるという証拠はそこそこあるが、それが民族集団で大きくちがっているかどうかは、まだ証明されていない。貯蓄性向や満足を遅らせる傾向に遺伝的基盤があるかは、どうもまだ証拠がないようだ。でもここでの論点は、一部の経済学者たちが経済パフォーマンスに関係あると考え始めた文化の側面は、まだ証明されていなかったり、まともに検討すらされていない場合でも、遺伝的基盤を持つ可能性が充分にあるということだ。社会的行動は、それがどこまで文化的でどこまで遺伝に基づくものにせよ、教育とインセンティブで変調できるので、それが経済パフォーマンスで果たす役割をもっとよく理解すれば、実用的なメリットもあり得る。文化を無視する者は「なぜ一部の社会や民族宗教集団が、民主ガバナンス、社会正義、繁栄といった面で、ほかの集団よりもよい成果を挙げるのかという説明の重要な部分」を無視することになる、と書くのは開発専門家のローレンス・ハリソンだ。[※35]

人種と文化とのつながりは、移民により実施された有名な自然実験からも明らかだ。各種人種の成員たちは、各種のちがった環境に移住しても、多くの世代にわたって多くの国で自分たちの独特な行動を維持した。経済学者トマス・ソーウェルは、人種と文化に関する三部作でこうした逸話の多くを記述している。

アメリカの日本人移民の例を考えてほしい。一九世紀末にハワイに農業労働者としてやってきて、サトウキビ畑で働いて、その後本土にも向かった。第一世代は農業労働者や召使いで、一生懸命働くという評判を得た。第二世代は、アメリカでの大学教育という後押しを得て、各種専門職に就いた。一九五九年までに日系アメリカ人は、ヨーロッパ系アメリカ人と同じ世帯所得を稼いでおり、一九九

〇年になると彼らの所得は四五パーセント高かった。[※36]

ペルーでは、日本の労働者は勤勉と信頼性と正直という評判を獲得し、農業でも製造業でも成功した。ブラジルでは日本人入植者たちは、効率的で、生産的で、遵法的だった。繁栄するにつれて金融や製造業にも進出し、やがてブラジルで日本の領土の七五パーセントにも相当する土地を所有するようになった。こうした三つのちがう文化で、日本人は勤勉な労働習慣のおかげで成功した。第一世代は熱心な農民で、第二世代は専門職の世界に進出している。

華僑は同じく生産的な移民で、特に東南アジアでは疲れ知らずの働きを見せて事業を立ち上げている。ほとんどの中国移民は農業労働者として出発し、異様なほど勤勉だった。マレーシアでは、ゴム農園でマレー人と中国人とが未熟練労働に従事している場合、中国人のほうが二倍の働きをする。一七九四年の段階で、マレーシアでのペナン居留地に関するイギリスの報告書では中国人が「われわれの住民のうち最も価値の高い部分」と評されている。[※37]

中国の会社は通常は家族所有で家族経営であり、かなりの規模の企業になってもそのままだ。時間をどう過ごすべきかについて、もっとゆったりした考え方の人々の中で、独自の価値観や労働倫理に執着する。ソーウェルによれば、カリブ海諸島での中国人は「西インド社会の価値体系の外側にとどまった——顕示的な消費パターン、贈答品の分配、借金の免除など、事業の成功に逆行する各種のクレオール的な社会行動には影響を受けなかった[※38]」。

タイ、ベトナム、ラオス、カンボジアの少数の華僑人口も、こうした国々の経済で圧倒的な役割を果たすまでに成長した。シンガポールの活況を呈する経済を支配するのも華僑だし、インドネシアではあまりに生産的だったから、嫉妬を引き起こして何度も虐殺が繰り返された。一九九四年になると、外国の華僑三六〇〇万人は、中国本土の一〇億人と同じくらいの富を生産していた。[※39]

アメリカへの中国人の大量移民は、一八五〇年にカリフォルニアのゴールドラッシュで始まった。彼らはほかの人々が収益性がないと思ったところしか採掘させてもらえなかったけれど、諦めずに執着してほかの人々が成功できなかったところで繁栄した。中国人労働者は中央太平洋鉄道の大半をつくり、一時はカリフォルニア州の全農業労働者の八割を占めていた。

その成功に焦って、競合できなかった人々はいろいろ差別的な法律をつくらせた。次から次へと各種の産業から排除され、アメリカの中国人たちの半数以上は一九二〇年には洗濯屋やレストランで働くことになった。こうした不利な法律が撤廃されたとたん、中華系アメリカ人の新世代が大学に通い、専門職に就き始めた。一九五九年には、中国人世帯収入はアメリカの平均と同じになり、一九九〇年にはメジアン世帯収入は、非アジア系アメリカ人の世帯より六割も高かった。[※40]

非アジア系移民の中で、特殊な例であるユダヤ人は次章で扱う。ドイツ人はロシアとアメリカ、オーストラリアに移民し、どの国でもその秩序と規律で評判をあげた。ロシアでは多くの重要な職業に就いて、一八八〇年代にはドイツ系がロシア軍高官の四〇パーセントを占め、外務省職員の五七パーセントを占めるにまで至った。一時はザンクトペテルスブルグの科学アカデミー会員のほぼ全員がドイツ系だった。[※41]

アメリカでは多くのドイツ系移民が農業に進出し、他の多くの集団よりも生産的だった。「彼らはその勤勉性、倹約、几帳面さ、時間厳守と財務的な義務の遵守で広く知られていた」とソーウェルは述べる。オーストラリアでは彼らは農民として成功し、その重労働と細やかさと、法律の遵守で知られるようになった。

ソーウェルの三部作の大きな主題は、各人種が独自の強い文化を持ち、それが彼らの行動を形成するというものだ。これは、社会がその少数民族集団の運命を決めるという一般的な見方とは対照的だ。彼の狙いは人種、民族、国民性などの文化を実証することだが、なぜそうした文化的傾向が持続するのかは検討していない。遺伝についてはまったく触れていない。でもソーウェルが示したように、各種のちがった環境で生き残り、世代から世代へと続く成功は、もちろん遺伝適応に基づいている可能性がかなり高い。そうでなければ、移民集団が移民先の主流文化に適応してすぐに消えてしまったはずだ。

勤勉さのような行動性向は維持される傾向が特に強いけれど、社会的ルールに準拠しようという普遍的な本能のおかげで、移民先の政治行動は移民たちの当初の政治行動に置き換わるようだ。中国系アメリカ人は、専制構造の組織をつくったりしないし、アラブ系やアフリカ系アメリカ人たちは部族構造をつくったりしない。

ソーウェルが記述した移民集団すべての行動については、ストレートな説明が実は存在する。それは産業革命について上で述べた、富のラチェット機構という仕組みを使えばいい。何世紀にもわたり農業システムで暮らして、効率よい経済運営の圧力を受けて適応してきたヨーロッパ人や東アジア人などの集団は、他国に移住するときもかなりの優位性を持っているのだ。勤勉、効率性、集団のまとまりなどが、東アジア系とヨーロッパ系の移民集団の行動特性だ。アメリカで、日系と中国系移民がおもにヨーロッパ系の人口と競争しつつ、平均以上の生活水準を実現するというのは中でも特に注目される。東アジアでの都市化の歴史の長さが、この競争優位の一部の根底にあるのかもしれない。

IQと富の仮説

人間は世界中どこでも入れ替え可能なユニットだと言う経済学者たちの作業仮説と真っ向から対立するのは、富の国別格差が知能の差から生じるという発想だ。この可能性はハナから一蹴すべきものではない。個人で見れば、IQ値は確かに平均で見れば経済的成功と相関しているので、同じことが国についても言えるのではと検討するのは決して荒唐無稽な話ではない。

世界的なIQ／富理論は、アメリカにおける黒人と白人のIQ差という果てしない論争とも関連しているが、ちょっとちがった問題も絡んでいるし、その根底には議論の両側が合意している証拠に準拠した部分が多い。

IQ論争の両陣営は、遺伝派と環境派と考えてよい。どちらもアメリカでIQ試験をすると、ヨーロッパ系アメリカ人が一〇〇となり（これは定義でそうなる――彼らのIQ試験の得点は一〇〇に正規化される）、アジア系アメリカ人は一〇五、アフリカ系アメリカ人は八五から九〇となる。アフリカ系アメリカ人はヨーロッパ系の得点より目に見えて低い（一五点、あるいは一標準偏差分だ、と遺伝派は指摘する。いやたった一〇点だ、と環境派は言う）。ここまではどちらも合意する。論争は、ヨーロッパ系とアフリカ系の得点差の解釈で生じる。遺伝派は、得点差の半分は環境要因によるもので、半分は遺伝によるものだと主張する。ときにはこの比率が、環境二割、遺伝八割とされることもある。環境派は、この差のすべてが環境的な阻害要因によるもので、それが解消されればこの差は最終的には完全になくなると主張する。

両陣営が実にちがった解釈を示している、知能の遺伝性というのは、多くの人があっさり誤解しがちなことだが、知能が遺伝子にどこまで左右されるか、という話ではない。ここで問題になっているのは、ある集団内の知能の変異幅についての話であり、もっと厳密にはその変異幅のうちどれだけが遺伝要因によるのか、という話だ。ある特性は完全に遺伝子に左右されるかもしれないが、集団の中でその程度にまったく変異幅がなければ、その遺伝性はゼロだ。知能はほぼ確実に遺伝子に左右されてはいるけれど、それを左右する対立遺伝子は一つも確実には同定されていない。おそらくはさまざまな遺伝子が少しずつ貢献していて、それが小さすぎて現在の手法では検出されないのだろう。[※42]

ＩＱ論争の両陣営は、事実関係ではそんなに意見がわかれているわけではない。どちらも環境要因が関係していることについては合意している。遺伝派は、ＩＱ得点が関連している社会経済状態について補正すれば、アフリカ系アメリカ人のＩＱは五ポイント上がって九〇になると認めている。これはアジア系アメリカ人とヨーロッパ系アメリカ人とを隔てる差と大差ないし、アジア系とヨーロッパ系の差はだれも問題にしないようだ。

では、なぜこの論争はこれほど白熱するのか？　熾烈さが生じるのは、この二つの立場で政策の選択がちがってくるからだ。遺伝派は、ＩＱギャップの相当部分は先天的だからこそ、ヘッドスタート早期教育プログラムは失敗したのだと論じる。これは一九六九年にアーサー・ジェンセンが予言していた通りだし、同じような介入を繰り返してもやはり失敗する、と彼らは主張する。環境派はこれを否定し、学校成績のギャップは埋まりつつあるので、アフリカ系アメリカ人の繁栄を阻害しているのは社会の人種差別だと述べる。

この問題についてここで決着をつける必要はない。世界ＩＱの問題はこれほどの論争にはなっておらず、進化的にもきわめて興味深い。というのも知能は脳と行動の進化的変化の反映だからだ。さらに知能は、世界中で広範に測定されている数少ない行動性向の一つなのだ。

世界ＩＱ／富理論の主要な提唱者は、アルスター大学心理学者リチャード・リンと、フィンランドのタンペレ大学政治学者のタトゥー・ヴァンハネンだ。二人は世界中からデータを集め、ＩＱ試験で見る知能と、一人当たりＧＮＰなどの経済的成功の各種指標の相関を調べた。その成果は著書二冊『ＩＱと諸国民の富』（二〇〇二年）と『ＩＱと世界の不平等』（二〇〇六年）に発表されている。

彼らによれば、世界の平均ＩＱは九〇だ。人種別に見ると、東アジア諸国民のＩＱは一〇五、ヨーロッパ人は九九、サブサハラアフリカ人は六七だ。[※43]著者たちは、サブサハラアフリカ人の得点は、栄養失調と病気がなければずっと高くなると指摘している。

リンとヴァンハネンは、ＩＱ得点が何か重要なものを計測しているのはまちがいないと論じる。というのも、ＩＱが実に見事に学校成績指標と相関しているからだ。ＩＱ得点はまちがいなく、経済学者が人的資本と呼ぶものと強く関連しており、ここには訓練や教育も含まれる。

経済指標を見ると、国民ＩＱ得点は一人当たりＧＮＰ成長ときわめて高い相関（八三パーセント）を持ち、一九五〇年から一九九〇年にかけての経済成長とも強い関係（相関六四パーセント）がある、と二人は指摘している。※44

「国民ＩＱで示される、ある集団の平均的な心的能力の差は、人間の状態におけるさまざまな格差に関する理論的／実証的な説明要因として、完全ではないにしても、最も強力な説明を与えてくれるものだとわたしたちは主張する」とリン＆ヴァンハネンは結論している。※45 この結論から考えて、国ごとの富の格差を減らす手だてはあまりない、ということになる。「富裕国と貧困国とのギャップは、それが国民ＩＱの差と相関している限り、なくならないと予想される」と二人は述べる。※46

集団の知能が高ければ、知能が低い集団よりも多くの富を獲得できる、というのは直感的に納得がいくかもしれない。でも知能は個人の性質であり、社会の性質ではない。頑強な男たちの社会でも、肉体的に弱い男たちの社会にあっさり倒されることはある。弱いほうがもっと団結して死ぬ気で戦うなら充分にあり得ることだ。肉体の強さと同じく、個人の知能の性質は、必ずしもその人々が構成する社会にも移転されるものではない。

そして実際、リン＆ヴァンハネンの相関を見ただけでは、因果関係の矢印の向きはなかなかわからない。高いＩＱが国を豊かにするのだろうか、それとも豊かな国は市民たちがＩＱ試験で高得点を取れるようにするのだろうか？　著述家ロン・ウンツは、リン＆ヴァンハネン自身のデータ例の中から、集団が豊かになると一世代のうちにＩＱ得点が一〇以上上がる例を使い、富がＩＱ得点を大幅に高められることを明確に示した。東ドイツの子どもたちの平均得点は一九六七年には九〇だったが、一九八四年には九九になっている。ほとんど同じ集団を持つ西ドイツでは、同じ平均は九九から一〇七の間だ。ドイツ集団の中での九〇と一〇七の間の幅は、明らかに貧困削減によるもので遺伝によるものではない。

ヨーロッパの富裕国と貧困国のＩＱ得点は一〇〜一五ポイントの差がある。でもこの差は、その国の住民がアメリカに移住すると消える。だからこのちがいは明らかに環境の影響で遺伝ではない。ヨーロッパ人のＩＱ得点が時代と場所に応じてこれほど大きくちがってくるなら、ほかの民族的な差も環境要因ではなく生得的なものだと断言するのはむずかしくなる。リンとヴァンハネンの本は「彼らの属するＩＱ決定論的な陣営に対し、自殺点を決めて勝負を決してしまったようなものだ」とウンツは結論づける。でも「争いあうイデオロギー陣営はどちらも気がつきさえしなかった」とのこと。

実はリンとヴァンハネンは、ＩＱ得点を富が高めるということは認識している。でも富がどこまでＩＱ増大に貢献できるか正確にわからないことで、富によるＩＱ得点の説明力は大きく下がる。もっと一般的には、富や栄養状態などＩＱに影響する他の要因について補正をしないと、各種人種のＩＱ得点を比較するのは有害かもしれない。

東アジアは、リン&ヴァンハネン理論に対する巨大な反例だ。中国、日本、韓国の集団は、ヨーロッパやアメリカの集団より一貫して高いＩＱを示していたが、彼らの社会は多くの美徳はあっても、ヨーロッパやその進出地にくらべて明らかに成功しているとは言いがたい。知能は悪いものではないが、それが集団の経済的成功を明確に左右するとは言えなさそうだ。では国の富や貧困を決めるのは何なのだろう？

制度と国の失敗

国民の貧困の性質に関する研究としておおいに評判となったのが、経済学者ダロン・アセモグルと政治学者ジェームズ・ロビンソンによる『国家はなぜ衰退するのか』だ。前章でも述べたように、この二人は人間社会の仕組み理解において、制度が決定的なものだと考える点でフクヤマと同じだ。そしてこの結論に到達する道筋は、フクヤマとこの二人とはちがっている。フクヤマは制度の役割を、おおむね歴史パターンを通じて見つけ出す。アセモグル&ロビンソンは政治経済分析を強調する。

世界の国同士の格差は、産業革命以後に生じたものだ、とアセモグル&ロビンソンは指摘する。それ以前には、各国の支配階級にいる一握りの人々を除けば、生活水準は一様に低かった。今日の最富裕国三〇か国には、イギリスや産業革命が急速に広がった国々が含まれる——西欧と、もともとイギリスの植民地だったアメリカ、カナダ、オーストラリア——そして日本、シンガポール、韓国だ。最貧三〇か国はほとんどがサブサハラアフリカ諸国で、そこにアフガニスタン、ハイチ、ネパールが加わる。一世紀さかのぼると、トップと最底辺の三〇か国一覧はほとんど同じだが、シンガポールと韓国はまだ最富裕国には入っていなかった。

経済学者や歴史家など各種の社会科学者たちは、大規模で持続的な格差について、もちろん何か納得できる説明を考案しているはずですよね？「ところがちがう」とアセモグル&ロビンソンは書く。「貧困と繁栄の起源について社会科学者たちが提案したほとんどの仮説は、とにかくうまく説明できないし、実際の状況を納得できるほど説明してくれないのだ[※47]」。

そういう彼らの理論は、世の中には良い制度と悪い制度がある、というものだ。あるいは彼らの表現だと、収奪的な制度と包含的な制度があるということになる。悪い収奪的な制度は、少数のエリートが社会の生産的リソースからできるかぎりのものを吸い上げ、そのほとんどすべてを独占してしまう。このエリートは技術変化に反対する。というのもそれは自分たちの地位を維持するために必要な政治経済秩序を破壊するからだ。その貪欲さによりエリート層はその他全員を貧窮化させ、進歩を阻む。社会の収奪的政治制度と経済制度との間の負のスパイラルのせいで、継続的な停滞が維持される。

これに対し良い包含的な制度は、政治権力と経済的権力が広く共有されているものだ。法治と財産権は挑戦に報いてくれる。経済変化を阻止できるほど強い社会部門はどこにもない。政治と経済との良好なスパイラルが繁栄増大を維持してくれる。

包含的制度の原型は、アセモグル&ロビンソンの見方では、一六八八年イギリスの名誉革命だ。ここではフランス寄りの王様であるジェイムズ二世が、義理の息子であるオレンジ公ウィリアム（ウィリアム三世）にすげかえられ、この切り替えで王様に対する議会のコントロールが強化された。政治と経済の両制度がもっと包含的になり、起業家たちにとってのインセンティブが生まれて、産業革命の基盤が敷かれたという。

この包含的制度へのシフトは、アセモグル&ロビンソンの見方では実に決定的なものであり、実はこれこそが富裕国と貧困国をわける唯一の条件なのだという。イギリスとエチオピアという、世界最富裕国の一つと最貧国の一つを比較して、「エチオピアが今日のような状況にある理由は、イギリスとちがってエチオピアでは絶対主義がごく最近まで続いていたからだ」と二人は論じる。[※48]

絶対主義政権がしばらくは繁栄を生み出せる点については彼らも認める。たとえば労働力を農業から工業に無理やり振り替える、といった方法だ。でもこうした一回かぎりの繁栄は、ソ連の場合には一時的なものに終わった。そして中国でも、政治制度をもっと包含的にしないかぎり、政治的抑圧のせいで経済はやがて停滞するというのが彼らの予言だ。

繁栄達成で重要なのが包含的な制度だけというなら、開発援助は制度改革から始めないと無意味ということになる。でもそんなことは決して起きない。というのもそんな条件は、改革で利益を脅かされる支配エリートの抵抗にあうからだ。アセモグル&ロビンソンが説明するように「貧困のサイクルから脱出するには、国は包含的な経済政治的制度が必要だ。開発援助はこの点でしばしばたいしたことはできない。特に、いまのような形でおこなわれている援助では絶対に無理だ[※49]」。

現状の説明として、アセモグル&ロビンソンの理論はそこそこ正確に思える。でも二人は良い制度がどうやって生じるか、制度のない国にどうやってそれを確立するのか、という点については、えらく説明に苦労している。「正直に答えるならもちろん、そんな制度を構築するためのレシピなど存在しないということになる」と彼らは認める。

二人が何もレシピを提示できないのは、良い制度というのは偶然生じただけのもので、歴史の説明できない干満の中のランダムなさざ波だと二人が思っているからだ。彼らは、制度が変化するのは「制度的浮動」のせいだと論じている。この現象を彼らは、遺伝的浮動というランダムなプロセスに明示的になぞらえている。二人は制度が歴史によって形成されたと考えるが、歴史は「偶発的経路」に沿って動く、つまりそれが偶然の連続となっているのだ、と考えている。名誉革命すら必然ではなかった。なぜならその発生は「部分的には歴史の偶発的経路の結果だったからだ」と二人は述べる。[※50]

アセモグル&ロビンソンは、悪い制度が良い制度に置き換わるイギリスの名誉革命や日本の明治維新が起きるのは、歴史の「決定的な交差点」が「都合のよい既存制度」と組み合わさった結果だ、と論じる。「さらに、多少のツキも鍵となる。というのも歴史は常に偶発的な形で展開するからだ」と二人は主張する。[※51]

この二人がこんな不満足な説明にすがりつかざるを得ないのは、良い/悪い制度の原因が人間行動の差にあるという自明の可能性を排除してしまったからだ。だから、ツキだの歴史の偶発的経路だのといった、説明になっていない説明にすがらざるを得ない。

人間社会の富は、過去千年にわたり何やらランダムな経路をたどったわけではない。むしろアセモグル&ロビンソンが指摘するように、世界の一部は過去三〇〇年で安定的に成長し、はるかに豊かになったのだ。これは偶然やツキではないし、まともな説明が人間の進化という形ですでに存在しているのだ。

中工業時代

現代社会の基盤となるこの新しいポスト部族社会構造を支援した、人間社会行動の進化的な変化があったというのがその説明だ。金持ち国は部族的でない信頼に基づく経済を持ち、良好な制度をつくっている。貧困国は部族社会から抜け出しきれず、かぎられた信頼範囲を反映した搾取的な制度のもとで苦しんでいる。

現在の世界状況は、ヨーロッパで一万年前から五千年前まで続いた中石器時代に見られた、混合社会構造にも似ている。新しい農業技術を使う人々が、近東からヨーロッパに侵入し始めた。当時のヨーロッパに暮らす狩猟採集民たちは、殺されるか、新しい農業コミュニティに受け入れられた。狩猟採集民たちが使っていたのは古い種類の石器で、考古学者たちが旧石器と呼んでいるものだったが、農民たちが使っている各種の新しい石器は、新石器と呼ばれる。旧石器から新石器への移行期は、ヨーロッパで定住行動がますます支配的になった時期だが、その両者の中間、つまりは中石器時代と呼ばれている。

現在の世界も似たような移行期にあり、一部の集団はマルサス的な農業の形成力から台頭してきた一方で、他の集団はまだそのプロセスの苦しみの中にいる。中工業時代とも呼ぶべきものとは、その他の世界、おもにサブサハラアフリカと中東の諸国が、現代経済への進化的な移行をとげる期間となる。もちろん、このプロセスにはある程度の制度変更と適応が必要となる。でも進化の速度と今日の世界の急速な文化変化を考えれば、中工業時代は予想よりはるかに少ない世代数で完了するかもしれない。

そろそろ、何世紀にもわたり独自の故郷を持てなかった特別な集団について考えてみよう。ユダヤ文化は独特だが、それを言えばほかのどんな文化だってそれなりに独特ではある。でもユダヤ文化はその独特な性質のため、その文化に遺伝的なルーツがあるという主張を強くおこなえるものとなっているのだ。

第八章　ユダヤ人の適応

JEWISH ADAPTATIONS

どう考えても、ユダヤ教は反ユダヤ主義の歴史以上のものだ。どう考えても、ユダヤ人は信仰、血筋、聖典、道徳的な教えなど、何世紀にも及ぶ迫害を耐え抜けるようにしてくれたものの性質によって定義されていいはずだ――そして実際に、自らも他人からも、そのようにして定義されている。

――ガートルード・ヒンメルファーブ[※1]

生活の多くの側面で、ユダヤ人はその人口規模から予想されるよりもはるかに多くの貢献をしている。ユダヤ人は世界人口のたった〇・二パーセントだが、二〇世紀前半には広範な社会的差別やホロコーストにもかかわらずノーベル賞の一四パーセントを得ているし、二〇世紀後半だとそれが二九パーセントだ。二〇〇七年現在で、ユダヤ人は二一世紀に授与されたノーベル賞の三二パーセントという驚異的な水準を手にしている。[※2]

ユダヤ人は、科学だけでなく音楽（メンデルスゾーン、マーラー、シェーンベルク）でも、絵画（ピサロ、モジリアニ、ロスコ）でも、哲学（マイモニデス、ベルグソン、ウィトゲンシュタイン）でも傑出している。ユダヤ人作家は、英語、フランス語、ドイツ語、ロシア語、ポーランド語、ハンガリー

語、イディッシュ語、ヘブライ語の著作でノーベル文学賞を得ている。※3

これほどの成果には説明が必要だし、最も単純ですぐれた説明は、ユダヤ人は通常より高い認知能力を持つ生活様式に遺伝的に適応した、というものだ。人々は模倣しがちだし、口うるさい母親や教育に異様に熱心といったユダヤ人の長所が純粋に文化的なものなら、ほかの人々がそれを真似るのは防ぎようがないはずだ。でも有史以来の人間進化についての認識が改まった今、ユダヤ人の知的な業績は特別な歴史からくる何らかの圧力により生じた可能性のほうが高い。ちょうど人種がかなり最近も進化し続けたように、人種の中の民族性だって、地理や宗教などにより再生産の面で自分たちを取りまく集団からある程度まで隔離されていたら、やはり進化するだろう。ユダヤ人が特別な認知上のニッチに適応したのは、もしそれがこれから論じるように進化プロセスであるなら、自然淘汰がわずか数世紀で人間の人口集団を変えられるという驚異的な事例となる。

高速DNAシークエンシングの時代以前でも、ユダヤ人が独特な人口なのは、ユダヤ教徒以外との結婚にいい顔をしない宗教法のせいだと推測はできた。でもだれも断言はできなかった。遺伝的な証拠がないから、歴史を通じてどの程度の集団外との婚姻がおこなわれたかは推計不能だからだ。DNA分析を見ると、ユダヤ人は人口集団として定義できるし、少なくともアシュケナジム・ユダヤ人たちは遺伝的に他のヨーロッパ人と区別できることがわかる。それぞれのユダヤ人コミュニティの中では、地元民との婚姻も多少はあったが、きわめて少ない。これは、世界中のユダヤ人同士はお互いに似ているけれど、その地元民人口にも似ているというユダヤ人人類学者たちの指摘をきれいに説明してくれる。

各地のユダヤ人が持つ共通点の基盤は、ユダヤ人がイスラエルから発して、その地域のセム系人口からの遺伝を伝えてきたということにある。おそらくユダヤ教の起源となるたった三千年前には、ユダヤ人は他のみんなと何らちがわなかった。今日のアラブ、トルコ、アルメニア人たちが生まれてきた、一般的な近東集団の一部だったのだ。でも彼らの宗教が、非教徒との結婚を禁止し始めたとたん、ユダヤ人群は再生産上で孤立し始め、ほとんどどこかの孤島に隔離されたも同然となった。ある集団が独自の進化経路をたどり始めるには、再生産上のかなりの隔離が必要条件となる。

ヨーロッパ系ユダヤ人、いわゆるアシュケナジムを見ると、遺伝的には紀元九〇〇年頃にアシュケナジム人口が生まれてから、ヨーロッパ人との混血が二〇~三〇パーセント程度起こっていることがわかる。この通婚の相当部分は現代になって生じたものだろう。[※4] 五五万か所のサイトでSNPチップを使ってゲノムを検査する研究者たちは、アシュケナジムと非ユダヤ系ヨーロッパ人とは一〇〇パーセントの精度で峻別できるという。これは集団を対象にした検査で、個人についてのものではない。この検査は、多くの個人がゲノムシークエンスにおいて、どれだけのまとまりを見せるか調べる検査だからだ。それでも、これはアシュケナジムが明確にちがった集団であり、したがってほかのヨーロッパ人に作用するものとはちがった自然淘汰の力にさらされていた可能性があることを示している。

アシュケナジムがほかのヨーロッパ人と遺伝的にちがうのは、おそらく祖先に近東からの人々が交じっているからだろう。「完全なアシュケナジム・ユダヤ人の祖先を持つ個人のゲノムが、まちがえようのないユダヤ遺伝のしるしを持っているのは明らかであり、これは集団内の婚姻よりはその固有の中東祖先のせいである可能性が高い」と研究者たちは述べる。[※5]

この異教徒との婚姻率は、おそらく他の主要なユダヤ人集団でも似たようなものだろう。その集団とは、セファルディムたちと、東方ユダヤ人またはミズラヒームだ。セファルディムは、長いことスペインとポルトガルに住んでいたが、一四九二年と一四九七年にそこから追放された人々となる。その後彼らは地中海地方一帯に拡散し、北アフリカやオスマン帝国などに移住した。多くのセファルディムはオランダにも移住している。東方ユダヤ人は、昔からアラブ諸国やイランにいたユダヤ人だ。セファルディムの起源はまだはっきりしない部分があるが、彼らもアシュケナジムも、ローマ帝国初期にローマに暮らしていた大規模なユダヤ人コミュニティの子孫らしいという遺伝子上の痕跡が見られる。

世界人口の遺伝地図で見ると、このユダヤ人集団三つは近くに固まっていて、共通の祖先を持つ中東人口と、その後アシュケナジムやセファルディムが混血したヨーロッパ人人口との間にはさまっている。

これだけの遺伝的なちがいから見て、ユダヤ人人口が歴史上の特別な状況に適応するにつれ、ヨーロッパ人とはちょっとちがった遺伝的経路をたどり、非凡な認知上の能力を発達させた可能性は充分にある。

でも人間集団の間に意味のある遺伝的なちがいがあるかもしれないという発想には、多くの研究者が激しく反発する。彼らは心が空白の石板（ブランクスレート）であり、そこに書きこめるのは遺伝ではなく文化だけだという発想にしがみつき、人類の心の最近の変化に進化が影響した可能性はすべて否定する。知能はもとより、どんな人間行動であれ遺伝的な基盤があるという提案すべてを却下する。認知能力が人の集団の間で差があるかもしれないと示唆する人には、すべて人種差別主義のレッテルを貼る。こうした立場はすべて、左翼とマルクス主義的な政治ドグマにより形成されたもので、科学によるものではない。それでも、多くの学者たちは仲間の学者たちからつまはじきにされたくないという切実なおそれから、この領域に足を踏み入れようとはしない。

この問題の検討に対するもっと中身のある反対は、ユダヤ人コミュニティの受け止め方に関係している。アジアでの華僑コミュニティの場合でもそうだが、勤勉さと成功はあまりにしばしば、移住先の人々の妬みと敵意を招き、差別や追放や虐殺が生じた。ユダヤ人の知能について論じるのは、敵意を巻き起こす危険を伴う。でもポグロムの日々はすでに過去のものだし、話しにくい問題をすべて無視するようでは、蒙昧主義の力に奉仕するだけだ。

ユダヤ人の遺伝と知能との関連について踏み込もうとした真面目な研究として唯一存在するのは、ユタ大学のグレゴリー・コクラン、ジェイソン・ハーディ、ヘンリー・ハーペンディングによる長い論説だ。この報告はアメリカのいくつかの雑誌編集者に投稿されたが、全員がそのおもしろさを認めつつも、自分たちは刊行できないと述べた。著者たちはやっと、イギリスの『ジャーナル・オブ・バイオソーシャル・サイエンス』で刊行してもらえた。※6

ユタ大チームの議論の要点は、二つの非凡でほかに説明のつかない事実について因果関係を確立することだった。その最初の事実はアシュケナジム・ユダヤ人たちが、文化的な業績に加えてIQも高いという事実だ——全体として一一〇から一一五の間で、これはあらゆる民族集団の中で最高の平均得点だ。二つ目の事実は、アシュケナジムが通称メンデル遺伝病と呼ばれるものの奇妙なパターンを示すということで、これは単一遺伝子の突然変異によって生じるものだ。

ユタ大の研究者たちは、まずアシュケナジムのIQが高いだけでなく、異様な構造をしていることを指摘する。IQ試験の得点構成を見ると、アシュケナジムは言語問題や数学問題では成績が高いが、視覚空間問題だと得点が低い。ほとんどの人々だと、この二種類の能力の相関はきわめて高いのだ。ここから、アシュケナジムの知能を形成するにあたり、何か独特な力が作用したことがうかがわれる。まるでこの集団は、優秀な視覚空間能力を必要とする狩りには適応せず、むしろ言葉や数字を操作する能力が役立つ、都市的な職業に適応したかのようだ。

だからアシュケナジムが、初めてヨーロッパに登場したことが記録されている紀元九〇〇年頃のその瞬間から、金貸し業に深く傾倒していたというのには驚かされる。イギリス、フランス、ドイツでのユダヤ人の主要な職業が金貸しだった。この仕事は各種の高次技能を必要とする。たとえば契約書を読んだり作成したり、計算したりなどだ。識字能力は中世ヨーロッパでは珍しいものだった。一五〇〇年という時期になっても、ほとんどのヨーロッパ諸国では全人口の一割程度しか字が読めなかったが、ユダヤ人はほぼ全員が字を読めた。※7

計算はといえば、今日使われているアラビア数字があればかなり簡単かもしれない。でもアラビア数字は一六世紀半ばまでヨーロッパではそれほど使われていなかった。それまではみんなローマ数字を使っていたが、この記数法にはゼロがなかった。ゼロなしで金利や通貨スワップの計算をするのは、並大抵の計算ではすまない。

　当時は銀行なんかなかったから、ツケで買い物をしたり、長距離の取引をしたりする人々にとって金貸しは不可欠だった。金貸しは借り手の信用度を評価し、担保を鑑定し、地元の契約法を理解し、その法律を執行する当局とも良い関係を維持する必要があった。長距離取引では、危険が大きいためにお金の物理的な輸送は嫌われたので、遠い都市の信頼できるパートナーとの信用関係構築も必要だった。

　だから、ユダ大チームの最初の主張である、中世のアシュケナジム・ユダヤ人たちが認知的に負荷の大きい仕事に就いていたというのは容易に受け入れられる。二番目の点は、この仕事がきわめてリスクの高いものではあっても、きわめて儲かるものだったということだ。移住先のあらゆるヨーロッパ諸国で、ユダヤ人は高い生活水準を享受した。一二三九年から一二六〇年にかけて、ユダヤ人の納めた税金は、王室歳入の六分の一から五分の一を占めていた。ユダヤ人は人口の〇・〇一パーセントでしかなかったのに、それだけ納税していたのだ。一二四一年にドイツのユダヤ人は、帝国税収の一二パーセントも負担していた。[※8]

　この富は重要だった。というのも、これはユダヤ人たちに再生産面でかなりの成功を確保できるようにしてくれたからだ。産業革命によるマルサスの罠の脱出以前には、金持ちのほうが子どもに提供できる栄養分も暖かさも多かったため、生き残る子どもも多かった。アシュケナジム人口は、九〇〇年にはほとんどものの数ではなかったのが、一五〇〇年には五〇万人にまで成長し、一九三九年には一四三〇万人に達していた。[※9]

九〇〇年頃から一七〇〇年あたりにかけて、アシュケナジムたちは少数の職業に集中していた。特に多かったのが金貸しと、後には税金回収業だ（君主に税額分を先に渡し、それから王に代わって臣下たちから税金を搾り取る職業）。知能は強く遺伝するため、ユタ大チームの計算では二〇世代、たった五〇〇年もあれば、アシュケナジムたちはヨーロッパ人たちより一六ポイント高い知能を充分に発達させられる。ユタ大チームは、知能の遺伝性が〇・八だとしている。つまり人口の中での高い値と低い値との開きのうち八割が遺伝によるのだ、ということだ。それぞれの世代で両親が平均よりたった一ポイントでも高いIQを持っていたら、平均のIQは一世代あたり〇・八パーセント高まる。中世の平均世代が二五年だったとすれば、二〇世代、つまり五〇〇年で、アシュケナジムのIQは20×0.8＝16IQポイント上がることになる。

もちろんキリスト教徒の金貸しもいたし、彼らもアシュケナジムと同じ認知技能を必要とした。でもキリスト教徒はずっと広いコミュニティと結婚しており、そこには他のさまざまな職業の人がいた。自然淘汰は中世には都市人口の知能をすべて引き上げていたかもしれないが、もっと小規模なユダヤ人集団に対しては、淘汰圧はずっと強く作用した。なぜかといえば、一般人口の世帯で生じた知能向上遺伝子はすべて、次の世代では薄まってしまうが、ユダヤ人コミュニティでは部外者との結婚が抑止されていたため、その遺伝子が蓄積できたからだ。この選択効果は東方ユダヤ人――イスラム教徒の支配下にあった人々――には作用しなかった。彼らの支配者たちはおおむね、ユダヤ人たちを革なめしや屠畜業など、人気がなくて特に知的能力を求められない職業に封じ込めたからだ。東洋ユダヤ人たちやセファルディィムは認知的な負荷の高い職業で特に割合が多くはないし、このどちらもＩＱはヨーロッパ人と似たり寄ったりだ、とユタ大チームは述べる。

ユタ大の研究者たちは、ユダヤ人の知能向上について提案されてきた、ほかの説明を手短に一蹴する。そうした説明の一つとして、一〇九六年の第一次十字軍の時代に開始された虐殺や追放が淘汰圧となって、知能の高い者だけが生き延びたとするものがある。でも虐殺や追放はアシュケナジム集団全員に影響したから、金貸しに必要な技能ほど厳密な形で知能の高い者たちを選択したとは考えにくい。

ユダヤの伝承によれば、ラビの子どもたちと金持ち商人の子どもたちが結婚することで、高い知能が生じたのだという。人類学者メルヴィン・コナーによれば、タルムードの学者たちは「千年以上にわたり、ユダヤ人のすべての世代における最高の知性を集める職業だった。こうした聡明な若者たちは成功した商人たちの家に下宿し、彼らと商人たちの娘との間でカップルが誕生した。こうして最も賢く勉強熱心な少年たちが、最も豊かな家族に加わったのだ」[※10]という。

こうしたカップルがどのくらいの頻度で誕生したかというデータがまったくないので、これは標準的な仕組みというよりは、学者の妄想のように思える。金持ち商人は、貧乏なユダヤ律法学生よりは、別の商人の息子のほうが義理の息子として有望だと思う可能性のほうが高いかもしれない。でも、そうした結婚がたまに起きたとしても、集団の中のラビの数はあまりに少ない——たった一パーセント——ので、遺伝的に有意なちがいは生み出せない、とユタ大チームは述べる。

ユタ大の研究者たちは、認知的に負荷の高い職業ニッチからくる淘汰圧が、アシュケナジムの間で高い知能を選択したという一般論を、それなりに説得力ある形で主張している。そして、それを引き起こすと思われる遺伝子の同定に進む。その主張が裏付けられれば、一般論に対する具体的な説明力は高まるが、それがまちがっていたとしても、一般論のほうが否定されることにはならない。

遺伝子についての議論は、メンデル遺伝病を引き起こす突然変異に注目する。メンデル遺伝病、または単一遺伝子疾患は、単一の遺伝子を止めてしまう突然変異で生じる病気だ。これに対してガンや糖尿病などは複合遺伝子疾患で、原因となる遺伝子は複数のちがった組み合わせとなる。

どの集団にも、独自のメンデル遺伝病のパターンがある。ユダヤ人の場合、一族で遺伝する地中海熱などはとても古いもので、トルコ人やドルーズ人のような中東集団とも共有されているが、それ以外にアシュケナジムやセファルディムなどだけに見られるものもある。こちらは、集団がわかれた後に生じたものであるはずだ。

ユタ大チームの分析は、アシュケナジムに起こるメンデル遺伝病の一団に注目した。これはあまり目立たない生化学機能である、スフィンゴ脂質と呼ばれる脂肪の貯蔵に影響するメンデル遺伝病四群だ。その四つの病気は、テイ＝サックス病、ゴーシェ病、ニーマンピック病、ムコリピドーシスⅣだ。

こうした変異遺伝子を片親からだけ受け継いでも、たいした害はない。もう片親から受け継いだ普通の遺伝子のほうが、機能不全の対立遺伝子を補ってくれる。でも両親からこの変異対立遺伝子を受け継ぐと、ゴーシェ病ならかなりの障害を引き起こし、他の三つの病気だと致死性となる。

この四つの病気を引き起こす変異遺伝子は、アシュケナジム集団で比較的高い頻度で見つかる。遺伝子のある種類が予想外に多く見られる場合、遺伝学者は通常、二つの原因を想定する。一つは自然淘汰で、一つは創始者効果と呼ばれるものだ。

どうして致死性の病気に関わるような変異遺伝子を、自然淘汰が選ぶはずがあるのだろうか？　これはその変異遺伝子が、両親から受け継いだ場合には致死性であっても、片親だけから受け継いだ場合には何らかの優位性をもたらす場合に生じる。有名な例が鎌状赤血球貧血症だ。変異遺伝子を片側だけ持っている人物はマラリアにかかりにくくなるが、両親から受け継ぐと、深刻な血液疾患に苦しむことになる。この対立遺伝子は、マラリアから守られる片側だけのキャリアが、両側で受け継いで死んだり障害に苦しんだりするキャリアよりもはるかに多いため、自然淘汰に好まれることになる。

変異遺伝子が通常よりも多いもう一つの理由としては、それが小さな集団でたまたま高頻度で起こったもので、その集団がその後拡大した、という可能性がある。その集団の創始者が保有していた珍しい突然変異は、その子孫に伝えられて、ほかのほとんどの集団に比べて高い頻度で生じることになる。これが「創始者効果」として知られるものだ。

遺伝学者ニール・リッシュは、アシュケナジム・ユダヤ人たちの変異遺伝子は、千年ほど前に生じた変異による創始者効果だと結論づけている。これらの病気に関連する突然変異はすべて同じ時期に起きている以上、原因も同じであるはずで、それは創始者効果としか考えられない、というのがリッシュの主張だ。そんな突然変異の種類は、自然淘汰が好むような具体的な長所をもたらすとは考えにくいからだ。[※11]

でもユタ大チームはこの議論を見事にひっくり返してみせる。アシュケナジム突然変異が過去千年以内に起きた点は、ユタ大チームも同意する。でもこの遺伝子は、すべて知能を促進させるものだからこそ、まさに自然淘汰に好まれたのだ、というのがユタ大チームの主張だ。

創始者効果の議論が棄却される場合、アシュケナジムでのメンデル変異遺伝子の高い頻度に関する理由として考えられるのは、それが何か深刻な病気に対する予防機構になっているというものだ。でもそんな予防効果はいまだに示されていない。そもそもアシュケナジム・ユダヤ人と、その住み処であるヨーロッパの住民とは同じ病気にかかっていたはずだが、ヨーロッパ人のほうには類似の突然変異パターンは見られない。

アシュケナジム的な生活様式で唯一の大きなちがいは、彼らが認知的に負荷の高い職業に就いていたことだから、これがアシュケナジムのメンデル突然変異の頻度を比較的高い水準にした淘汰圧にちがいない、というのがユタ大チームの主張だ。

創始者効果ではなく、自然淘汰が作用していると考えるべきもう一つの理由は、一部のアシュケナジム突然変異がまとまって起こるということだ。これはとても異様だ。突然変異はゲノムのあらゆる場所でランダムに起こるから、同じ機能を持つ遺伝子にだけ変異が集中するようなことは起こりにくいからだ。アシュケナジム突然変異のある集合は、上で述べたスフィンゴ脂質貯蔵経路を制御する一群の遺伝子で起きている。四つの突然変異がある特定の経路で見つかるというのは、自然淘汰の作用を強く示唆している。ユタ大チームは、スフィンゴ脂質貯蔵の阻害がニューロンに通常よりも多く接続するよう促すのだという実験室での証拠を指摘する。ただし、こうした実験はあまり数が多くない。

四つの遺伝子が集まっている二つ目のまとまりは、DNA修復経路に見られる。突然変異の二つはBRCA1とBRCA2遺伝子で生じ、乳がんと卵巣がんに関連している。ほかの二つの突然変異はファンコーニ貧血タイプCとブルーム症候群を引き起こす。どんな状況だろうと、DNA修復機構の阻害が有益になるとは考えにくい。特にBRCAの二つの突然変異は、変異遺伝子を片側だけから受け継いだ場合ですらリスクを高めてしまうのだから。ユタ大チームは、BRCA1が胎児と成人におけるニューロン幹細胞の細胞増殖を制限する働きを持っているので、その遺伝子を阻害すると、生成される脳細胞が増えるのかもしれないと指摘する。他のDNA修復突然変異でも、まだ発見されていない類似の利点があるのかもしれない、というのがその示唆だ。

メンデル突然変異が知能促進で果たす厳密な役割はまだはっきりしないが、その変異がアシュケナジムの間で驚くほど頻出するのは確かだ。アシュケナジム・ユダヤ人の一五パーセントは、スフィンゴ脂質変異やDNA修復遺伝子のどちらかを保有し、六〇パーセントはアシュケナジム固有の他のメンデル疾患変異を保有している。すでに述べたようにこうした突然変異は片親だけから受け継いだ場合には無害だ。ユタ大チームの説明は、この突然変異の奇妙なパターンに関する説明としては今のところ最高のものらしいし、特にまとまって存在する変異についてはそれがさらに強い。さらに、科学的仮説として検証が容易だというのはおおいなる美徳だが、ユタ大チームの理論はまさにそうなっている。この理論だと、アシュケナジム突然変異の一つを持つ人々は、そうでない人々より高いIQ得点を平均で持つはずだと示唆している。アシュケナジム集団にアクセスできる人なら、高いIQがアシュケナジム的な突然変異と相関を持つか検証できる。不思議なことに、まだだれもこれをやってはいないか、あるいはやってもその結果を公表はしていない。

現存集団で検証できないので、ユタ大チームはゴーシェ病がIQを上げるという間接的な証拠を入手している。イスラエルのゴーシェ病クリニックで、労働年齢患者二五五人を調べたところ、三分の一は科学、会計、医療など高いIQを必要とする職業に就いていた。これは集団全体で見られるよりもはるかに高い比率だ。

識字能力の優位性

ユタ大チームの主張の弱点として考えられるのは、拡大した認知能力がユダヤ人集団の中でアシュケナジム一派にかぎられるという想定だ。セファルディムもスピノザやディズラエリ、リカードなど多くの傑出した個人をこの世にもたらしている。セファルディムIQの個別計測はなかなか見つからないし、ユタ大チームも論文でそうしたものは出していない。イスラエルでのＩＱ計測だと、アシュケナジムのＩＱは非アシュケナジムのＩＱより高いとのことだが、非アシュケナジムはセファルディムだけでなく東方ユダヤ人も含む。ユタ大チームはアシュケナジムに見られるメンデル突然変異が紀元一〇〇〇年頃に生じたとしており、これはアシュケナジムとセファルディムが別々の集団になったあとだ。でもユタ大チームの理論は有益だが、ユダヤ人が歴史的にずっと早い時期から高い認知能力を享受できなかったという理由はないはずだ。もしそうなら、こうした形質はユタ大チームが述べたような形で、後年になって拡大されたということかもしれない。

最近になって、ユダヤ人の歴史に関する新しい見方が経済史家のマリステラ・ボッティチーニとツヴィ・エックスタインにより編み出された。ボッティチーニは中世契約や結婚法の専門家で、ミラノのボッコーニ大学の教員だ。エックスタインは有名な経済学者で、イスラエル銀行副総裁も務めたことがある。彼らのユダヤ人史への関心は人口数と職業にある。知能や遺伝にはほとんど触れていないが、それでも彼らの経済史は淘汰圧がユダヤ人人口に対し、認知能力拡大を促した方法を実に明確にしてくれる。

ユダヤ人の職業史に関して広まっている伝統的な説明は、ユダヤ人がキリスト教の受入国により土地所有を禁じられたので、唯一就けた職業である金貸し業に流れていったのだ、というものだ。この見方によれば、頻繁な追放や迫害によって、ユダヤ人コミュニティはヨーロッパ中と地中海世界のあらゆる都市に散在していったという。

ボッティチーニとエックスタインはこの説を棄却する。そして大量の歴史的詳細データを使い、ユダヤ人たちはやむを得ず金貸し業に流れたわけではなく、それがとても儲かるので自らすすんでそれを選択したのだと論じる。そして彼らが分散したのもおもに迫害されたからではなく、それぞれの町で営業できる金貸しはかぎられていたからだ、という。

でもユダヤ人たちはどうしてこのような変わった職業を選ぶようになったのか？ ボッティチーニとエックスタインは、紀元一世紀のラビ時代のユダヤ教開始時点にさかのぼる、単純ながら強力な説明を編み出した。

ラビ時代以前のイスラエル人宗教は、エルサレムの神殿を中心としており、莫大な動物の生け贄を必要とした。その指導者たちはローマ帝国支配に対して三回にわたり大規模な蜂起を主導したが、その初回は紀元七〇年のエルサレム神殿破壊につながった。神殿喪失は、ユダヤ教宗派の一つであるパリサイ人たちの立場を強化し、彼らはユダヤ教のまったくちがうバージョンを発達させることになった。そこでは神殿や動物の生け贄は宗教の中心から排除され、トーラ（聖書の最初の五書）研究が重要とされたのだった。

ラビを中心としたユダヤ教の形態がこの運動から生じた。それは識字能力を強調するもので、トーラの読解と解釈技能が重視された。神殿破壊以前から、パリサイの高等司祭ヨシュア・ベン・ガムラは紀元六三年か六五年に、あらゆるユダヤ教徒の父親は六歳か七歳で息子を学校に通わせるよう命じた。パリサイ派の目標は、男子の完全な識字能力であり、それにより万人がユダヤ律法を理解し服従できるようにするつもりだったのだ。紀元二〇〇年から六〇〇年にかけて、ユダヤ教はトーラとタルムード（ラビによる註釈集）の研究に基づく宗教へと一変し、この目標はおおむね実現した。
この驚異的な教育改革は、易々と実現したわけではない。当時のほとんどのユダヤ人は、ほかのみんなと同じく農業で暮らしていた。農民にとって息子たちを学校にやるのは高くついたし、教育を受けたところで実務的な価値はまったくなかった。多くの人が子どもの就学を嫌ったのは、タルムードがアンメイ・ハ＝アレッツなるものに対する呪詛だらけだからで、これはタルムードでの用法だと、子どもたちに教育を受けさせない頑固な田舎者という意味だ。父親たちは、アンメイ・ハ＝アレッツの無学な息子たちに絶対娘を嫁にやらないよう指導されている。
バカにされた田舎者たちは、ユダヤ教を完全に捨てなくても、こんな口やかましさから逃れられる。離散ユダヤ人の一人が開発した、簡易版ユダヤ教ともいうべきものに切り替えればいい。これは識字もトーラの学習も必要なく、この時期に人気を高めていた。この離散ユダヤ人というのはタルソスのパウロで、彼が開発した宗教はキリスト教といい、秋に死亡して春に復活するという農業的植物神による秘教狭義のまわりに、ユダヤ教をシームレスに巻き付けているのだ。※12
多くのユダヤ教徒が実際にキリスト教に改宗したという証拠として、ボッティチーニとエックスタインはユダヤ教徒の数が、紀元六五年頃には五五〇万人だったのが、紀元六五〇年にはたった一二〇万人に減ったという推計を挙げる。これほど劇的な減少を説明するには、ユダヤ教からの高い改宗率しか考えられない。

ボッティチーニとエックスタインは、こうした改宗により持ちこまれる遺伝的な力についてはまったく触れない。でも、もし文字を読めるようになるだけの能力や意志を欠いたユダヤ教徒が世代ごとにコミュニティから退出していったなら、残った人々の間の識字能力は着実に高まる。男子の普遍的な識字能力というのは、このようにユダヤ人の認知能力の全般的増大に向けた第一歩だったかもしれない。二歩目はずっと後になって、その識字能力が実務的におおいに役に立つようになったときにやってきた。

紀元六五〇年になると、ユダヤ教徒はキリスト教の強い地域からほとんど完全に姿を消した。これはシリア、レバノン、エジプト、そして当のイスラエルさえ含む。ユダヤ教世界の中心はイラクとペルシャに移った。またユダヤ教徒の職業にも変化が生じた。ユダヤ教徒は農業を捨てて、都市に移住し、通商や商業活動に従事したり、店主や工芸職人になったりした。

紀元七五〇年にアッバース朝カリフ国ができると、ユダヤ人たちは新たに繁栄し始めた町や都市に移住した。九〇〇年になると、ほとんどのユダヤ人は都市職業に従事していた。たとえば工芸、通商、金貸し、医療などだ。なぜユダヤ人たちはこうした職業を選んだのだろうか? 通説では、彼らは土地所有を禁じられて特定の職業に就くしかなかったとされる。ボッティチーニとエックスタインは、そんな禁止令があったという証拠はほぼまったくないという。ユダヤ人たちが金貸しなどの職業に集中した理由は単純明快。ほとんどの人々が文盲な世界で、ほぼ全員が字の読めたユダヤ人たちは、契約の理解や簿記が必要な職業すべてで明白な優位性を持っていたからだ、と二人は論じる。

ユダヤ人たちは、ユダヤ教が与えてくれる別の実務的な便益も享受していた。ユダヤ人コミュニティはタルムードで定められた律法に従っており、ラビによる法廷が契約の執行や紛争解決を担当した。ヨーロッパや近東の多くの都市にはユダヤ人コミュニティがあったので、ユダヤ人たちは同じ宗教人たちの自然な交易ネットワークにアクセスできた。そのネットワークも紛争解決機構も非凡なもので、ユダヤ人に長距離通商における特殊な優位性を与えた。

交易と都市化がアッバース朝の下のムスリム世界で花開くにつれ、「ユダヤ教徒たちの高い識字能力は（中略）工芸、通商、商業、金貸しにおいて、非ユダヤ人に対する競争優位をもたらした」とボッティチーニとエックスタインは書く。[※13]

一二五八年の蒙古によるバグダッド襲撃で、アッバース帝国の政治文化中心が失われ、イラクとペルシャのかなりの地域が無人となった。そしてユダヤ教コミュニティの人口中心は今度はヨーロッパに移り、そこでユダヤ人たちはますます金貸しに特化するようになった。

この職業パターンは深い人口的な影響をもたらした。金貸し業は、その高いリスクにもかかわらず実に儲かったので、ユダヤ人たちは大家族を持てたし、ほかの豊かな人々と同じく、子どもの中で大人まで生き延びる人数が増えるような手を打てた。イラクとペルシャにおけるユダヤ人コミュニティ崩壊と、ヨーロッパ系ユダヤ人がイングランド、フランス、ドイツ各地から追放されたことで、その総人口は一五〇〇年には一〇〇万人以下に減った。でもその新しい富に後押しされて、ユダヤ人人口は急速に増え始め、一九三九年には世界で一六五〇万人に達した。

進化的な観点からすると、人口増は適応の成功の結果だった。識字要件のためにユダヤ人たちは、非ユダヤ人よりも都市商業の新しい認知的な要件にうまく対応できるようになった。歴史学者ジェリー・Z・ムラーは述べる。「ユダヤ人たちは資本主義社会で成功しやすい行動形質を持っていた。彼らは商業社会に、市場の仕組みや利益損失の計算、リスク評価とリスク負担などについて、家族やコミュニティからノウハウの蓄積をもらって参入した。最も重要な点として、これは最もはっきり切りわけにくいものではあるが、ユダヤ人たちは新しいニーズを発見し、使われていないリソースを市場に持ってくるという能力を実証して見せた※14」。

中国の華僑コミュニティと同じく、ユダヤ人たちは自分たちが働く経済にすさまじい便益をもたらした。残念ながらその成功は、華僑の場合と同じく、多くの場合に感謝されるどころか嫉まれ、それに伴い差別や殺人的な意趣返しがやってきた。この反応は、ユダヤ人たちを擁していた集団の知性よりは貪欲さを露骨に示すものではある。

エスキモーの体つきを見れば、北極圏の環境で生存しやすいように人間の身体を改変した進化プロセスの働きはすぐに見てとれる。チベット人のように高地に暮らす人々も、極端な環境への別の適応を示している。この場合だと、血球調整の変化はあまり目に見えるものではないが、でも遺伝的に同定されている。ユダヤ人の資本主義への適応もまた、そうした進化的なプロセスだが、認識はしにくい。ユダヤ人が適応しているニッチは、身体的な変化ではなく行動面での変化を必要としたものだからだ。

この適応のためユダヤ人の集団は、単純に他のほとんどの集団よりも高い認知能力を持つ個人の比率が高いのだ。だから、高い知能を必要とする活動において、標準よりも高い成績を叩き出す。知能などの形質の分布は正規分布曲線に従っていて、大多数の人々は平均的な値を持ち、そこから高いほう、低いほうに向かうにつれて、だんだん人数は減る。平均値がほんのちょっと上に動くだけで、分布の上端の人数は大幅に増える。北欧の平均IQは定義からして一〇〇であり、この集団では千人中四人が一四〇以上のIQを持つはずだ。でもアシュケナジムの平均IQが一一〇だったとすると、IQ一四〇を超える人数は千人中二三人となる、とユタ大チームは計算する。この比率は北欧人に比べて六倍にもなる。ここから、ユダヤ人たちが規模は小さいのにこれほど多くのノーベル賞受賞者やそのほか知的に傑出した人々を輩出したのかという説明の一助が得られる。

第九章　文明と歴史

CIVILIZATIONS AND HISTORY

少しずつではあるが、地球上のあらゆる非西洋人たちは、落ち着かない癇に障るやり方でやってくる、お節介なヨーロッパ人たちに対して何か劇的に対処する必要があると考えるようになった。西洋が台頭して世界中を支配するに至ったというのが、実際問題として現代世界史の主要な主題となる。

――ウィリアム・マクニール※1

過去、現在、未来にわたり、世界の軍事力学の物語は、究極的には西洋軍備の威力に関する検討となる。

――ヴィクター・デイヴィス・ハンソン※2

だが世界文明のどんな歴史であれ、一五〇〇年以降に起こった西洋への段階的な従属の度合いを矮小化してみせるものは、基本的な論点を見落としている――それこそが最も説明されるべき論点なのだ。西洋の台頭は、単純に言って、キリスト生誕以降の第二千年紀後半における、最も刮目すべき歴史的現象だ。それは現代史の最も核心にある物語となる。そしてそれは、歴史家たちが解明すべき最も手強いナゾナゾとすら言える。
――ニーアル・ファーガソン※3

一六〇八年に、オランダのミッデルブルグに住む眼鏡職人ハンス・リッペルスハイが望遠鏡を発明した。その後ほんの数十年のうちに、望遠鏡はヨーロッパから中国にも、インドのムガール帝国にも、オスマン帝国にも導入された。四つの文明は、この新しい強力な道具を手にしたという点で同じ出発点に立っていた。この道具は宇宙を観察し、惑星運動の法則を導き出す可能性さえ秘めていたのだ。

歴史上で対照実験はほとんどないが、科学史家トビー・ハフは一七世紀の望遠鏡の受容と使われ方が対照実験となっていることに気がついた。四つの文明がこの強力な新しい道具に示した反応は、それぞれが発展させた大きく異なる社会を反映したものとなっている。

ヨーロッパでは、望遠鏡はすぐに天に向けられた。ガリレオはリッペルスハイの装置の説明を聞いて、即座に独自の望遠鏡作成に乗り出した。そして初めて木星の月を観察し、木星に衛星があるという事実を使ってコペルニクス説を支持した。コペルニクス説は地球を含む惑星が太陽の衛星なのだという、当時は論争されていた主張をおこなっていたのだった。地球が太陽のまわりをまわるというガリレオの主張は、地球は不動だという教会の信念と衝突した。一六三三年にガリレオは異端審問により自分の主張を取り下げ、その後生涯にわたり軟禁の状態に置かれた。

でもヨーロッパは一枚岩ではなく、異端審問はコペルニクスとガリレオの発想がプロテスタント諸国に広まってもそれを抑えるすべがなかった。ガリレオが創始したことはケプラーとニュートンに受け継がれた。科学革命の勢いはほとんど衰えなかった。

ムスリム世界では、望遠鏡はすぐにインドのムガール帝国に到達した。一台が一六一八年に、イギリス大使からジャハンギル皇帝の宮廷に供覧され、翌年にはさらに多くの望遠鏡がやってきた。ムガール人たちは天文学についてはいろいろ知っていたが、彼らの関心は暦関連の事柄にかぎられていた。改訂版の暦が一六二八年にムガール皇帝シャー・ジャハーンに提出されたが、それを作成した学者はプトレマイオス体系に基づいていた（この体系は、不動の地球のまわりを太陽がまわると想定している）。

天文学にはかなり詳しかったムガールの学者たちは、望遠鏡を使って天の探究をおこなうだろうと期待したくもなる。でもムガール帝国における天文学装置の設計者たちは望遠鏡をつくらず、学者たちもそれに対する需要をつくり出さなかった。「結局、一七世紀に望遠鏡を天文学的な用途で使おうとしたムガール帝国の学者は一人もいなかった」とハフは報じている。[※4]

当時の他のイスラム帝国でも、望遠鏡はあまりいい目を見なかった。望遠鏡は遅くとも一六二六年にはイスタンブールに到着しており、すぐにオスマン海軍で採用された。でも一四世紀にはイスラム世界が光学の最先端だったのに、オスマン帝国の学者たちは望遠鏡にまるで興味を示さなかった。彼らは宇宙のプトレマイオス的な見方に満足しており、ガリレオやコペルニクス、ケプラーの著作を翻訳する手間さえかけなかった。「新しい天文台は一つもつくられず、改良型望遠鏡は一つもつくられず、

望遠鏡が天について明らかにした内容を巡る宇宙論的な論争も一つとして報じられていない」とハフは結論づける。※5

ヨーロッパ以外だと、望遠鏡の新しい利用者として最も有望なのは中国だった。中国政府は天文学にきわめて大きな関心を示していた。さらにヨーロッパの新しい天文学的な発見を中国に送りこむための異様ながらも活発な仕組みが、イエズス会の伝道師という形で存在していた。イエズス会士たちは、中国人たちが関心を持つ天の現象についてヨーロッパの天文学のほうがもっと正確な計算を提供できると示せれば、中国をキリスト教に改宗させる見込みも高まると計算していたのだった。イエズス会の努力を通じて、中国人はまちがいなく一六二六年には望遠鏡を知っていたし、おそらく中国の皇帝は、一六一八年の時点でミラノのボロメオ枢機卿から望遠鏡を贈られていたはずだ。

イエズス会は、伝道にかなりの人材を投入した。中国伝道の先鞭をつけたのはマテオ・リッチだが、彼も熟練数学者で中国語がしゃべれた。リッチは一六一〇年に没したが、その後継者たちは数学や天文学に関する最新のヨーロッパ書籍を輸入し、せっせと中国天文学者たちを教育して、その天文学者たちは暦の改訂に精を出した。イエズス会士の一人アダム・シャール・フォン・ベルは、欽天監《きんてんかん》監正（天文台長官）にすら任命された。

イエズス会士たちとその中国での追随者たちは、伝統的な手法に従う中国人天文学者たちに対して何度か予想をめぐる挑戦をしかけ、毎回勝っている。たとえば中国人は一六二九年六月二一日に日食が起きるのを知っていた。皇帝は両側に対し、前日にその正確な時間と持続時間を提出するよう求めた。伝統的天文学者たちは、日食が午前一〇時三〇分に始まり二時間続くと予想した。でも実際には午前一一時三〇分に始まり二分間で終わった。これはまさにイエズス会の予想通りだった。

でもこうした計算上の勝利でイエズス会の問題が解決したわけではない。中国は天文学自体にはまるで興味を示さなかった。彼らの関心はむしろ天からのお告げのほうで、何かの行事をおこなうために幸先のいい日を予測したいだけだった。天文学はしょせん、そのための道具でしかなかった。だから天文台も、礼部の中でごく小さな部局でしかなかった。イエズス会は、天文学的な予測にどこまで深入りすべきか疑問視していたが、天文学的な優秀性を通じて中国人を改宗させようという計画のため、とにかく天文学は進めた。このため中国の役人と対立することとなり、中国の国内問題に介入する外国人として糾弾されることになる。一六六一年にシャールを初めとするイエズス会士たちは、太い鉄の鎖につながれて投獄された。シャールは八つ裂きによる死刑が宣告されたが、翌日たまたま地震が起きたことで、やっと釈放されることになった。

不思議なのは、この期間に中国は望遠鏡をまったく改良しなかったことだった。それどころか、ヨーロッパの最新研究を携えたイエズス会士たちに叩きのめされたというのに、宇宙の理論的構造に関するヨーロッパ思想の成果に持続的な関心をまるで示さなかった。中国天文学者たちは、何世紀にもわたる天文観測の伝統を背後につけていた。でもそれは中国の宇宙論体系に組み込まれており、それを彼らは放棄したがらなかった。その根底にある外国恐怖症も、新しい思想に対する抵抗を支持した。「中国に西洋人を入れるくらいなら、まともな天文学などないほうがいい」と反キリスト教天文学者の楊

光先は書いている。※6

中国もムスリム世界も、自然界に対する「好奇心不足」に苦しんだ、とハフは述べる。ハフはそれを彼らの教育制度のせいだとする。でもヨーロッパ社会とほかの社会とのちがいは、教育や科学的好奇心をはるかに超えるものだ。望遠鏡の受容は、一七世紀初期の段階で四つの文明における社会行動と、それぞれを体現する制度に、すでに根本的なちがいが生じていたことを示している。ヨーロッパ社会は革新的で外向的で、新しい知識を開発し適用するのに熱心で、ある程度はオープンであり複数主義的だったので、旧秩序が新しいものを抑圧せずにすんだ。中国とイスラム世界の人々は相変わらず伝統的な宗教構造にとらわれており、ヒエラルキーに従属しすぎて自由な思考やイノベーションを支持できなかったのだ。

西洋のダイナミズム

ハフの望遠鏡実験により明らかとなった一七世紀のトレンドは、今日まで驚くほど変化しないまま続いている。その四〇〇年後、ヨーロッパ社会は相変わらずほかの社会よりオープンで革新的だ。イスラム社会は相変わらず内向きで、因習的で、複数主義に対して敵対している。中国は相変わらず専制主義政権が支配しており、あらゆる組織的な反対運動を弾圧し、思想や上場の自由な流れを禁じている。こうした有力なトレンドの安定性は、こうした社会やその制度の基本的な性質を形成した進化的な力についての証明とは言えないにしても、強い示唆ではある。

社会がオープンで革新的であるため、西洋は多くの分野で驚くほどの支配力を達成してきた。その手法や知識が完全に公開されていて、ほかのだれでも真似できるのにそうなっている。世界のほとんどはいまや西洋の経済システムに統合されている。でもその主要な経済的ライバルである日本と中国は、今のところ革新者として西洋を追い越す気配は一向に見せていない。世界の最も成功した企業のほとんどは相変わらず西洋のものだ。アメリカ人とヨーロッパ人はいまだに科学研究のほとんどの分野を支配しており、ほとんどのノーベル賞も独占している。

西洋は相変わらず軍事力でも先を行っている。その強大さは必ずしも均一ではない。日本は一九〇五年の対馬海戦でロシア艦隊を破り、第二次世界大戦ではヨーロッパの植民地列強によるアジア支配地を制圧した。中国は朝鮮戦争でアメリカと戦って引き分けたし、ベトナムでアメリカは勝てなかった。ヨーロッパ列強は植民地保有の費用があまりに高くなりすぎて、多くの植民地諸国から撤退した。でも西側軍事力は一七世紀のオスマン侵攻に耐えて以来、基本的には無敵のままだ。何世紀にもわたり、西側列強の最も深刻な敵対者は、ほかの西側列強諸国だ。

西洋科学は、技術の原動力だが、いまでも他国に対して支配的なリードを保っている。日本の科学が現代化の完了後には手強い相手となるという期待はあったが、こうした開花は起こっていない。そして科学研究への大量投資にもかかわらず、そうした力づくだけで中国が主要な科学列強になれるという保証はない。科学というのは、少なくともその偉大な進歩においては、受け入れられている理論の転覆と、改善された理論による代替を必要とするという点で、本質的に転覆的なものだ。東アジア社会は恭順性と上司への敬意をきわめて重視するが、これは科学が花開く土壌としてはあまり肥沃なものとはいえない。

世界中で、西洋医学は伝統医学よりずっと効果が高いことが実証されてきた。西洋の音楽やアート、映画は、一般に伝統に縛られた東洋の芸術文化より創造性が高く、西側社会の開放性は、多くの人からずっと魅力的だと思われている。個別のヨーロッパ人について、何か特別な美徳があると主張するのは無意味だ——彼らはほかのみんなと大差ない。でもヨーロッパの社会組織と、特にその制度は、いくつかの重要な尺度においてほかの人種によるものと比べ、ずっと生産的で革新的だと実証されている。それなのに、西洋の最近の台頭は、それに先立つ中国の台頭と長期的な優位性持続と同じように、ずいぶん説明がつけにくいようだ。

地理的決定論

西洋の台頭についての説明の一つは地理的なものだ。地理学者ジャレド・ダイアモンドはこの発想を最も最近に主張した人物となる。その有名な著書『銃・病原菌・鉄』で、彼は西洋がほかよりも強力なのは、単純にそれが農業に有利な状況を享受したことで、ハンデをもらったからだという。それぞれの人々自体の天性や、社会の性質は、ダイアモンドの見方ではまったく関係ない。人類史のすべては、家畜化や作物化に適した植物や動物の存在や、ある集団では流行したがほかでは流行していない疫病の存在といった、地理的特徴で決まっている。

ダイアモンドの本は大人気ではあったものの、この議論にはいくつか深刻な穴がある。一つは地理だけが問題で遺伝子は関係ないという反進化論的な想定だ。ダイアモンドによれば、あの本は一行でまとめられる。「歴史が人々ごとにちがう道をたどったのは、人々の環境の差のせいであって、人々自身の生物学的な差のせいではない」[※7]。でも地理決定論は、遺伝決定論と同じくらいバカげた立場だ。進化というのはこの両者の相互作用で生じるものだからだ。

ダイアモンドの著書は、なぜ西洋文明がニューギニア社会に比べ、はるかに多くの物質的な財を生み出したのか、というニューギニアの部族民からの質問に対する答えとして構築されている。ダイアモンドは、現代科学、産業革命、ヨーロッパ人がついにマルサスの罠を逃れた経済制度といった発展はまったく重視しない。実際、ヨーロッパ人が経済手法をオーストラリアに持ちこんだときには、彼らはすぐにヨーロッパ型経済をつくり上げて運営できた。ヨーロッパ人がやってきた時点で、オーストラリア原住民のアボリジニたちはまだ旧石器時代にいて、それより発達した物質文化を発展させる兆候はまったく見せていなかった。

もしオーストラリアという同一の環境において、ある集団がきわめて生産的な経済を運営できて、別の集団にそれができないのであれば、決定的なのはダイアモンドが主張するような環境要因ではあり得ず、むしろこの両集団とその社会の天性に存在する何か決定的なちがいのせいにちがいない。

当のダイアモンドもこうした反対論に触れてはいるが、それを「嫌悪すべき」とか「人種差別的」などと否定してすませてしまう。こうした手管のおかげで、ダイアモンドはこうした議論のすぐれた点について説明せずにすませている。自分の見方に敵対する見方を悪魔呼ばわりするのは、学術界の砂場では有効なことも多いが、説明要因として人種分類を考えるだけで自動的に人種差別主義者となるわけではない。当のダイアモンド自身も、自分に都合がいい場合にはそれをやる。「知能に有利な遺伝子を促進する自然淘汰は、おそらく人口密度が高くて政治的に複雑な社会よりも、ニューギニアのほうがずっと熾烈だっただろう。（中略）心的能力の面で、ニューギニア人たちはおそらく西洋人よりも遺伝的にすぐれている」[※8]と彼は述べる。こんな眉唾な主張が正しいと示す証拠はまったくない。[※9]

同じく奇妙なのは、知能が現代社会よりも石器時代のほうでずっと有利に作用したというダイアモンドの想定だ。知能は現代社会のほうでずっと報われる。なぜなら、現代社会のほうがずっと知能への需要が高いからだ。そしてそうした社会を構築した東アジア人やヨーロッパ人たちは、実際に高いIQ得点を持っている。これは部族社会や狩猟採集社会に暮らす人々より高い知能を持つということを意味している可能性が高い。

『銃・病原菌・鉄』は大人気ではあったが、こうした事実に反する主張をおそらくは読み飛ばした多くの読者は、ダイアモンドの著書の性質に関する重要なヒントを見すごしている。この本を動かしているのは科学ではなくイデオロギーなのだ。家畜化できる動物の有無や病気の広がりに関するきれいな主張は、事実の冷静な評価ではなく、地理的決定論というダイアモンドの大きな旗印に奉仕させられている。その地理的決定論自体が、遺伝子や進化が最近の人類史に多少なりとも影響したという発想から読者を遠ざけるように構築されたものなのだ。

地理や気候はまちがいなく重要ではあったが、ダイアモンドが示唆するほど圧倒的な影響はなかった。地理の影響は負の意味でなら、つまり特にアフリカやポリネシアといった低人口の地域で、人口主導の都市化を阻害したという意味でなら容易に見られる。でもずっと理解がむずかしいのは、なぜヨーロッパと東アジアが、ほぼ同じような緯度にあったにもかかわらず、ちがう方向に向かったのか、ということだ。

地理がその答えについて最初の糸口を提供するだけなら、経済学が西洋の台頭についてもっと詳細な説明を提供できるだろうか？　前章で見た通り、経済史家は一般に、産業革命の生誕を説明するのに制度や資源といった要因に注目してきた。でも一見すると成功に必要な条件の多くは、イギリスだけでなく中国にもあって、西洋の圧倒性について明らかな原因はまったく提供してくれない。「歴史家たちが、北西ヨーロッパにおける産業革命への大きな貢献として考えるほぼあらゆる要因は、中国にも存在した」と歴史家マーク・エルヴィンスは結論している。※10
産業革命への鍵として制度を好む人々は、王室をがっちりと議会の制御下に置き、経済インセンティブを合理化したイギリスの一六八八年名誉革命を強調する。でも名誉革命もその後の産業革命も、西洋の台頭においてはかなり後の展開で、その基盤はずっと前から敷かれていたと歴史家たちは考えている。

西洋の台頭を説明しようとした最近の論説で、歴史家のニーアル・ファーガソンは六つの制度を挙げた。最初のものを、彼は競争と呼んだ。競争というのはファーガソンによれば「政治生活の分散化であり、これが国民国家と資本主義の発射台をつくり出した」[※11]とのこと。これはつまり、西洋がおおまかに言って、競争する制度を持ったオープンな社会を享受しており、東洋の相も変わらぬ専制政治とはちがうというのを言い換えているだけだ。

オープンな社会は、ファーガソンが西洋の台頭に必須とした他の制度を可能にした。たとえば民間所有権や法制における財産保有者の代弁といった法治、科学や医学の進歩、技術と消費者需要が動かす成長経済などだ。

ファーガソンはこう書く。「ざっと五〇〇年の歴史の中で、西洋文明は世界における驚異的な支配力を持つにまで台頭した。(中略)西洋科学はパラダイムを一変させた。ほかの科学は追随したか取り残された。西洋の法とそこから導かれた民主主義を含む政治モデルは、非西洋的な代替手法に置き換わるかそれらを撃破した。(中略)何よりも工業生産と大衆消費の西洋モデルは、経済組織の他のモデルすべてをそのはるか後方でのたうつままに置き去りにした」[※12]。

いくつかのちがった権力中心を持つ社会は、専制主義よりは新しい発想を弾圧しにくいし、イノベーションや起業精神を潰したりもしにくい。こうしてヨーロッパは、科学や医学の台頭において中国よりは有利な環境を提供し、資本主義の台頭にとっても有利となった。でもファーガソンの分析は結局のところ、西洋はオープン社会だったから成功した、というだけの話に行きつく。これは確かにその通りかもしれないが、なぜ西洋だけがそうした性質の社会を発展させられたのか?「この社会の開

放性と、その発明性こそは、説明されるべきものとなる」と経済史家エリック・ジョーンズは書く。※13

西洋はいかにして台頭したか

五万年ほど前、現代人類がアフリカという先祖の故郷を離れて世界中に離散したとき、壮大な自然実験が開始された。アフリカ、オーストラシア、東アジア、ヨーロッパ、南北アメリカで、人々は直面した各種の課題に応じて、まったくちがった種類の社会を発達させた。少なくとも詳細な記録が存在する過去五〇〇年、おそらくはそれよりずっと前から、そうしたちがいは持続的な性質のものとなっていた。

この自然実験は、少なくとも五種類の人類がそのほとんどの期間にわたり並行して発展をとげるというものだったが、複雑な結果をもたらした。同じヒトという粘土から、多種多様な社会が形成されたのは明らかだ。オーストラリアはそのベースラインのようなものだ。ここには四万六千年ほど前に故郷アフリカからの移住者が定着した。こうした最初の居住者の子孫は、DNAから見て一七世紀にヨーロッパ人たちがやってくるまで、あらゆる部外者たちを追い払い続けた。当時、彼らの生活は数万年前とほとんど変わらなかった。オーストラリアのアボリジニたちは、相変わらず部族社会に暮らし、町も都市もなかった。その技術は、彼らの祖先がオーストラリアに到着したのと同時期にヨーロッパに達した旧石器狩猟者たちとほとんど変わらなかった。四万六千年もの隔離の中で、車も弓矢も発明できていない。近隣部族との永続的な戦争状態で暮らしていた。彼らの最も注目すべき文化的な業績は強度の高い宗教で、儀式の一部は昼夜ぶっ通しで、ときに何か月も続く。こうした入念な信仰を追及するだけの余裕ができたのは、アボリジニたちが新参者なら破滅したような砂漠に近い環境でも繁栄できたせいだ。でも人口成長がなく、人口圧もなかったため、アボリジナル部族は、他の文明を形成したような国家形成や帝国建設などの集約プロセスを余儀なくされたことはなかった。

アフリカでは、人口はオーストラリアよりは多かったので、農業がすぐに採用され、定住社会が発達した。そこからだんだん複雑な社会が生まれ、原始的な国家もできた。でも人口密度が低いため、こうした原始的な国家は政治的な競争段階に入らず、メソポタミアや黄河流域や、ずっと後のアンデス高地での帝国を生み出したような、持続的な戦争も起こらなかった。一五〇〇年のアフリカ人口はたった四六〇〇万人だった。土壌はおおむね痩せていて、農業的な余剰はほとんどなく、したがって財産権を発達させるインセンティブもなかった。車輪や航行可能な川の不在のため、アフリカでの輸送は困難で、交易も小規模だった。人口圧がないので、アフリカ社会は交易が刺激するような技能を発達させるインセンティブもなく、資本蓄積、職業の専門特化、現代社会生成の必要性もなかった。国家と帝国建設の段階がやっと始まったが、それもヨーロッパによる植民地化が起きて中断してしまった。

南北アメリカでの歴史はたった一万五千年前に始まったばかりだ。発端は、シベリアからの初の移民が、当時存在したシベリアとアラスカの間の陸橋を渡ってやってきたときだった。メキシコ、中央アメリカ、アンデスでかなりの帝国が生まれた。でも人口が国家形成に必要な決定的な密度に達するまでには長くかかった。アステカやインカは、現代国家に向けて遅ればせながら不確実な歩みを始めたばかりであり、コンキスタドールたちがやってきたときには、すでに内部の弱点により無力化しつつあった。

本格的な国家や帝国が発達したのはユーラシアだけだった。気候や地理が有利だったおかげで人口もずっと増えた。交易と戦争による変革的な影響のもとで、中国、インド、近東、ヨーロッパで帝国が生まれた。

歴史的な詳細が不明なので、ローマ帝国の西半分における文民統治が崩壊した紀元五世紀頃以前のヨーロッパ人口を形成した影響力を同定するのはむずかしい。地理的に言うと、当時のヨーロッパは開墾された地域が森林や山、湿地で区切られたツギハギ状態だった。こうした開墾済みの耕作可能地が、新しい政治体の核となり、それが九〇〇年頃に国家へと台頭した。でもこの分断状態からの統合は遅々としたものだった。一四世紀になっても、ヨーロッパにはまだ千の政治体があった。国民国家は一五世紀に発達し始めた。一九〇〇年には、ヨーロッパには二五か国があった。※14

これに対して中国の地理は、人口の社会行動をまったくちがった方向に向けた。揚子江と黄河の間の肥沃な平原で、人口は着実に増え、かなり早い時期に勝者総取りの国家間競争を余儀なくされた。中国は紀元前二二一年には統一され、ずっと専制主義が続いて、定期的に北部国境からの強力な遊牧民による襲撃にあう。

人類学者ピーター・ファーブはこう書く。「過去一万年についての客観的な調査はすべて、そのほとんどすべての期間において、北部ヨーロッパ人たちは劣等野蛮人種で、小競り合いと無知の中で暮らし、ほとんど文化的な革新を生み出さなかったと示すだろう」[※15]。でも中世初期から、有利な要因の組み合わせがヨーロッパ人たちに、社会組織のことさら有力な形態を発展させる舞台を整えた。そうした要因としては、多くの独立国が併存しやすく、どれか一つがすべてを支配しづらくした地理、社会的な階層化と公益を奨励できるほどの人口密度、教会という独立した影響力センターによる地元支配者の権力制約などがある。一二〇〇年には、ヨーロッパはまだ中国やイスラム世界に比べれば後進地帯ではあったが、科学の発達に伴い、比類なきイノベーションの爆発を引き起こすような制度がすでにできあがっていたのだった。

現代科学の起源

西洋文明の独特な特徴は、現代科学の創造だった。現代科学のルーツに分け入ることで、ヨーロッパ社会をその特別な経路へと押しやった本質的な要因が見つからないだろうか？

科学史家トビー・ハフは、ヨーロッパ、イスラム世界、中国の初期科学を慎重に比較した。彼の望遠鏡についての考察はすでに触れた。一二〇〇年に世界を調査した人物がいたとすれば、現代科学が発生しそうな場所はヨーロッパなどではなく、イスラム世界か中国だと思ったはずだ。古代ギリシャの科学著作は一二世紀と一三世紀にアラビア語に翻訳された。アラビア語による著述家——これにはアラブ人だけでなく、ユダヤ人、キリスト教徒、イラン人も含まれる——のおかげで、アラブ科学は八世紀から一四世紀まで世界最先端だった。アラビア語で著述する科学者たちは、数学、天文学、物理学、光学、医学で主導的な存在だった。アラブ人たちは三角法や球面幾何学を完成させた。

中国もまた、科学にとって肥沃な世界のように見えた。一六二〇年にフランシス・ベーコンは、人類の三大発明としてコンパス、火薬、印刷術を挙げたが、これはすべて中国起源だ。技術的な発明の才だけでなく、中国は天文観測の長い歴史を持つ。これは太陽系の力学理解にとって不可欠な基盤だ。

それなのにアラブ科学も中国科学も停滞したが、その理由は基本的にどちらも同じだった。科学は孤独な個人の独立活動ではなく社会活動であり、お互いの業績を精査し、疑問視し、それを発展させる学者コミュニティの産物だ。だから科学が発展するには大学や研究所といった社会制度が必要で、これらは宗教権威や政府が課す知的制約からある程度は自由でなければならない。

イスラム世界でも中国でも、独立機関の活動する余地はなかった。イスラムでは、モスクに付属した宗教教育機関であるマドラサがあった。でもその主要な目的は、イスラム科学と呼ばれるもの、つまりコーランとイスラム法研究をおこなうことであり、外国科学（自然科学はそう呼ばれていた）の研究ではなかった。古代ギリシャ哲学の大半はコーランの教えと相容れず、研究対象外だった。宗教権威のご機嫌を損ねた学者はファトワにより即座に口を封じられかねなかった。イスラムの知的伝統、つまりコーランとムハンマド言行録があらゆる科学と法を含んでいるという発想は、あらゆる独立思考の方向性にとって敵対的な環境だった。

イスラム支配者たちは、印刷術を禁止して、都合の悪い研究を黙らせることによりトラブルを避けるのが通例だった。ヨーロッパでは、新しい知識への関心はエリートだけにかぎられず、識字能力がだんだん普及してきた社会全体に浸透していた。一五〇〇年にはロシア以外のヨーロッパ全域にある三〇〇都市に、印刷機が一七〇〇台存在していた。[※16] オスマン帝国では、スルタンであるセリム一世の勅令により、印刷機を使っただけでも死罪が言い渡された。イスタンブールは一七二六年まで印刷機を持たず、その所有者たちもほんの数点を刊行しただけで閉鎖を命じられた。

イスラム諸国の宗教当局は、コーラン以外のあらゆる知識源を敵視し、しばしば権力を行使してそれを弾圧した。一二五九年に創設された、イランの高名なマラガ天文台のような機関も、ほんの短期間しか続かなかった。一五八〇年になっても、イスタンブールに建設された天文台は、竣工すらしないうちに宗教的な理由で破壊された。[※17]

経済学者ティムール・クランは、最近イスラム世界が経済的に停滞したのは、おもに商業に関するイスラム法が硬直的だからだと論じている。たとえば企業は、パートナーが一人でも死んで、相続人が即座に支払いを求めたらその時点で解体されてしまう。「要するに、イスラム法のいくつかの自己強制的要素――契約条項、相続制度、結婚規定――はどれも中東の商業インフラ停滞に貢献したのだ」と彼は書く。[※18] でもイスラム法のせいにするだけでは説得力がない。ヨーロッパ人たちも、同じように神学に基づく法律に直面していた。たとえば高利貸し禁止法などだ。それでも法のほうを社会の大きな目的にあわせて変えさせてきた。イスラム世界では、近代化の力をもってしてもオスマン帝国は一九世紀まで法体系を近代化しなかった。

だったら、そんなに不都合な条件にもかかわらず、なぜアラビア科学は八世紀から一四世紀にかけてそんなに発達したのだろうか？　ハフによれば、その理由はイスラム支配の最初の数世紀だと、実際にイスラム教に改宗した人々は少なかったからだという。ムスリムがどこでも多数派となったのは、一〇世紀になって改宗の勢いが増してからだ。そしてその力学は「おそらく自然科学やその他知的生活の探求にとってはマイナスの影響をもたらしたはずだ[※19]」。

中国も、理由こそちがえ、イスラム世界と同じように現代科学への反発を発達させた。中国での一つの問題は、皇帝から独立した機関が何一つなかったということだ。大学もない。かろうじて存在した学校は、基本的には科挙向けの詰めこみ塾だ。独立思考は奨励されなかった。明の初代皇帝洪武帝は、学者が羽目をはずしすぎたと思ったとき、学位保持者六八人と生徒二人の死罪を命じ、学位保持者七〇人と生徒一二人に懲罰労働を命じた。ハフによれば、中国科学の問題はそれが技術的に欠陥があったからではなく「利害関係のない学者たちが自分の洞察を追究できるような、高等教育の独立機関を中国当局がつくりもせず、許容もしなかったからだ[※20]」。中国はイスラム世界のように印刷機を禁止したりはしなかったが、彼らのつくった本はエリート向け専用だった。

独立思考に対する別の障害は、抑圧的な教育システムだった。中国の教育システムは、儒教の古典五〇万字に及ぶ丸暗記と、それらに対する様式化された註釈を書く能力に特化していた。紀元前一二四年に始まった科挙は、一三六八年に最終形が完成し、一九〇五年まで一切変わらずに続いた。これでさらに五世紀にわたり知的革新が阻害された。

現代科学が何世紀にもわたり中国とイスラム世界の双方で弾圧されたという事実は、ヨーロッパでの現代科学も決して安泰ではなかったということを示す。ヨーロッパもまた技術変化やそれがもたらす攪乱に抵抗する既得権益があった。ヨーロッパの宗教当局も、イスラム世界とまったく同じように、教会の教義に対する異論をすばやく抑えようとした。一二七〇年にパリ司教エチエンヌ・タンピエはアリストテレス支持者が信奉する一三のドクトリンを糾弾した。アリストテレス哲学は、ヨーロッパの大学でかなりの影響力を持つようになっていたのだ。司教はこれに続き一二七七年にはパリ大学で議論されていた二一九の哲学神学的なテーマを禁止した。

でもヨーロッパが中国やイスラム世界とちがうのは、その教育機関がかなりの独立性を持っていたという点だった。ヨーロッパは企業を法人として扱ったため、ギルドや大学といった集団の思考や行動には、ある程度の自由が認められた。教会当局は、そこで教えられたり議論されたりしている内容に異議は唱えられても、科学的思想を永久に抑えこんだりはできなかった。

ヨーロッパの大学はマドラサと同様に神学教育から始まったが、すぐにアリストテレス哲学に移行し、哲学から物理学や天文学に移行した。こうした機関の中で、科学者たちは自然の系統的な研究を開始できたので、それが現代科学の基盤となった。

大学の存在は、科学がヨーロッパで栄えたのに中国やイスラム世界では栄えなかった説明となる。でもそもそもなぜヨーロッパで科学が始まったかという説明にはならない。科学という仕組みがあらわれた、既存の科学以外の源泉は何だったのか？

ハフは、それを見つける場所としておもしろいアイデアを提示している。「西洋での現代科学の成功の謎――そしてそれが非西洋文明で栄えなかった謎――は、文化の科学以外の領域を研究することで解決されるべきだ。つまり宗教、哲学、神学といったものだ」とハフは書く。[※21]

キリスト教神学は、教義の細かい点についての長い論争史を持つ。その多くは三位一体の複雑な教義から生じたものだ。こうした論争はヨーロッパ人の心の中に、理性が人間の属性だという発想を構築した。人間と動物とをわけるのは理性だ。一一世紀末にローマ民法再発見がおこなわれたこともあり、ヨーロッパは司法制度の概念を発達させた。理性と良心が司法実践を決める基準として採用された。そこから自然法則の概念まではほんの一歩で、自然という本が存在し、世界という機械があって、それが人間の理性により理解できるという想定が生じた。ハフによれば、ヨーロッパの中世社会を一変させ、現代科学成長を受け入れる地盤にしたのは、一二世紀と一三世紀の法的思考の革命なのだった。

オープン性の報い

現代科学の源泉となった、ヨーロッパにおける法と理性の概念は、オープンな社会の基盤としても機能した。交易と探検は、中国の皇帝なら自分の都合次第で弾圧できたが、ヨーロッパの拡大においては中心的な力となった。

間歇的な戦争は勃発したものの、ヨーロッパ各地の間では活発な交易がおこなわれた。交易はヨーロッパ人による世界探検の背後にある力の一つだった。一四九〇年代にはヴァスコ・ダ・ガマのインド渡航やコロンブスのアメリカ渡航があった。こうした航海はまた、きわめてヨーロッパ的な世界への好奇心を示すものでもある。こうした探検は大量の新しい技術発明や現代科学の発端、資本主義の台頭にも後押しされていた。

世界を発見したのはヨーロッパであり、その逆ではない。中国の提督鄭和《ていわ》は一五世紀初頭に東南アジアとアフリカへ何度か航海をおこなったが、これは持続しなかった。その他世界を発見したヨーロッパ人は交易路をつくり、多くの場合はそれに続いて軍事征服もおこなった。ヨーロッパ人たちは部族社会をほとんど意のままにうっちゃり、入植者を送りこんで南北アメリカ、オーストラリア、そしてアフリカの相当部分を占拠した。

ヨーロッパ人の特殊性は、一一世紀、いやそれ以前から確立していたかもしれない。それでも一五〇〇年の時点ですら、ヨーロッパのその後の台頭はとても明白とは言えなかった。オスマン帝国はまだ拡大していた。中国は明朝の安定期を享受していた。ムガール帝国はインドで台頭するところだった。こうした三つの帝国はすべて、ヨーロッパのどんな国よりも強大だった。

ヨーロッパは統一による軍事的な利点はなかったものの、中国とちがい絶えず侵略の危険にさらされていなかったおかげで、かろうじてとはいえ断片化に耐えられた。ユーラシア大陸の西端にあるヨーロッパは、東部はロシアとビザンチン帝国という緩衝国により守られていた。一〇世紀以降、ヴァイキングやマジャール人の攻撃が終わり、イスラムが撃退されてから、ヨーロッパはそこそこ外部からの攻撃を受けずにすみ、イギリスは島国であることでさらに守りが堅かったので、最大の安全保障を享受していた。

だから中国人とちがい、ヨーロッパ人は決して外部から守れるほど強い専制支配を求めざるを得ないような事態にはならず、またそれを受け入れる必要もなかった。彼らは独立を好み、自分たちの内輪だけで争っていられる余裕があった。こうした内戦は軍事競争による刺激という便益を獲得させてくれたが、ヨーロッパの地理と政治は、単一の永続帝国につながる通常の最終決戦を阻止してくれた。ヨーロッパに生じたローマ帝国以降の帝国は、シャルルマーニュもハプスブルグもナポレオンもヒトラーによるものも、決して完成しないまま短命に終わった。

専制社会では、支配者は税を強要し、軍をつくり、戦争を仕掛けられる。原理的に言えば、中国やイスラム世界の専制国家はヨーロッパのバラバラな有象無象諸国より大きな軍事力を享受できたはずだ。しかもヨーロッパ諸国は、そのそれぞれが程度こそちがえ、地元の法律やエリートにそれなりの敬意を払わねばならなかった。だから何世紀にもわたり、確かに中国やイスラム世界のほうが強大だった。一三世紀のヨーロッパは、ポーランドやハンガリーに侵攻した西蒙古軍や、大西洋岸にまで領土拡張を目指した神聖ローマ帝国に対しては手も足も出なかった。蒙古軍が自発的にヨーロッパから撤退したのは、一二四一年にオゴタイ汗大帝が死亡し、後継者選びで危機が生じたからにすぎない。一四五三年にビザンチン帝国が崩壊して、ヨーロッパとトルコ軍勢とを隔てる緩衝がなくなると、オスマン軍はヨーロッパに侵入して一五二九年と一六八三年にはウィーンまで到達している。

でもヨーロッパの増大する富や創意工夫は、やがて軍事的な弱い立場を逆転させた。イスラム帝国や中国帝国に比べたとき、一五〇〇年にはヨーロッパの後進性はもはや見かけ上のものでしかなかった。その直後に、ヨーロッパ遠征軍は、インド、南北アメリカ、オーストラリア、アフリカの大半を征服した。ヨーロッパは地表面積の七パーセントを占めるにすぎないが、一八〇〇年にはその三五パーセントを支配し、一九一四年には八四パーセントを支配していた。

科学、技術、産業が密接に関連しあっていたヨーロッパとちがい、中国の技術はまともに産業に活用されなかった。というのも産業は自律的発展の余地をほとんど与えられなかったからだ。発明に対する中国の熱意はとっくの昔にしぼんでいた。官僚たちは新規性を嫌った。外国の発明品は見下していたし、知的に冒険的なヨーロッパ人が、技術を超えてその背後にある科学原理にまで手を伸ばすに至った好奇心も欠いていた。

中国には自由市場もなく、制度的な財産権もなかった。「中国国家はいつも民間事業に介入していた——儲かる事業は接収し、別の事業は禁止し、価格を操作し、賄賂を引き出し、私腹を肥やそうとした」と経済史家デヴィッド・ランデスは書く。「悪い政府は創意を絞め殺し、取引費用を上げ、商業や工業から人材を奪った[※22]」。

アダム・スミスの珠玉の言葉によれば「国家を最低の野蛮さから最高の裕福さへと引き上げるのに必要なのは、平和と、低い税金と、それなりの正義が適用されること以外にはほとんどない。その他すべては物事の自然な流れにより実現される[※23]」。でもこの「以外には」というのはかなりの要求である。平和と低い税率と正義が歴史上で同時に実現したことはほとんどない。この魔法の仕組みが実現されたのはヨーロッパだけで、それがヨーロッパによる予想外の世界進出の基盤となったのだ。

各種社会への適応反応

経済史家デビッド・ランデスは『強国論』で、西洋の台頭と中国の停滞に関するあらゆる説明要因を検討するが、その結論は要するに、その答えは人々の天性にあるというものだった。ランデスは決定的な要因が文化にあるとするが、その文化の説明にあたっては人種をほのめかしている。「経済発展の歴史から何かを学べるとしたら、それは文化がすべてを決めるということだ。外国少数派の事業性を見よう――東アジアや東南アジアの華僑、東アフリカの印僑、西アフリカのレバノン人、ヨーロッパ全域のユダヤ人やカルヴァン教徒、その他もろもろ。だが文化は、ある集団を導く内的な価値観や態度という意味だと、学者たちを怯えさせる。そこには人種と遺伝という異臭が漂うのであり、変えようがないという雰囲気が伴う」[※24]。

異臭はどうあれ、それぞれの人種の文化こそは、遺伝的なものだろうとそうでなかろうと、経済発展に差をもたらしたものだとランデスは示唆している。ヨーロッパ社会の特異性と、彼らが独自の発展経路を歩んできた時間――少なくとも千年間――を考えれば、ヨーロッパ人の社会行動がヨーロッパ社会での生存と発展という課題に対し、遺伝的に適応してきたという可能性はきわめて高い。一二〇〇年から一八〇〇年にかけての暴力現象と識字率上昇についてクラークが集めたデータ（第七章参照）は、それがまさにその通りだったという証拠だ。

中国の集団について類似のデータはないが、中国社会はもっと長い期間――少なくとも二千年――は独自性を持っており、第七章で論じた生存に関する強い圧力は、中国人をその社会に適応させたことだろう。ヨーロッパ人が自分の社会に適応したのと同じだ。

ヨーロッパと東アジアの集団について行動特性を研究する心理学者たちは、通常はすべてを文化だけに帰着させる。進化論的な観点からすると、これはあり得ないことだ。社会の社会行動はその生存にとって核心的なものだ。社会行動は、肌の色や髪の色といった目に見える特徴と同じように、そこでの主要な環境に対して密接な適応を経ているはずだ。

社会を特徴づける制度は、文化的に決定された行動と遺伝的に影響された行動の混合物だ。文化による部分は、多くの文化制度の保守性にもかかわらず一般に変わりやすいことで見分けられる。たとえば戦争はあらゆる人間社会の制度だが、遺伝的に形成されたこの性向が実行に移されるかどうかは、文化と状況に左右される。ドイツと日本は第二次大戦前とその間はきわめて軍事的な社会を発展させたが、いまはどちらも平和主義的だ。これは文化的な変化だ。遺伝的なものにしてはあまりに急速すぎる。どちらの国も戦争への性向を残しているだろうし、必要ならそれを実践するのはまちがいないことだ。

遺伝的に形成される行動の明白な特徴は、それが何世代にもわたって変わらずに残るということだ。なぜ世界中のイギリス人海外在住者たちが似通った行動をとり、母国の集団と似た行動を何世紀にもわたって示すのかという問題について、遺伝的なアンカーがあると考えれば説明がつく。華僑についても同様だ。こうした集団の社会行動について遺伝的な基盤があると考えれば、ほかの集団が彼らの望ましい特徴を模倣するのがなぜかくもむずかしいかが説明できる。マレー人、タイ人、インドネシア人たちは、自分たちの国にいる華僑の性向を嫉みはしても、不思議なことにそれを模倣できない。人々はきわめて模倣能力が高く、華僑のビジネス面での成功が純粋に文化的なら、みんなが同じ手法を簡単に採用できるはずだ。これができないのは、華僑にせよだれにせよ、社会行動が遺伝的に形成されているからだ。

人間社会行動の遺伝的な基盤はいまだにあまりはっきりせず、行動に影響する神経的なルールがどう記述されているのかはいまだに正確なところがわからない。たとえば、近親相姦を避ける遺伝的な傾向は明らかに存在する。でも遺伝的な規則がまさにそうした表現で記述されているとは考えにくい。イスラエルのキブツや台湾の中国人一家で見られた実験結果を見ると、近親相姦タブーというのは実践面だと、子供時代に親密だったパートナーとは結婚したがらないという形で実施されている。だから神経上の規則としてはたぶん「この人物と一つ屋根の下で暮らしたら、結婚相手としては不適切だ」といったものになっているのだろう。

ヨーロッパ人は、オープンな社会や法治を好む遺伝子を持っているのか？　財産権尊重や支配者の絶対権力を制約する遺伝子があるのか？　どう考えてもそんなことはないだろう。神経回路においてヨーロッパ集団が専制政治よりオープンな社会や法治を好むようにしているのがずばりどんなパターンなのか、あるいは中国人が家族の義務体系や政治的階層構造と従順性を好むようにするのはどんな回路か、まだだれにもはっきりとは言えない。でも社会適応という複雑な問題について、進化が細かい解決策を編み出せることを疑問視すべき理由もない。

社会のルールを遵守し、それに違反する者を処罰しようとする遺伝的な傾向は明らかにある（第三章）。ヨーロッパ人は違反者処罰傾向が少し少なめで、中国人のそうした傾向が少し強ければ、なぜヨーロッパ社会が意見のちがう人々やイノベーターに寛容で、中国社会がそれを許容しないかという説明になる。ルール遵守と違反者処罰をつかさどる遺伝子はまだ同定されていないので、ここで示唆したようなちがいがヨーロッパ人と中国人で見られるかどうかはまだわからない。自然は、各種人間の社会行動の強さを設定するにあたり、いろいろなつまみを調整できるし、同じ解決策を得る方法も一つではないのだ。

中国とヨーロッパのまったくちがう文明は、通常の説明で言われるように、一連の歴史文化的な偶発事だけによって形成されたのではないかもしれない。むしろそれらは、少なくとも部分的には、ヨーロッパと東アジアの集団が、それぞれの生態居住環境の地理・軍事条件に適応するにつれてとげた進化を、少なくとも部分的には反映している。このかぎりにおいて、中国の台頭と、その没落後の西洋の台頭は、歴史上の出来事というだけでなく、人類進化上の出来事でもあるのだ。

第一〇章　人種の進化的な見方

EVOLUTIONARY PERSPECTIVES ON RACE

制度とはハンチントンの表現では「安定し、評価され、繰り返される行動パターン」であり、その最も重要な機能は集合的な行動を支援することだ。明確で比較的安定したルールの集合が何かなければ、人類は相互のやりとりを毎回交渉しなおすことになる。こうしたルールはしばしば文化的に決まっており、社会や時代ごとにちがっているが、そうした制度をつくり出し、それに従う能力は人間の脳内に遺伝的に刻み込まれているのだ。

——フランシス・フクヤマ※1

あなたがヨーロッパ系の英語を話す人物だったとして、東アジアからの人物とアフリカからの人物と一緒に、丘の上に立っていると想像してほしい。時空連続体のスリップにより、気がつくとあなたは突然母親の手を握っている。そしてその母親は祖母の手を握り、祖母はその先祖の手を握り、そうした長い祖先の系列が丘を下っていく。一緒にいた東アジア人とアフリカ人も、同じような祖先の系譜をたどり、そしてその女性の列三本が斜面を下り、峡谷に向かっている。

母親の手を離して丘を下り、その三本の系譜を観察しよう。手をつなぐ女性同士は一メートル間隔で立っている。歴史のほとんどを通じて、平均的な一世代は二五年ほどであり、つまり一世紀あたり四世代ということだ。だから四メートルごとに一世紀分のご先祖をたどることになり、四〇メートルごとに千年分をたどることになる。

ご先祖の脇を通りはしても、彼らと話はできない。彼らが話す変わりゆく言語は、いまや英語のはるか昔の言語だ。その相貌も明らかなヨーロッパ系の特徴を失っていくが、肌の色はまだ白い。一二〇〇メートルほど歩いたところで、奇妙なことが起こる。ある女性があなたの祖先の系譜と、東アジア人の系譜との間に立っていて、その時点で二本の列が一列になる。彼女は片手に二人の娘の手を握っている。片方はヨーロッパ系の最初の娘であり、もう片方は東アジア系列の最初の娘だ。

だんだん丘を下ると、いま見ているのは二本の系譜だけとなる。いまや融合したヨーロッパ＝東アジア系列と、アフリカ系列だ。融合系列の人々は着実に肌が黒くなる。というのも彼らは、人類が極北の緯度にまで拡大して白い肌を発達させた時代以前の出身だからだ。そして、二キロにまだ届かないほど歩いたところで、その二本の系譜もまた融合して一本になる。そこに立つ女性は二人の娘の手を握っており、片方はアフリカに残って、片方は五万年ほど前に父祖の地を離れた小規模な狩猟採集集団に加わった。二二分ほど歩いただけで、人類が目の前で再統合されたわけだ。

さらに一時間歩き続けたら、もうあとはずっとアフリカ系の先祖となるが、やがて二〇万年前にやってくるだろう。現代人が現時点で最も早い時期に登場したとされる時期だ。現代人の生存期間のうち、四分の三はアフリカで過ごした期間となり、その外に出たのは最後の四分の一になってからだ。今日の各種人種は、歴史の四分の三を共通に持っており、別々の歴史をたどったのはたった四分の一なの

だ。[※2]

進化的な観点からすると、人類は同じ遺伝子プールのきわめて似通ったバリエーションでしかない。社会科学すべてにのしかかる問題（回答されないどころか、ほとんど検討すらされていない）は、個人としての人間がかくも似通っているのに、人間社会が文化経済的な成果の面でこれほど大幅にちがっているのか、ということだ。

これまで示した議論は、こうしたちがいが各種人種の個別メンバーにそれほど差があるせいで生じているのではないということだ。それはむしろ、人間の社会行動におけるきわめて微小なちがいから生じている。たとえば信頼や攻撃性やそれ以外の形質の差だ。それはそれぞれの人種が、地理的、歴史的経験の中で進化させてきたものだ。こうした変異は、まったくちがう性質の社会制度の枠組みをつくり出した。西洋と東アジアの社会がこれほどちがっており、部族社会は現代国家とあまりに異なり、富裕国が豊かで貧困国が窮乏しているのは、その制度のせいなのだ――そしてその制度とは、遺伝的に形成された社会行動のうえに構築された、おおむね文化的な構築物となる。

ほとんどすべての社会科学者たちのコンセンサス的な説明は、人間社会は文化的にちがうだけというものだ。ここでの暗黙の想定は、進化は集団のちがいにまったく何の役割も果たしていないということになる。でもすべてを文化に帰着させる説明は、いくつかの点で考えにくい。

まず、これがもちろん仮説に過ぎないということだ。現時点ではだれも、人間社会のちがいの根底にあるもののうち、遺伝と文化が占める厳密な割合など言えない。だから進化が何の役割も果たしていないという想定も、単なる仮説でしかない。

第二に、すべてが文化という立場をつくり上げたのは相当部分が人類学者フランツ・ボアズであり、これは反人種差別的な立場の表明のためだった。これは立派な動機ではあるが、政治イデオロギーはいかなるものであれ、科学では場違いだ。さらにボアズが著述をしていた時代には、人間の進化がはるか昔に止まったりしていないということがまだ解明されていなかった。

第三に、すべてが文化という仮説は人間社会のちがいがなぜこれほど根深く見えるのか、という問題に充分な説明を提供できない。部族社会と現代国家のちがいが純粋に文化的なら、西側制度を導入すれば、部族社会をすぐに近代化できるはずだ。ハイチ、イラク、アフガニスタンでのアメリカの経験を見ると、一般にそんなことはできないらしい。社会同士の重要なちがいの多くは、確かに文化で説明できるのはまちがいない。問題は、それがあらゆるちがいについての充分な説明か、ということだ。

第四に、すべてが文化という仮説はその後のフォローがまったくできていない。その支持者たちは、人類の進化が最近になっても頻繁に局所的な形で続いているという新しい発見を活かして、この仮説を更新できていないのだ。彼らの仮説は、心が空白の石板（ブランクスレート）であり、まったくの白紙状態で生得的な行動なしに生まれてきたと想定しなければならず、さらに生存にとって社会行動の重要性はあまりに低いから、自然淘汰ではまったく左右されないと考えねばならない。でも過去三〇年で、こうした立場を覆す証拠は山積している。あるいは、社会行動に遺伝的な基盤があると認めた場合なら、なぜそれが過去一万五千年にわたる人間のすさまじい社会行動変化にもかかわらず、あらゆる人種で変わらないままなのかを説明しなくてはならない。その期間に、いまやそれぞれの人種で独立にさまざまな遺伝形質が進化しており、これによりヒトゲノムの最低でも八パーセントは変化しているのだ。

本書で提示したテーゼは、これに反して、人間の社会行動には遺伝的な部分があると想定する。そしてこの部分が人間の生存にきわめて重要であり、進化的な変化を受けてきたし、そして実際にだんだん進化してきたと論じる。そしてこの社会行動進化は、必然的に五大人種やそれ以外で独立に進んできたと考える。そして社会行動のちょっとした進化的ちがいが、大きな人間集団の間に見られる社会制度のちがいの根底にあるのだと述べる。

すべては文化という立場と同様に、このテーゼも証明はされていないが、それでも新しい知見に照らして考えられるいくつかの想定が根拠にはなっている。

最初の想定は、ヒトを含む霊長類の社会行動が、遺伝的に形成された行動に基づいているというものだ。チンパンジーは、ヒトとの共通祖先から、独自の社会を運用するための遺伝テンプレートを受け継いでいる。共通祖先はヒトの系譜にも同じテンプレートを伝え、それがその後進化して、人間の社会構造に見られる独特の特徴を支えるようになった。これは一七〇万年ほど前に生じた、夫婦のつがいの絆や、狩猟採集集団や部族の台頭につながるものだ。ヒトはきわめて社会的な種なので、社会が依存する各種社会行動のための遺伝テンプレートを失ったり、その最も劇的な変化においてそれがまったく進化しなかったりという理由はきわめて考えにくい。その最も劇的な変化とは、人間社会が狩猟採集集団の最大一五〇人程度から何千万人もの居住者を持つ都市へと拡大できるようにした変化だ。ちなみにこの変化は、主要人種それぞれで独立に起こる必要があった。そうした現象は、彼らが分裂した後で生じたものだからだ。

幼い子どもを使った実験など各種のデータから、協力、他人を助ける、ルールに従う、違反者を罰する、選択的に他人を信用する、公平性の感覚といった生得的な社会性向の存在が指摘されている。こうした行動に向けて神経回路を整える遺伝子は、ほとんどまだわかってはいない。でもそれが存在する可能性は充分考えられるし、攻撃性を関係する酵素MAO-Aの制御に関わる遺伝システムや、信頼を調整するホルモンであるオキシトシンの制御に関わる遺伝システムは、すでに明らかになっている。

第二の想定は、こうした遺伝的に形成される社会行動が、人間社会を構築するための制度の下支えになっているというものだ。そうした行動が存在する以上、制度がそれに依存するということに議論の余地はなさそうだし、こうした提案は経済学者ダグラス・ノースや、政治学者のフランシス・フクヤマなどの権威も支持している。この両者とも、制度が遺伝的な人間行動から生じていると考えているのだ。

第三の想定は、社会行動の進化が過去五万年の間も続いており、歴史記録ができてからもずっと生じている、というものだ。進化のこの段階は必然的に、三大人種の中でそれぞれ独立に並行した形で起こったものとなる。すでにそれぞれの人種は分岐しており、それぞれが狩猟採集から定住生活へと独立に移行したからだ。ヒトの進化が最近も頻発して地域ごとに起きたというゲノムの証拠が、この主張に一般的な支持を与えてくれる。なぜ社会行動が自然淘汰から除外されるのかという理由が示されなければ、これは変わりようがない。

この想定の証明として考えられる最高のものは、社会行動の神経回路を形成する遺伝子を同定し、それがそれぞれの人種で自然淘汰の下にあったということを実証することだ。社会行動の根底にある遺伝子はまだほとんどわかっていないので、こんな調査もまだ手に入らない。でも機能のわかっていない脳遺伝子のいくつかが、三つの主要人種で最近の淘汰圧にさらされた遺伝子に含まれている。ここから神経機能の遺伝子が最近の進化的変化から除外されてはいないことがわかる。さらに攻撃性を左右するMAO－A遺伝子は、人種や民族間で大幅にちがっており、この遺伝子が進化圧にさらされていたことを証明はしないにしても示唆はしてくれる。

第四の想定は、進化した社会行動が今日の集団各種で実際に観察できるというものだ。産業革命に先立つ六〇〇年間でイギリスの人口に生じた行動変化には、暴力の低下や識字能力増大、勤労傾向、貯蓄性向などがある。同じ進化的なシフトがおそらくは、ヨーロッパや東アジアの他の農業人口にも彼らが産業革命に入る以前に生じていたと思われる。別の行動変化は、何世紀にもわたり、まずは教育要求に適応し、それから狭い職業ニッチに適応したユダヤ人でも明らかに見られる。

第五の想定は、大きな差が存在するのは人間の社会の間であって、その個人の成員同士ではないというものだ。人間の天性は世界的に見て基本的には同じで、社会行動がちょっとちがうだけだ。こうしたちがいは、個人レベルではほとんど、いやまったく知覚不能ではあるが、組み合わさるとまったくちがう性格の社会をつくり上げる。人間社会の進化的なちがいは、西洋の台頭やイスラム世界と中国の没落といった歴史の一大転回点の説明に役立つし、また過去数世紀で生じてきた経済格差の説明にもなる。

進化が人類史で何らかの役割を果たしたと主張したからといって、別にその役割が主要なものとか決定的なものとかいうことにはならない。文化はきわめて強力だし、人々は生得的な性向に完全に支配される存在ではない。生得形質はどのみち、単にある方向へと心を促すだけだからだ。でも社会の全個人が、たとえば社会的な信頼傾向が高いとか低いとかいう形で似たような性向を持っていれば、それがいかにわずかでもその社会はその性向に応じて動き、そうした性向を持たない社会とはちがってくる。

進化の影響を受けた歴史とは

進化が歴史に関係していると考える歴史家は、どのような歴史記述をおこなうだろうか？　まちがいなく、人口や戦争といった力の進化的な役割が、人間社会の形成に与えた影響にもっと注目するはずだ。人口成長は社会がもっと複雑な構造を持つよう即した原動力のようだ。これは大人数を動員し、同じく人数と領土を増やしている隣人からの防衛をおこなうために生じる。戦争の圧力下で、首長国は融合して原始的な国となり、その国が帝国へと発展する。でもこの人口密度が低すぎたり、人々がほかの場所に逃げられたりすれば、この血みどろのプロセスは中折れしてしまう。

社会内部で作用する自然淘汰の力も同じくらい顕著だった。農業経済は何千年にもわたり人々を餓死寸前で苦闘するよう仕向けてきたし、それを見てダーウィンは、自然淘汰がほんのわずかな生存上の優位性ですら有利なものとするのだと考えた。こうしたマルサス的条件のもとで、富のラチェット――金持ちが生き残る子どもをもっと増やせるという能力――はゆっくりと、現代の繁栄に必要となる社会行動を社会全体に広げていった。

こうした力はそれぞれの大陸の集団に独立に作用し、彼らをおおむね並列ではあるが最終的には分岐する経路へと押しやった。初期の国家は、東アジア、ヨーロッパ、アノリカ、南北アメリカで生じた。でもオーストラリアでは、人口と気候が農業の発展を引き起こすにはあまりに不具合だし、狩猟採集よりも複雑な社会行動も育たなかった。

五大陸すべてで独特な特徴を持つ人間社会が台頭し、一部は大文明の基盤となった。歴史家たちは人種分類で物事を考えるのを嫌うし、それもわからないではない。でも歴史の中で進化に一切の役割を認めないというのはまちがっている。大文明は、遺伝学的に区別される東アジア人とコーカソイドという二つの主要人種の中で生じている。東アジア人種の中では中国と日本の文明が生じたし、また蒙古などのシベリアステップ文化も生じた。コーカソイド集団の中には、インド、ロシア、西洋、南米、イスラム世界などの文明が生じた。アフリカは国家や帝国の建設への道を着実にたどっていたが、その発展が植民地侵略により中断されてしまった。三大人種の人々はこのように、並行した道をたどっており、中国のちょっとしたリードとアフリカのちょっとした遅れは、進化的な時間尺度でいえば、基本的にはつまらない差でしかない。

遺伝学の主要な影響は、社会行動にかなりの惰性または安定性をもたらし、それにより各社会の制度に安定性を与えることだ。急速な変化は文化によるもので遺伝ではないだろう。でも前章で論じたように、それぞれの文明で核となる社会行動に進化的な基盤があるなら、それらの関係の変化速度は制約されたものとなる可能性が高い。言い換えると、進化の遅々たる歩みは、歴史の速度に目に見えぬ軛をはめるわけだ。

この制約は、西洋がその優位性を保つか、それとも衰退に向かうかといった問題にかなりの影響を持つ。「われわれがいま生きているのは、西洋の圧倒的優位の五〇〇年末期なのだ。今度こそ、東方からの挑戦は本物だ」と歴史家ニーアル・ファーガソンは二〇一一年に書いた。[※3] ファーガソンの基本的な議論は、帝国はつねに興亡を繰り返してきたというものだ。だからアメリカもまた没落するだろうし、いま挙がってる後継者として最も有望なのが中国だというものだ。でも文明の興亡は実は帝国の興亡よりもはるかにゆっくりしている。ヨーロッパでは、シャルルマーニュの帝国、ハプスブルグ帝国、ナポレオン帝国、ヒトラーの第三帝国はどれも興亡したが、西洋文明の台頭にはさして影響しなかった。中国でも王朝は変わり、一部は蒙古や満州などの侵略者が支配したものだったが、中国人の社会行動の基本特性は変わらなかった。帝国は進化の強力でゆっくりした潮流の表層に生じる副次的な現象でしかない。

もっと偉大な瞬間というのは、世界文明同士が衝突するときだ。初期の人間社会を初の原始的な国家へと融合させたメカニズムは戦争だったし、それはその後もずっと国家組織の絶え間ない形成力となってきた。軍事主義が継続して、輸送と通信が発達しさえすれば、それが単一の世界帝国へとつながってはいけない理由はなかった。蒙古帝国は、東欧から日本海まで広がる貪欲できわめて破壊的な社会だったが、これはそうした普遍帝国の原型だった。蒙古帝国によるバグダッド襲撃はイスラム文化の最先端を破壊した。ヨーロッパの各国首都も同じ運命をたどる寸前まで行った。ポーランドとハンガリーを制圧した蒙古軍が、計画通りそのまま大西洋岸まで進軍を続けていれば、西洋の台頭は中断していたか、少なくともかなり遅れていただろう。

西洋文明は確かに拡張主義的だったが、比較的短期に終わった植民地時代の後は、そもそもの拡張を駆動していた貿易と生産的投資に専念し直した。世界の支配的な軍事力が、参加者すべてに便益をもたらすような国際貿易や法の制度を持つ西洋であって、蒙古帝国やオスマン帝国などの純粋に収奪的で軍事的な国家ではなく（その可能性は充分に考えられた）、また文明化されてはいても専制的な中国などではなかったというのは、結果として運がよかったのではないか。

西洋は一五〇〇年の時点でほかの文明よりも探究的で革新的だったし、いまでもそれは変わらない。日本も中国も、教育水準の高い有能な科学者の大群に大量の投資をおこなってはきたが、科学と技術における西洋の優位性を本格的に崩せてはいない。よく機能する制度は西洋の永続的な支配を保証するものではないが、その根底にある社会行動は、何か大きな障害にでもあわないかぎり、何世代にもわたって続くであろう資産だ。東アジア社会は市民たちの能力は高いが、あまりに権威主義的で準拠主義的であり、西洋のイノベーションに対抗できそうには思えない。これは中国国家が西洋の技術や商業上の秘密を盗もうという必死の努力が暗黙に認めていることだ。

でも西洋の成功は、長続きしたとしても、必然的に条件が伴う。西洋の重要な制度の根底にある社会行動の枠組みは、見た目ほど強力ではないかもしれず、政治的な停滞や階級闘争、社会的なまとまりの崩壊などによって圧倒されれば崩壊しかねない。西洋社会は現在の経済的条件にはうまく適応しているし、その条件も彼ら自身がおおむねつくりだしたものだ。条件が変われば、西洋の優位性は消えるかもしれない。もし現在の気候レジームが大幅に変わり、たとえば必ずやってくる次回の氷河期に先立って急速な寒冷化が生じたりすれば、東アジア人たちのようなもっと専制主義的な社会のほうが、厳しいストレスに耐えやすいことになるかもしれない。進化の成功基準からすれば、東アジア人たちはすでに人間の集団の中で最も成功している。中国の漢人たちは世界で最も数の多い民族集団だ。別の生物学的基準からすれば、アフリカの人口が最も重要だ。というのもそこには最も大きな遺伝多様性があり、したがってほかの人種よりも人間の遺伝的遺産の比率が高いことになるからだ。

人類の進化の結果として生じた各種の人種や民族は、ヒトゲノムに内在するいくつかの変異を自然が試してみるための壮大な実験となっている。この実験は別にヒトの利益を考えて実施されているわけではない――そこには目的も目標もない――それでもこれはかなりの便益を人間にもたらしてくれる。たった一種類の人間社会があるかわりに、多数の人間社会が生じ、それが豊かで多用な人間文化をつくり出して、それぞれのよい部分をお互いに採用して改善できるのだ。西洋の生産効率がなければ、東アジア諸国はいまでも停滞した専制主義から抜け出せなかったかもしれない。西洋の中でも、ユダヤ人の成功は彼らが活動したあらゆる経済に貢献し、芸術や科学にも計り知れない貢献が生じた。東アジアの豊かな文化が、西洋を出し抜く方法を編み出す可能性だってまだある。彼らはこれまでの歴史の大半を通じてそうしてきたのだから。

人種を理解する

人間の集団が遺伝的にそれぞれちがっているという発想は、それを検討すると人種差別を後押ししかねないというおそれから、学者からも政策立案者からも積極的に無視されてきた。本書で提示した議論は、世界の人々は個人としてはきわめて似通っているけれど、社会行動の進化的なちがいのために社会は大幅にちがってくる、というものだ。進化的なちがいを考慮に入れるほうが、それを無視し続けるよりもマシだ。

さらに、人種の進化的理解が人種差別や帝国主義の新しいフェーズをもたらすというおそれは、どう考えても誇張しすぎだ。過去の濫用の教訓はまだ充分に鮮明だ。科学は自律的な知識体系かもしれないが、その解釈は時代の知的環境に強く左右される。一九世紀の活発なヨーロッパ拡張主義の時代に、人々は社会ダーウィニズムを使って他の民族への支配を正当化し、貧困者への福祉を否定した。ダーウィニズムのこうした解釈は実に徹底的に覆されたので、それが成功裏に復活するような状況はなかなか考えにくい。

でも中国の成功や、その後の西洋の成功を進化的な変化や、ひいては遺伝と結びつけるのは、一種の人種差別主義ではないのか？　それはちがう。理由はいくつかある。まず、別にここでは優越性が主張されているわけではない。人種差別の基本はそこに優劣の評価があることだ。それにいずれにしても、西洋の成功は、中国のかつての成功がそうだったように、まちがいなく一時的なものでしかない。西洋の経済的成功には何の秘密もなく、ほかのみんなが自由に模倣してかまわないし、また実際にみんなそうして、それを改良しようとしている。だれもが理解するように、中国は新興勢力でありその世界における役割はまだ定まっていない。国は経済や軍事力といった尺度で比較されるが、その順位は絶えず変わっており、どの民族も永続的な支配を主張するような権利も理由もないし、ましてや本質的な優位性を持つなどとはまったく主張できない。

第二に、社会の業績は、経済だろうと技芸だろうと軍事力だろうと、まず何よりもその社会の制度によるものであり、これは本質的に相当部分が文化によるものだ。遺伝はあっちやこっちに社会行動を少し押しやるかもしれないし、それで社会の制度の性格を世代的な尺度で左右するかもしれない。でもこれは背景的な影響であり、文化の大きな振幅に比べれば小さなものだ。

第三に、あらゆる人種は同じ主題の変奏だ。進化的な観点からもほかのどんな観点からも、ある変奏がほかのものよりもすぐれていると宣言する根拠はない。

遺伝議論がこれほどおそれられている理由の一つは、遺伝子が変えられないと思われているからで、ある人物や人間集団が不利な遺伝子を持っていると指摘するのは、その人々に手の施しようがないというに等しいと思われているからだ。これはせいぜいが部分的にしか正しくない。

変えられない遺伝子、たとえば肌や髪の色や身体のプロポーションを導く遺伝子は、現代経済での成功には一切関係がないし、また関係あるべきでもない。重要な遺伝子、少なくとも文明のちがいから見て重要な遺伝子は、社会行動を左右する遺伝子だ。

でも人間行動をつかさどる遺伝子は、何か絶対的な命令を下すことはほとんどない。それらはちょっとした促しをするだけで、その最強のものですら克服できるものだ。近親相姦を忌まわしいことと考えるような生まれつきの傾向をもたらす遺伝子はほぼまちがいなく存在するが、そうした神経的な禁忌は無視できるから、近親相姦の事例は決して珍しいものではない。行動遺伝子の促しには抵抗できるから、生まれつきの社会行動はさまざまな操作が可能で、教育や社会圧力から税制インセンティブまでさまざまな形で変えられる。要するに、多くの社会行動は改変可能であり、それが遺伝的に左右されるものでも話は同じだ。行動に関するかぎり、遺伝は別に変えられないということではない。

多くの新しい知識形態は潜在的に危険だ。その好例は原子エネルギーに関する知識だろう。でもラッダイト的なパニックに陥るかわりに（そうしたい誘惑はつねにある）、西洋社会は一般に、見返りはあるしリスクは管理できるという自信を持って原子力の探究を続けるほうが、よい政策だと考えている。ヒトゲノムとその人種的なバリエーションの検討が、この原理の例外であるべき理由はなかなか思いつかない。それでも、研究者やその聴衆は、危険なテーマを客観的に議論するための用語や概念をまずつくり出さねばならない。

歴史学者から人類学者、集団遺伝学者まで、多くの学者たちが暗黙のうちに持つ見方とは、人間の進化がはるか昔に止まってしまい、その後やっと、かなりの停止期間を経てから歴史が始まったというものだ。でもダーウィンの永遠に不穏な理論は、どんな宗教的、政治的な信念に従うものでもないし、しばしばその影響範囲に抵抗する人々は、将来世代にバカにされることになる。もし進化が止まらないのであれば、歴史はその枠組み内で進むしかないし、進化的な変化の影響を受けるしかないのだ。

通常は、知識のほうが無知よりは政策の根拠としてすぐれているとされる。本書は人間集団のちがいをめぐる議論につきまとう、人種差別の恐怖を一掃しようという試みだ。もちろん不完全な試みではある。でも人間進化が最近も、頻繁に、局所的に起こってきたという発見が持つ、きわめて重要な含意の探究を開始すべきなのだ。

謝辞

本書は、前著『宗教を生み出す本能』と同じく、過去五万年の人類進化を描いた『5万年前：このとき人類の壮大な旅が始まった』から派生したものだ。

『宗教を生み出す本能』は人類社会をまとめあげる力として宗教の果たした進化的な役割を検討した。本書は、人類の各種人種登場に光を当てた、ヒトゲノムからの新しいデータを検討している。宗教も人種もきわめて重要だが、人類の経験として不思議なほど検討されていない分野だ。生物学の他のすべてど同様に、これらは進化から考えないかぎりまったく筋が通らない。

本書の当初の関心を導いてくれた、出版エージェントのスターリング・ロード・リテリスティック社ピータ・マトソンに感謝する。本書を徹底的に批判して、多くの危険な浅瀬をたゆまざる編集スキルで回避させてくれた、ペンギンプレスのスコット・モイヤースにもおおいに感謝したい。

初期の草稿を読み、多くの事実関係や判断のまちがいからわたしを救ってくれた友人たちにも大きく負っている。たとえばアバディーン大学ニコラス・W・フィッシャー、カタリティック・ディプロマシーのジェレミー・J・ストーン、ロンドン・スクール・オブ・オリエンタル&アフリカン・スタディーズのリチャード・L・タッパー、国境なき医師団の息子アレクサンダー・ウェイドらだ。

訳者解説

はじめに

本書はNicholas Wade, *A Troublesome Inheritance* (Penguin, 2014)の全訳となる。翻訳にあたっては、出版社から届いた原著のワードファイルを元に翻訳をおこなった。しかしその後、邦訳の版元が変わる中でかなり時間がかかり、その間に原著が改訂された(2015)。このため、途中からKindle版の新版に底本を変え、変更部分をすべて新版にあわせている。

本書の概要

本書は、人類の発展格差を主題の一つとした本だ。世界には、経済発展した豊かな国もあれば、停滞して貧しい国もある。これはだれの目にも明らかなことだ。でも、どうして発展したところは発展できたのか? 特に西洋文明は、いまや世界を席巻している。なぜこれが西洋でだけ実現したのか? これについては、あとづけの説明以上のものはこれまで登場していないと言っていい。

そして二〇世紀を通じ、他の発展した経済をみならって自分も経済発展をとげた国はある。でもそれができていない国もたくさん残っている。その差はなんだろうか? これまた、定説はないも同然だ。

もちろん、いろんな人がいろんな説を述べてきた。それはどれも、発展できないのは何かが足りなかった、という話となる。資本が足りなかった、教育が足りなかった、市場が足りなかった、制度が足りなかった、科学する心が足りなかった、内戦続きで安定が足りなかった、植民地主義で搾取されたために自由が足りなかった、人々のやる気が足りなかった、法制度が足りなかった——そして、そのいずれも決してウソではない。でも、そのどれについても、当然待ち構えている次の質問をした瞬間に、まったく説明力がなくなる。その質問とは次のようなものだ。

ではどうして発展した国はXXを整備できて、発展しない国はそのXXを整備できなかったんですか?

この質問に対しては、歴史的な偶然、地理的な偶然、たまたまのなりゆき、といったもの以上の答えは決して出てこない。そして実は発展しなかったところにXXがなかったのは確かだが、発展した国だってそのXXは最初から備わっていたわけじゃない。発展した多くの国は、むしろ経済発展しつつXXも並行して発達させた場合が多いのだ。

本書は、それに対して別の答えを出そうとする。それは、そもそも人間の出来がちがうのではないか、という答えだ。平たく言えば、資本主義の市場経済を発展させられない連中は、そのための進化が足りないのでは、というのが本書の主張となる。XXがなんであれ、そのXXを生み出すために必要な進化的基盤があり、その有無で相当部分が決まっているのではないか——少なくとも、普通に読めばそう解釈できてしまう。

さて、これはかなりとんでもない主張だ。もちろん日常生活で、人々はYY人はどうしようもない、といった台詞をしょっちゅう口走る。でもそれは、進化が足りないという意味ではない(場合が多い)。YY人を先進国の環境で育てれば、当然普通の先進国人と同じように育ち、同じパフォーマンスを発揮するだろう——この点は多くの人が自明だと思っている。いろいろな巡り合わせで、努力が実を結ばない環境ができたとか、パイが広がらないから足の引っ張り合いが最も有効な手段になってしまったとか、そういう社会文化環境的な話を多くの人は念頭に置いている。

でも、本書はそうではないかもしれないと述べる。ヒトはアフリカで誕生し、そこから世界各地に散らばっていった。そして各地の環境的な差に応じて、独自の進化をとげた。これ自体はまちがいのないところだ。

そしてその差は、個体レベルでは認識できないほどわずかであっても、そのわずかな差は、集団形成においてまったくちがう構造をもたらす可能性がある。それが世界各地での社会構造のちがいを生み出し、そしてそれが市場経済の導入しやすさをも変えているのではないか？　少なくともその可能性は考えるべきではないか？　本書はそう告げる。

これは昔ながらの人種差別的な主張に直結しかねない議論ではある。植民地時代には、黒人は生得的に劣っているから先進的な文明を発達させられない、といった主張が平然とまかり通っていた。また劣った形質(とされるもの)の持ち主は断種や虐殺の対象とする優生学的な思想にもつながりかねない。本書は、そうした考え方を肯定するものではないと何度も主張はしている。でも、そうした議論ときわめて似ているのは否定できない。

では、そんなことを言っているように見えるこの著者は何者？

著者について

実はこの著者ニコラス・ウェイドは、アヤシげなトンデモ著述家などではない。もともと権威ある科学誌『ネイチャー』の編集をしていたきわめて優秀な科学ジャーナリストだ。ゲノム研究の現状についてまとめた『DNAらせんはなぜ絡まないのか』（翔泳社）をはじめ、邦訳も多い。

そして本書につながる著作としては、人類のアフリカ起源を説明した『5万年』（イーストプレス）、さらには宗教が人類に普遍的であり、またそれが社会構築にとって宗教には生得的な基盤があり、進化的に有利だったのではという説をまとめた『宗教を生み出す本能』（NTT出版）がある。遺伝と人類進化の分野ではそれなりに実績もある。特に『宗教を生み出す本能』は、おもしろい可能性を述べた本として評価されている。

本書への反響と批判

本書は、刊行直後からかなりのバッシングを受けた。これについては、著者による新版へのまえがきでも多少触れられている。遺伝学者一三〇人の連名による、本書への批判声明（というより『ニューヨーク・タイムズ』掲載の批判書評に対する支持の手紙）も出されている。

ただし、本書はよく読むと、そこそこ慎重に書かれている。多くの批判は、必ずしもそれをきちんと考慮していない。各種の書評を見たかぎり、まず出てくる批判は、本書が「人種」というものの存在を認めているという点だ。多くの学者は、本書でも指摘されている通り、人種などというものは存在しない、という立場をとる。遺伝的な特性をもとにクラスター分析すると、人類はおおむね、コーカソイド、アフリカ系、東アジア系に分類できる。でもそれは人種とはちがうのである、というのがその批判だ。

ただしそこでの疑問は、どうちがうんですか、というものとなる。この立場は、遺伝学の重鎮ルイジ・ルカ・カヴァリ＝スフォルツァらの百科全書的な〝*The History and Geography of Human Genes*〟にも登場する。この本も、まる一節をかけて「人種は存在しない」と述べるが、次の節で、「でも人口集団は存在し、それが遺伝的にかなり明確にわかれる」と述べ、そしてその後はその遺伝的に区別された人口集団の類縁関係や移動についての議論に終始する。一般の読者は、その遺伝的に明確にわかれる人口集団というのが人種ってやつなんじゃありませんか、と思う。そうでないなら、その直前で否定された「人種」というのは何のことなんですか、と思う。

そして本書での人種も、まさにそのクラスター分析の結果に対応するものだ。それはコーカソイド、アフリカ系、東アジア系に分類できて、これがだいたい一般に言われる白人、黒人、黄色人種といった区分に対応している。やろうと思えば、もう少し細かい分類もできる。これ自体はあまり否定できない。その意味で、この方向から本書に対する批判をおこなうのはちょっと面倒になる。本書で述べているのは、人種を否定する人々が否定しているもの（それがなんであれ）では必ずしもない。

おそらくもっと本質的な批判として出てくるのは、そうした遺伝的な差が社会行動の差を生み出した（そしてそれが文明の発展を左右した）という本書の主張には裏付けが全然ない、ということだ。そしてそれはその通り。ほとんどの人種間の遺伝的な差は、実はまったく中立的なものだ。あるゲノムが淘汰圧を受けた、というのはわかるにしても、それがどんな影響を持っていたのか、なぜそこに淘汰圧が作用したのかは、全然わからないことが多い。だから、それをもとに「これは市場経済に適応した進化が起きたのだ」と言われたら、研究者としてはちょっと待てと言いたくなるのは当然だし、批判も出ようというもの。が……

実は本書のある意味で慎重なところ、ずるいところもそこにある。本書は、よく読めば、人種や民族ごとの経済発展のパフォーマンスが遺伝のせいだと断言はしていない。遺伝がそういう可能性はゼロではないし、すでにいくつかそのつながりを示唆する研究結果もある——でも本当に具体的なところはわかっていない。本書はそういう書き方をして、推測にすぎないと冒頭ではかなり強調してはいる。つまり、遺伝子レベルの進化から、経済発展のパフォーマンスにつながる因果関係は、よく読むと明言されてはいない。ウェイドは本書の批判について、きちんと読まずに批判している人が多いとこぼす。それは確かに、ウソではない。

その一方で、社会行動の遺伝的な要因に関する研究がいまのところまだかなり曖昧であり、それなりの蓋然性をもってその因果関係を述べるにはほど遠い状態だ、ということについては書かれてはいるけれど、でもあまり強調はされない。むしろ、可能性がゼロではないというのを大きく膨らませた書き方になっている。

その意味で、本書が経済発展や世界の経済格差を、裏付けなしに遺伝的な要因と進化のせいにしている、という批判は、本当に厳密に言えば正しくはない。その一方で、その書き方はまさにそうした読みを許容してしまうものであり、こうした批判に正当性はある。

さらに、本書の議論のかなり重要な部分は、非常にかぎられた研究をもとに組み立てられている。なかでも、遺伝と近年の産業革命や市場経済発展とのつながりを論じた部分でそれが顕著だ。産業革命とそれに伴う経済発展が実現したのは、経済的に成功した人が子どもをたくさん残し、それがその価値観やひいては社会構造を受け継いで社会に広めたからかもしれない、という主張をウェイドはおこなう。でもそこの根拠となっている研究はほぼ一つ。グレゴリー・クラーク『10万年の人類史』(日経BP社)だけだ。

もちろん、そういう可能性はないわけではない。でも、金持ちの子どもが金持ち的な価値観をある程度維持するのは、絶対に遺伝のせいと決まったわけではない。というか、絶対に遺伝のせいじゃないと断言する気もないが、それ以外の要因もずっと大きいのではないか? クラークの議論も、なんとなく遺伝の影響も匂わせる書き方になっているが、それを断定できるような材料はないはずだ。

あるいは、市場経済発展のためには、暴力性を抑えるのは重要に思える。著者はスティーブン・ピンカー『暴力の人類史』（青土社）を使って、暴力性がヨーロッパやその後経済発展した世界では大きく減ってきたことを述べる。ピンカーは、それが遺伝的な要因だと断言することには慎重だ。が、ウェイドはそうした慎重さを見せない。むしろそうした慎重さが、政治的な圧力への屈服ではないかと述べて、それが遺伝によるもので、進化の結果だと述べることこそが正しい科学的態度なのだと示唆する。空白の石板（ブランクスレート）説を果敢に否定し、心的な性向に遺伝による生得要因が大きく作用していることを指摘してきたピンカーにかぎって、それはなかなか考えにくいと思うのだが……

もちろん、一つの研究をもとにそうした主張を（仮説として）提示することがいけないわけではない。が、その述べ方にはもっと慎重さが必要ではないだろうか。特に、クラークの主張（をベースにしたウェイドの主張）はかなり大胆で、進化から社会形成や経済成長というものすごい距離を一気につなぐ、乱暴な議論だ。お話としてはおもしろいながら、確定的なものとして語るのは勇み足で、将来の研究課題として挙げておいてもいいというくらいだろう。ところが、ウェイドはみんながそういう研究や主張をしないのが、学会の左翼的なバイアスのせいなのだ、といわんばかりの書き方をする。

著者としては、おもしろく大胆な説を述べることで人々の興味を惹きたいというのもあるのだろう。しかし、こういう不用意さのおかげで、本書の主張の中で正当な部分がきちんと認識されないのは惜しいことだ。本書の最初と最後で繰り返される、人間は、最近になっても進化を続けている。これはまちがいないところだし、当然だろう。突然変異はつねにランダムに起こるのだから。

その進化の起こり方は、各地でちがう。これまた当然だろう。進化はおおむね環境に適応するのだから。だから地域の環境ごとに遺伝的な差が生じるのもまちがいないことだ。その部分に関して、もう少し堅実にまとめることはできなかったものか、という気はする。

さらに、ちょっとした社会行動の差が大きな社会組織の差を生み出すというのも事実だろう。ミクロな動機がマクロな組織の大きな差をもたらすことは明らかとなっている。各種の社会組織のちがいをもたらした社会行動のミクロの差とは何か？　これはネットワーク理論や複雑系分析などできわめてホットなトピックだし、それをきちんと紹介したり考察したりするのは有益だったはずだ。

そして、制度――つまりは社会組織のルール――の差が経済発展に大きな影響を与える、というのもいまの経済学の定説ではある。これまた検討がおおいに進んでいるおもしろい分野だ。

が、本書はそうした妥当性のあるパーツを、遺伝／進化というたった一つの話であまりに乱暴につなぎすぎているのではないか。確かに、進化がいまの市場経済や産業社会のありかたに影響を与えている部分はあるのだろう。が、「あるのだろう」という憶測だけでは科学にはならない。いま挙げたそれぞれの部分で、遺伝から経済組織へとつながる道筋は、きわめて弱い状況証拠と『完全に否定する理由はない』という憶測になっている。そしてそのきわめて弱い憶測を無理に展開する中で、むしろ本書は著者のバイアスを露骨に示すものとなってしまった部分もある。それを示すのが、改訂版での修正部分だ。

改訂版での修正

さて、各種バッシングを受けて、二〇一五年には本書の改訂版が出た。そのまえがきで、著者は旧版からの変更点を、引用を一つ改めてマイナーな更新を加えただけだと述べている。が……これはかなりの歪曲と言わざるを得ない。実は、はるかに大幅な改訂をおこなっている。なかでも大きいのが、第九章の改訂だ。

現在の第九章は「文明と歴史」という題名となっている。が、もともとの九章は「西洋はなぜ台頭したか」という題名だった。そしてこの題名からわかるとおり、西洋の文明こそが最高であり、自由が認められ、イノベーションが栄え、これまでの文明の限界を突破したすばらしものだ、というもので、しかもそれは進化の必然なのであり、西洋文明は進化の最先端の結果だ、というものだった。

批判を受けて、この章の論調が付け焼き刃的に改訂されている。もともと、中国文明やイスラム文明がひたすら収奪的なひどい抑圧社会しかつくれなかったと述べていたのを改めて、「いや、そうは言いつつもこれまではずっと中国ナンバーワンだったんだよ、西洋なんて最近ちょっと台頭しただけだから。環境に応じた適応が生じただけだね」という主張に変えようとしている。が、その改変がうまくいっているかどうか。

この章の最終段落は、もともとこのようになっていた（現在は削除されている）。

西洋の台頭は、何やら文化的な偶発事などではなかった。それはヨーロッパの集団が、その特定の生態的居住地の地理的軍事的条件に適応する中で進化した直接の結果なのだ。ヨーロッパ社会のほうが、少なくとも現在の条件下では他よりも革新的で生産的となったからといって、別にヨーロッパ人が他よりすぐれているということにはもちろんならない――そもそも進化的な観点からすれば、これは無意味な用語だ。ヨーロッパ人はほかのみんなと似たり寄ったりで、社会行動が少しちがうだけだ。でもその少しのちがいは、個人レベルではほとんど目に見えないが、社会のレベルになると大きな影響力を持つ。ヨーロッパの制度は、文化とヨーロッパ人の適応による社会行動の混合物だ。そしてそれが、ヨーロッパ人が革新的でオープンで生産的な社会を構築できた理由だ。西洋の台頭は単なる歴史上の出来事ではなく、人間の進化上の出来事でもあるのだ。

いや、別にヨーロッパがすばらしいと言いたいわけじゃないし、環境への適応だからね、と何度も留保をつけつつ、基本的には西洋文明がオープンで革新的で生産性も高く、進化の必然として台頭したんだよ、というのがこの段落（そして章）の主張となっている。オープンで革新的で生産性が高く、軍事も文化も他を圧倒したけれどすぐれていると言ってはいない、というのは非常に苦しい理屈に思える。ちなみに、この章では冒頭から、なぜ西洋文明が世界を制圧できたか、という話が出てくる。つまりは、西洋文明は地理的な適応による進化の結果だったけれど他のところでも台頭できたということはつまり、全地球的に進化適応の最先端だったということになりはしないだろうか。

そして困ったことだが、この章を見てみると、進化も遺伝も実は何も関係ない。西洋はオープンで自由な社会を実現し、中国やイスラム帝国はそれができなかった――それがひたすら書かれているだけだ。そして最後になって、唐突にこう述べる。

ヨーロッパ人は、オープンな社会や法治を好む遺伝子を持っているのか？　財産権尊重や支配者の絶対権力を制約する遺伝子があるのか？　どう考えてもそんなことはないだろう。神経回路においてヨーロッパ集団が専制政治よりオープンな社会や法治を好むようにしているのがずばりどんなパターンなのか、あるいは中国人が家族の義務体系や政治的階層構造と従順性を好むようにするのはどんな回路か、まだだれにもはっきりとは言えない。でも社会適応という複雑な問題について、進化が細かい解決策を編み出せることを疑問視すべき理由もない。

うん、疑問視すべき理由はないが、それが絶対的な役割を果たしたと考えるべき証拠も現時点ではないだろう。だから、西洋の台頭が進化の必然だと述べるのも、いまは正当化されないのではないだろうか。

さて、ぼくはこれが著者のバイアスだと述べた。別に西洋文明がすばらしいと述べることがバイアスだというのではない。西洋文明はすばらしいと思うし、それが世界を席巻してくれたのをぼくは心底ありがたいと思う。中国帝国やイスラム帝国の支配下で、これに少しでも近いものすら実現できたとは思わない。

でも、それがきわめて脆弱なものであり、多くの偶然と実験の産物でしかない、というのは決して忘れるべきではない。これはシーブライト『殺人ザルはいかにして経済に目覚めたか?』(みすず書房)で論じられている通り。それは決して遺伝的な進化の必然などではなかったはずなのだ。それを無視して、西洋文明、ひいては世界文明の現状がなにやら進化の結果として必然的に生じたと思ってしまうのは、ぼくは偏見であり、現状に対する過度の楽観の産物なのではないか。

そして批判を受けて、西洋文明がすばらしいというのを否定して、中国文明がそれまではずっとすごかったと論じるのは、そもそも本書の当初の狙い——つまり経済格差が進化で生じたという話——を結局は否定してしまうのではないか。中国文明は、当時の比較で言えばすごかったけれど、それがいまの西洋文明のように外国に広がったりすることもなかった。それでおしまいなら、それぞれの人々がそれぞれのところに適応してそれぞれ発展しました、というだけの話に終わってしまう。

まとめ

結局のところ、本書は断言を巧妙に避けつつも、あまりに細い仮説をいくつも積み重ねてしまい、説得力がかぎられたものとなっている。とはいえ、本書が提起している問題はきわめておもしろいものであることは事実だ。社会のありかた、経済のありかたは、ヒトの生得的な何かに大きく規定されているのは、おそらく事実だ。それがどのような形での規定なのか? これは今後、きちんと研究分析すべきテーマではある。

ただし、それは決して簡単なことではない。そもそも、個人のどんな能力や傾向が経済発展を促すのか？　ぼくたちはそれすらはっきり知らないのだから。

記憶力を高めたり、計算能力を高めたりするのは、市場経済化には貢献しそうに思える。本書もまさにその立場だ。でもひょっとすると、記憶力がかぎられているがために、文字や紙やコンピュータが生み出され、記録とその検証方法の体系化が進み、市場経済化が促進されたのかもしれない。信頼の範囲を親族や部族から見知らぬ人に広げられたのが、市場経済発展の基礎だとウェイドは述べる。でも狭い信頼範囲をどう補うか、というのが社会構造の発達の基盤だ。いまより生得的な信頼の範囲が広まるのは、市場経済発展に有益かどうかわからない。

なまじ信頼度が高ければ、ヒトはそれで満足してその外部化や制度化をおこなわず、社会も経済も発展しないかもしれない。これは個別遺伝子の働きがわかっていないといった程度の話ではない。

本書は、その意味で大胆（＝乱暴）な仮説の本ではある。読者のみなさんは、ここでの議論を鵜呑みにすることなく、批判的にお読みいただきたい。そこで提示している可能性は確かにどれもゼロではない。遺伝や進化が社会や経済に与える影響を考えるのは、思考実験としてもおもしろいし、また現実的な社会や経済の分析としても重要なことだ。そうした社会などへの遺伝の影響の研究は、本書でしばしば指摘されるように、まだタブー視される面はあるかもしれないが、だいぶ弱まってはきているはずだ。

そしていずれ、研究が進めば、本書で述べられている議論の一部は、結局は妥当性があったということになる可能性もある。いつか、別の形で本書と似たようなテーマを扱った本が書かれるだろう――ただし、もっとしっかりした研究や結果に基づいたものが。それまでは、本書の議論を一仮説として享受していただければ幸いだ。なんといっても、本書そのものの結論が、もっと社会経済における遺伝や進化の役割を真面目に考えようというものではある。この点については、まったく反対すべき理由はないのだから。

二〇一六年三月
ビエンチャンにて
山形浩生

14. 同上、106. 邦訳、124.

15. 同上、153での引用。邦訳、166.

16. 同上、61. 邦訳、80.

17. Huff, *Intellectual Curiosity*, 128.

18. Timur Kuran, *The Long Divergence: How Islamic Law Held Back the Middle East* (Princeton, NJ: Princeton University Press, 2011), 281.

19. Toby E. Huff, *The Rise of Early Modern Science:Islam, China, and the West* (Cambridge, UK: Cambridge University Press, 2003), 47.

20. 同上、321.

21. 同上、10.

22. David S. Landes, *The Wealth and Poverty of Nations: Why Some Are So Rich and Some So Poor* (New York: Norton, 1998), 56. 邦訳デビッド・S・ランデス『「強国」論:富と覇権(パワー)の世界史』(竹中平蔵訳、三笠書房、1999、ただし原文をかなり改ざんした抄訳で、ここの部分は邦訳に含まれていない)

23. 1755年の講義。Dugald Stewart, "Account of the Life and Writings of Adam Smith LL.D.," *Transactions of the Royal Society of Edinburgh*, Jan. 21 and Mar. 18, 1793, section 4に収録。*Collected Works of Dugald Stewart*, ed. William Hamilton (Edinburgh: Thomas Constable, 1854), vol. 10, pp 1–98, p. 25に再録。

24. Landes, *Wealth and Poverty*, 516. 邦訳ランデス『「強国」論』, 483.

第一〇章　人種の進化的な見方

1. Francis Fukuyama, "America in Decay--The Sources of Political Dysfunction," *Foreign Affairs*, September-October 2014, p.8.

2. このイメージは、ヒトとチンパンジーの先祖を関連づけたリチャード・ドーキンスのアイデアから導き出したものだ。

3. Niall Ferguson, *Civilization: The West and the Rest* (London: Allan Lane, 2011), 322. 邦訳ニーアル・ファーガソン『文明: 西洋が覇権をとれた6つの真因』(仙名紀訳、勁草書房、2012), 508.

11. Neil Risch et al., "Geographic Distribution of Disease Mutations in the Ashkenazi Jewish Population Supports Genetic Drift over Selection," *American Journal of Human Genetics* 72, no.4 (Apr. 2003): 812–22.

12. たとえば Nicholas Wade, *The Faith Instinct: How Religion Evolved and Why It Endures* (New York: Penguin 2009), 157–72、邦訳ニコラス・ウェイド『宗教を生み出す本能』(依田卓巳訳、NTT出版、2011)、182-192を参照。

13. Botticini and Eckstein, *Chosen Few*, 150.

14. Jerry Z. Muller, *Capitalism and the Jews* (Princeton, NJ: Princeton University Press, 2010), 88.

第九章　文明と歴史

1. William H. McNeill, *A World History* (New York: Oxford University Press, 1967), 295. 邦訳ウィリアム・マクニール『世界史』(上下巻、増田義郎、佐々木昭夫訳、中公文庫、2008)、下35.

2. Victor Davis Hanson, *Carnage and Culture: Landmark Battles in the Rise to Western Power* (New York: Random House, 2001), 5.

3. Niall Ferguson, *Civilization: The West and the Rest* (London: Allen Lane, 2011), 18. 邦訳ニーアル・ファーガソン『文明: 西洋が覇権をとれた6つの真因』(仙名紀訳、勁草書房、2012), 51.

4. Toby E. Huff, *Intellectual Curiosity and the Scientific Revolution: A Global Perspective* (Cambridge, UK: Cambridge University Press, 2011), 126.

5. 同上、133.

6. 同上、110での引用。

7. Jared Diamond, *Guns, Germs and Steel: The Fates of Human Societies* (New York: Norton, 1997), 25. 邦訳ジャレド・ダイアモンド『銃・病原菌・鉄:1万3000年にわたる人類史の謎』(上下巻、倉骨彰訳、草思社文庫、2012)

8. 同上、21. 邦訳、上37.

9. ヨーロッパ人のIQを100で正規化した場合のパプアニューギニアのIQは83だ。Richard Lynn and Tatu Vanhanen, *IQ and Global Inequality* (Augusta, GA: Washington Summit, 2006), 146. ダイアモンドは何かもっと適切な知能の指標が念頭にあるのかもしれないが、それを明示していない。

10. Mark Elvin, *The Pattern of the Chinese Past* (Palo Alto, CA: Stanford University Press, 1973), 297–98, David S. Landes, *The Wealth and Poverty of Nations: Why Some Are So Rich and Some So Poor* (New York: Norton, 1998), 55での引用。邦訳デビッド・S・ランデス『「強国」論:富と覇権(パワー)の世界史』(竹中平蔵訳、三笠書房、1999)、ただし原文をかなり改ざんした抄訳で、この部分は邦訳に含まれていない。

11. Ferguson, *Civilization*, 13. 邦訳 ファーガソン『文明』42.

12. 同上、256–57. 邦訳、411.

13. Eric Jones, *The European Miracle: Environments, Economies, and Geopolitics in the History of Europe and Asia* (Cambridge, UK: Cambridge University Press, 2003), 61. 邦訳E・L・ジョーンズ『ヨーロッパの奇跡:環境・経済・地政の比較史』(安本稔他訳、名古屋大学出版局、2000)、81.

41. 同上、57.

42. Christopher F. Chabris et al., "Most Reported Genetic Associations with General Intelligence Are Probably False Positives," *Psychological Science* 20, no. 10 (Sept. 24, 2012): 1–10.

43. Richard Lynn and Tatu Vanhanen, *IQ and Global Inequality* (Augusta, GA: Washington Summit, 2006), 238–39.

44. 同上、2.

45. 同上、277.

46. 同上、281.

47. Acemoğlu and Robinson, *Why Nations Fail*, 48. 邦訳アセモグル&ロビンソン『国家はなぜ衰退するのか』上84-85.

48. 同上、238. 邦訳、上315.

49. 同上、454. 邦訳、下267.

50. 同上、211. 邦訳、上283.

51. 同上、427. 邦訳、下235.

第八章 ユダヤ人の適応

1. Gertrude Himmelfarb, *The People of the Book: Philosemitism in England, from Cromwell to Churchill* (New York: Encounter Books, 2011), 3.

2. Charles Murray, "Jewish Genius," *Commentary*, Apr. 2007, pp. 29–35

3. Melvin Konner, *Unsettled: An Anthropology of the Jews* (New York: Viking Compass, 2003), 199.

4. Harry Ostrer and Karl Skorecki, "The Population Genetics of the Jewish People," *Human Genetics* (2013) 132: 119-27

%Legacy: A Genetic History of the Jewish People} (New York: Oxford University Press, 2012), 92–93.

5. Anna C. Need, Dalia Kasparavičiūtė, Elizabeth T. Cirulli and David B. Goldstein, "A Genome-Wide Genetic Signature of Jewish Ancestry Perfectly Separates Individuals with and without Full Jewish Ancestry in a Large Random Sample of European Americans." *Genome Biology*, Vol. 10, Issue 1, Article R7, 2009.

6. Gregory Cochran, Jason Hardy, and Henry Harpending, "Natural History of Ashkenazi Intelligence," *Journal of Biosocial Science* 38, no. 5 (Sept. 2006):659–93.

7. Maristella Botticini and Zvi Eckstein, *The Chosen Few: How Education Shaped Jewish History*, 70–1492 (Princeton, NJ, Princeton University Press, 2012), 109.

8. 同上、193.

9. 同上、267.

10. Konner, *Unsettled*, 189.

18. 同上、149. 邦訳、

19. 同上、613. 邦訳、

20. 同上、614. 邦訳、

21. Jonathan Gibbons, ed., *2011 Global Study on Homicide: Trends, Context, Data*, (Vienna: United Nations Office on Drugs and Crime, 2010.

22. Philip Carl Salzman, *Culture and Conflict in the Middle East* (Amherst, NY: Humanity Books, 2008), 184.

23. *Arab Human Development Report 2009: Challenges to Human Security in the Arab Countries*, (New York: United Nations Development Programme, Regional Bureau for Arab States, 2009), 9.

24. 同上、193.

25. Martin Meredith, *The Fate of Africa: A History of Fifty Years of Independence* (New York: PublicAffairs, 2005), 682.

26. Richard Dowden, *Africa: Alterd States, Ordinary Miracles* (New York: PublicAffairs, 2009), 113.

27. Shantayanan Devarajan and Wolfgang Fengler, "Africa's Economic Boom: Why the Pessimists and the Optimists Are Both Right," *Foreign Affairs*, May–June 2013, pp. 68–81.

28. Clark, *Farewell to Alms*, 259–71. 邦訳クラーク『10万年の世界経済史』下107-125.

29. Pomeranz, *Great Divergence*, 297. 邦訳ポメランツ『大分岐』305.

30. Daron Acemoğlu and James A. Robinson, *Why Nations Fail: The Origins of Power, Prosperity, and Poverty* (New York: Crown, 2012), 73. 邦訳ダーロン・アセモグル&ジェームズ・A・ロビンソン『国家はなぜ衰退するのか:権力・繁栄・貧困の起源』(上下巻、鬼沢忍訳、早川書房、2013)、上114.

31. Lawrence E. Harrison and Samuel P. Huntington, eds., *Culture Matters: How Values Shape Human Progress* (New York: Basic Books, 2000), xiii.

32. Jeffrey Sachs, "Notes on a New Sociology of Economic Development," in Harrison and Huntington, *Culture Matters*, 29–43, (41–42で引用).

33. Nathan Glazer, "Disaggregating Culture," in Harrison and Huntington, *Culture Matters*, 219–31 (220–21で参照).

34. Daniel Etounga-Manguelle, "Does Africa Need a Cultural Adjustment Program?" in Harrison and Huntington, *Culture Matters*, 65–77.

35. Lawrence E. Harrison, *The Central Liberal Truth: How Politics Can Change a Culture and Save It from Itself* (Oxford, UK: Oxford University Press, 2006), 1.

36. Thomas Sowell, *Migrations and Cultures: A World View* (New York: Basic Books, 1996), 118.

37. 同上、192.

38. 同上、219.

39. Sowell, *Conquests and Cultures*, 330. 邦訳ソーウェル『征服と文化の世界史』477.

40. Sowell, *Migrations and Cultures*, 226.

第七章 人間の天性を見直す

1. Thomas Sowell, *Conquests and Cultures: An International History* (New York: Basic Books, 1999), 329. 邦訳トマス・ソーウェル『征服と文化の世界史：民族と文化変容』(内藤嘉昭訳、明石書店、2004)、476.

2. Kenneth Pomeranz, *The Great Divergence: China, Europe, and the Making of the Modern World Economy* (Princeton, NJ: Princeton University Press, 2000), 3. 邦訳ケネス・ポメランツ『大分岐：中国、ヨーロッパ、そして近代世界経済の形成』(川北稔監訳、名古屋大学出版会、2015), 17.

3. Gregory Clark, *A Farewell to Alms: A Brief Economic History of the World* (Princeton, NJ: Princeton University Press 2007), 127. 邦訳グレゴリー・クラーク『10万年の世界経済史』(上下巻、久保恵美子訳、日経BP社、2009)、上209-210.

4. 同上、179. 邦訳、上290.

5. 同上、234. 邦訳、下71.

6. Nicholas Wade, *Before the Dawn: Recovering the Lost History of Our Ancestors* (New York: Penguin Press, 2007), 112. 邦訳ニコラス・ウェイド『5万年前：このとき人類の壮大な旅が始まった』(沼尻由起子訳、イースト・プレス、2007) 149-150.

7. Clark, *Farewell to Alms*, 259. 邦訳クラーク『10万年の世界経済史』下108.

8. 同上、245. 邦訳、下87.

9. Gregory Clark, "The Indicted and the Wealthy: Surnames, Reproductive Success, Genetic Selection and Social Class in Pre-Industrial England," Jan. 19, 2009, www.econ.ucdavis.edu/faculty/gclark/Farewell%20to%20Alms/Clark%20-Surnames.pdf.

10. Ron Unz, "How Social Darwinism Made Modern China: A Thousand Years of Meritocracy Shaped the Middle Kingdom," *The American Conservative*, Mar. 11, 2013, www.theamericanconservative.com/articles/how-social-darwinism-made-modern-china-248.

11. Toby E. Huff, *The Rise of Early Modern Science: Islam, China, and the West*, 2d ed. (New York: Cambridge University Press, 2003), 282.

12. Marta Mirazón Lahr, *The Evolution of Modern Human Diversity: A Study of Cranial Variation* (Cambridge, UK: Cambridge University Press, 1996), 263.

13. Marta Mirazón Lahr and Richard V. S. Wright, "The Question of Robusticity and the Relationship Between Cranial Size and Shape in Homo sapiens," *Journal of Human Evolution* 31, no. 2 (Aug. 1996): 157–91.

14. Richard Wrangham, interview, Edge.org, Feb. 2, 2002.

15. Norbert Elias, *The Civilizing Process: Sociogenetic and Psychogenetic Investigations* (Oxford, UK: Blackwell, 1994), 167. 邦訳ノルベルト・エリアス『文明化の過程：ヨーロッパ上流階層の風俗の変遷』(上下巻、赤井慧爾他訳、法政大学出版局、1978)、上390.

16. Steven Pinker, *The Better Angels of Our Nature: Why Violence Has Declined* (New York: Viking, 2011), 48–50. 邦訳スティーブン・ピンカー『暴力の人類史』(上下巻、幾島幸子、塩原通緒訳、青土社、2015)

17. 同上、60–63。邦訳、

28. Daniel L. Hartl and Andrew G. Clark, *Principles of Population Genetics*, 3d ed. (Sunderland, MA: Sinauer Associates, 1997), 119での引用。

29. Henry Harpending and Alan R. Rogers, "Genetic Perspectives in Human Origins and Differentiation," *Annual Review of Genomics and Human Genetics* 1 (2000), 361–85での引用。

30. A.W.F. Edwards, "Human Genetic Diversity: Lewontin's Fallacy," *BioEssays* 25, no. 8 (Aug. 2003): 798–801.

31. Ed Hagen, "Biological Aspects of Race," American Association of Physical Anthropologists position statement, *American Journal of Physical Anthropology* 101 (1996): 569–70, www.physanth.org/association/position-statements/biological-aspects-of-race.

32. American Anthropological Association, "Statement on 'Race,'" May 17, 1998, www.aaanet.org/stmts/racepp.htm.

第六章 社会と制度

1. Norbert Elias, *The Germans: Power Struggles and the Development of Habitus in the Nineteenth and Twentieth Centuries* (New York: Columbia University Press, 1996), 18–19. 邦訳ノルベルト・エリアス『ドイツ人論:文明化と暴力』(青木隆嘉訳、法政大学出版局、2015)22.

2. Douglass C. North, *Understanding the Process of Economic Change* (Princeton, NJ: Princeton University Press, 2005), 99. 邦訳ダグラス・C・ノース『ダグラス・ノース 制度原論』(滝沢弘和他訳、東洋経済新報社、2016)

3. Nicholas Wade, *The Faith Instinct: How Religion Evolved and Why It Endures* (New York: Penguin Press 2010), 124–43. 邦訳ニコラス・ウェイド『宗教を生み出す本能』(依田卓巳訳、NTT出版、2011)、111-156.

4. Napoleon A. Chagnon, "Life Histories, Blood Revenge, and Warfare in a Tribal Population," *Science* 239, no. 4843 (Feb. 28, 1988): 985–92.

5. Robert L. Carneiro, "A Theory of the Origin of the State," *Science* 169, no. 3947 (Aug. 21, 1970): 733–38.

6. Francis Fukuyama, *The Origins of Political Order: From Prehuman Times to the French Revolution* (New York: Farrar, Straus & Giroux, 2011), vol. 1, p. 48. 邦訳フランシス・フクヤマ『政治の起源:人類以前からフランス革命まで』(上下巻、会田弘継訳、講談社、2013)

7. 同上、99.

8. "The Book of Lord Shang," Wikipedia, http://en.wikipedia.org/wiki/The_Book_of_Lord_Shang.

9. Fukuyama, *Origins of Political Order*, 421. 邦訳フクヤマ『政治の起源』

10. 同上、14.邦訳、

11. Daron Acemoğlu and James A. Robinson, *Why Nations Fail: The Origins of Power, Prosperity, and Poverty* (New York: Crown, 2012), 398. 邦訳ダーロン・アセモグル&ジェームズ・A・ロビンソン『国家はなぜ衰退するのか:権力・繁栄・貧困の起源』(上下巻、鬼沢忍訳、早川書房、2013)、下202.

12. 同上、364. 邦訳、下163.

11. Sarah A. Tishkoff et al., "The Genetic Structure and History of Africans and African Americans," *Science* 324, no. 5930 (May 22, 2009): 1035–44.

12. Benjamin F. Voight, Sridhar Kudaravalli, Xiaoquan Wen, Jonathan K. Pritchard, "A Map of Recent Positive Selection in the Human Genome," *PLoS Biology* 4, no. 3 (Mar. 2006): 446–53.

13. Sharon R. Grossman et al., "Identifying Recent Adaptations in Large-Scale Genomic Data," *Cell* 152, no. 4 (Feb. 14, 2013): 703–13.

14. 同上。これらの図は本文中には提示されていないが、補遺となるスプレッドシートであるTable S2から得られる。

15. Joshua M. Akey, "Constructing Genomic Maps of Positive Selection in Humans: Where Do We Go from Here?" *Genome Research* 19, no. 5 (May 2009): 711–22.

16. Ralf Kittler, Manfred Kayser, and Mark Stoneking, "Molecular Evolution of Pediculus humanus and the Origin of Clothing," *Current Biology* 13, no. 16 (Aug. 19, 2003): 1414–17. 別のシラミ研究家David Reed は、ずっと古い年代、おそらく50万年前が正しいと論じている。

17. David López Herráez et al., "Genetic Variation and Recent Positive Selection in Worldwide Human Populations: Evidence from Nearly 1 Million SNPs," *PLoS One* 4, no. 11 (Nov. 18, 2009): 1–16.

18. Graham Coop et al., "The Role of Geography in Human Adaptation," *PLoS Genetics* 5, no. 6 (June 2009): 1–16.

19. Matthew B. Gross and Cassandra Kniffen, "Duffy Antigen Receptor for Chemokines: DARC," *Online Mendelian Inheritance in Man*, Dec. 10, 2012, http://omim.org/entry/613665.

20. C. T. Miller et.al., "cis-Regulatory Changes in Kit Ligand Expression and Parallel Evolution of Pigmentation in Sticklebacks and Humans,"*Cell* 131: 1179-1189, 2007

21. Ryan D. Hernandez et al,. "Classic Selective Sweeps Were Rare in Recent Human Evolution," *Science* 331, no. 6019 (Feb. 18, 2011): 920–24.

22. Jonathan K. Pritchard, "Adaptation—Not by Sweeps Alone," *Nature Reviews Genetics* 11, no. 10 (Oct. 2010): 665–67.

23. Hua Tang et al., "Genetic Structure, Self-Identified Race/Ethnicity, and Confounding in Case-Control Association Studies," *American Journal of Human Genetics* 76, no. 2 (Feb. 2005): 268–75.

24. Roman Kosoy et al., "Ancestry Informative Marker Sets for Determining Continental Origin and Admixture Proportions in common Populations in America," *Human Mutation* 30, no. 1 (Jan. 2009), 69–78.

25. Wenfei Jin et al., "A Genome-Wide Detection of Natural Selection in African Americans Pre- and Post-Admixture," *Genome Research* 22, no. 3 (Mar. 1, 2012): 519–27.

26. Gaurav Bhatia et al., "Genome-Wide Scan of 29, 141 African Americans Finds No Evidence of Directional Selection Since Admixture," *American Journal of Human Genetics*, 95, 437-44, 2014.

27. Richard Lewontin, "The Apportionment of Human Diversity," *Evolutionary Biology* 6 (1972): 396–97, Ashley Montagu, *Man's Most Dangerous Myth: The Fallacy of Race*, 6th ed. (Lanham, MD: AltaMira Press/Rowman & Littlefield, 1997), 45–46での引用。

13. たとえばL. Luca Cavalli-Sforza, Paolo Menozzi, and Alberto Piazza の古典である *The History and Geography of Human Genes* (Princeton, NJ: Princeton University Press, 1994) を参照。

14. Esteban J. Parra, "Human Pigmentation Variation: Evolution, Genetic Basis, and Implications for Public Health," *Yearbook of Physical Anthropology* 50 (2007: 85–105.

15. Rebecca L. Lamason et al., "SLC24A5, a Putative Cation Exchanger, Affects Pigmentation in Zebrafish and Humans," *Science* 310, no. 5755 (Dec. 16, 2005): 1782–86.

16. Akihiro Fujimoto et al, "A Scan for Genetic Determinants of Human Hair Morphology: EDAR Is Associated with Asian Hair Thickness," *Human Molecular Genetics* 17, no. 6 (Mar. 15, 2008): 835–43.

17. Yana G. Kamberov et al., "Modeling Recent Human Evolution in Mice by Expression of a Selected EDAR Variant," *Cell* 152, no. 4 (Feb. 14, 2013): 691–702.

18. Koh-ichiro Yoshiura et al., "A SNP in the ABCC11 Gene Is the Determinant of Human Earwax Type," *Nature Genetics* 38, no. 3 (Mar. 2006): 324–30.

第五章 人種の遺伝学

1. Charles Darwin, *The Descent of Man and Selection in Relation to Sex*, 2d ed. (New York: Appleton, 1898), 132. 邦訳チャールズ・ダーウィン『人間の進化と性淘汰』(I、II巻、長谷川真理子訳、文一総合出版、1999)、I-142. チャールズ・ダーウィン『人類の起源』(池田次郎他訳、中央公論社世界の名著50、1979)、191.

2. A. M. Bowcock et al. "High Resolution of Human Evolutionary Trees with Polymorphic Microsatellites," *Nature* 368, no. 6470 (Mar. 31, 1994): 455–57.

3. Neil Risch, Esteban Burchard, Elad Ziv, and Hua Tang, "Categorization of Humans in Biomedical Research: Genes, Race and Disease," *Genome Biology* 3, no. 7 (March 2002), http://genomebiology.com/2002/3/7/comment/2007.（2016年3月アクセス不可）

4. Nicholas Wade, "Gene Study Identifies 5 Main Human Popilations, Linking Them to Geography," *New York Times*, December 20, 2002.

5. Nicholas Wade, "Humans Have Spread Globally, and Evolved Localy," *New York Times*, June 26, 2007.

6. Noah A. Rosenberg et al., "Genetic Structure of Human Populations," *Science* 298, no. 5602 (Dec. 20, 2002): 2381–85.

7. Frank B. Livingstone and Theodosius Dobzhansky, "On the Non-Existence of Human Races," *Current Anthropology*, 3, no. 3 (June 1962): 279.

8. David Serre and Svante Pääbo, "Evidence for Gradients of Human Genetic Diversity Within and Among Continents,"*Genome Research* 14 (2004),1679–85.

9. Noah A. Rosenberg et al. "Clines, Clusters, and the Effect of Study Design on the Inference of Human Population Structure," *PLoS Genetics* 1, no. 6 (2005): 660–71.

10. Jun Z. Li et al., "Worldwide Human Relationships Inferred from Genome-Wide Patterns of Variation," *Science* 319, no. 5866 (Feb. 22, 2008): 1100–1104.

17. Laura Bevilacqua et al., "A Population-Specific HTR2B Stop Codon Predisposes to Severe Impulsivity," *Nature* 468, no. 7327 (Dec. 23, 2010): 1061–66.

18. Edward O. Wilson, *Sociobiology: The New Synthesis* (Cambridge, MA: Harvard University Press, 1975), 547–75. 邦訳エドワード・O・ウィルソン『社会生物学』(坂上昭一他訳、新思索社、1999)

19. Edward O. Wilson, *On Human Nature* (Cambridge, MA: Harvard University Press, 1978), 167. 邦訳エドワード・O・ウィルソン『人間の本性について』(岸由二訳、思索社、1980)、247.

20. Sarah A. Tishkoff et al, "Convergent Adaptation of Human Lactase Persistence in Africa and Europe," *Nature Genetics* 39, no. 1 (Jan. 2007): 31–40.

21. Hillard S. Kaplan, Paul L. Hooper, and Michael Gurven, "The Evolutionary and Sociological Roots of Human Social Organization," *Philosophical Transactions of the Royal Society B: Biological Science* 364, no. 1533 (Nov. 12, 2009): 3289–99.

第四章 人類の実験

1. Charles Darwin, *The Descent of Man and Selection in Relation to Sex*, 2d ed. (New York: Appleton, 1898), 171. 邦訳チャールズ・ダーウィン『人間の進化と性淘汰』(I、II巻、長谷川真理子訳、文一総合出版、1999)、I-185. チャールズ・ダーウィン『人類の起源』(池田次郎他訳、中央公論社世界の名著50、1979)、229.

2. Ian Tattersall and Rob DeSalle *Race? Debunking a Scientific Myth* (College Station: Texas A&M University Press, 2011).

3. J. Craig Venter, *A Life Decoded: My Genome, My Life* (New York: Penguin Books, 2008). 邦訳J・クレイグ・ベンター『ヒトゲノムを解読した男 クレイグ・ベンター自伝』(野中香方子訳、科学同人、2008).

4. Jared Diamond, "Race Without Color," *Discover*, Nov. 1994.

5. Francis S. Collins and Monique K. Mansoura, "The Human Genome Project: Revealing the Shared Inheritance of All Humankind,"*Cancer* supplement, Jan. 2001.

6. Jerry A. Coyne, "Are There Human Races?" *Why Evolution Is True*, http://whyevolutionistrue.wordpress.com/2012/02/28/are-there-human-races.

7. Ashley Montagu, *Man's Most Dangerous Myth: The Fallacy of Race*, 6th ed. (Lanham, MD: AltaMira Press/Rowman & Littlefield, 1997), 41.

8. 同上、47.

9. Norman J. Sauer, "Forensic Anthropology and the Concept of Race: If Races Don't Exist, Why Are Forensic Anthropologists So Good at Identifying Them?" *Social Science and Medicine* 34, no. 2 (Jan. 1992): 107–11.

10. Winthrop D. Jordan, *The White Man's Burden: Historical Origins of Racism in the United States* (New York: Oxford University Press, 1974) xi–xii.

11. John Novembre et al, "Genes Mirror Geography Within Europe," *Nature* 456, no. 7218 (Nov. 6, 2008): 98–101.

12. Colm O'Dushlaine et al, "Genes Predict Village of Origin in Rural Europe," *European Journal of Human Genetics* 18, no. 11 (Nov. 2010): 1269–70.

水社、2015)、94-95.

第三章 ヒトの社会性の起源

1. Bernard Chapais, *Primeval Kinship: How Pair-Bonding Gave Birth to Human Society*, (Cambridge, MA: Harvard University Press, 2008), 4.

2. Charles Darwin, *The Descent of Man and Selection in Relation to Sex*, 2d ed. (New York: Appleton, 1898), 131. 邦訳チャールズ・ダーウィン『人間の進化と性淘汰』(I、II巻、長谷川真理子訳、文一総合出版、1999)、I-141. チャールズ・ダーウィン『人類の起源』(池田次郎他訳、中央公論社世界の名著50、1979)、190.

3. Michael Tomasello, *Why We Cooperate* (Cambridge, MA: MIT Press, 2009), 27. 邦訳マイケル・トマセロ『ヒトはなぜ協力するのか』(橋彌和秀訳、勁草書房、2013), 31.

4. 同上、23. 邦訳、28.

5. 同上、7. 邦訳、21.

6. Esther Herrmann et al., "Humans Have Evolved Specialized Skills of Social Cognition: The Cultural Intelligence Hypothesis," *Science* 317, no. 5843 (Sept. 7, 2007): 1360–66.

7. Michael Tomasello and Malinda Carpenter, "Shared Intentionality," *Developmental Science* 10, no. 1 (2007): 121–25.

8. Cade McCall and Tania Singer, "The Animal and Human Neuroendocrinology of Social Cognition, Motivation and Behavior," *Nature Neuroscience* 15 (2012): 681–88.

9. Carsten K. W. De Dreu et al., "Oxytocin Promotes Human Ethnocentrism," *Proceedings of the National Academy of Sciences* 108, no. 4 (Jan. 25, 2011), 1262–66.

10. David H. Skuse et al., "Common Polymorphism in the Oxytocin Receptor Gene (OXTR) Is Associated With Human Recognition Skills," *Proceedings of the U.S. National Academy of Science* (December 23, 2013).

11. Zoe R. Donaldson and Larry J. Young, "Oxytocin, Vasopressin and the Neurogenesis of Sociality," *Science* 322, no. 5903 (Nov. 7, 2008): 900–904でレビュー.

12. Nicholas Wade, "Nice Rats, Nasty Rats: Maybe It's All in the Genes," *New York Times*, July 25, 2006, www.nytimes.com/2006/07/25/health/25rats.html?pagewanted=all&_r=0.

13. Robert R. H. Anholt and Trudy F. C. Mackay, "Genetics of Aggression," *Annual Reviews of Genetics* 46 (2012): 145–64.

14. Guang Guo et al., "The VNTR 2 Repeat in MAOA and Delinquent Behavior in Adolescence and Young Adulthood: Associations and MAOA Promoter Activity," *European Journal of Human Genetics* 16 (2008): 624–34.

15. Yoav Gilad et al., "Evidence for Positive Selection and Population Structure at the Human MAO-A Gene," *Proceedings of the National Academy of Sciences* 99, no. 2 (Jan. 22, 2002): 862–67.

16. Kevin M. Beaver et al., "Exploring the Association Between the 2-Repeat Allele of the MAOA Gene Promoter Polymorphism and Psychopathic Personality Traits, Arrests, Incarceration, and Lifetime Antisocial Behavior," *Personality and Individual Differences* 54, no. 2 (Jan. 2013): 164–68.

6. Charles Darwin, *The Descent of Man and Selection in Relation to Sex*, 2d ed. (New York: Appleton, 1898), 136. 邦訳チャールズ・ダーウィン『人間の進化と性淘汰』(I、II巻、長谷川真理子訳、文一総合出版、1999)、I-147. チャールズ・ダーウィン『人類の起源』(池田次郎他訳、中央公論社世界の名著50、1979)、195.

7. Nicholas Wright Gillham, *A Life of Sir Francis Galton: From African Exploration to the Birth of Eugenics* (New York: Oxford University Press, 2001), 166.

8. 同上、357.

9. Edwin Black, *War Against the Weak: Eugenics and America's Campaign to Create a Master Race* (New York: Four Walls Eight Windows, 2003), 37.

10. 同上、45–47.

11. 同上、90.

12. Daniel J. Kevles, *In the Name of Eugenics: Genetics and the Uses of Human Heredity* (New York: Knopf, 1985), 69. 邦訳ダニエル・J・ケヴルス『優生学の名のもとに——「人類改良」の悪夢の百年』(西俣総平訳、朝日新聞社、1993)、123.

13. Black, *War Against the Weak*, 87.

14. 同上、99.

15. Kevles, *In the Name of Eugenics*, 81. 邦訳ケヴルス『優生学の名のもとに』144.

16. 同上、106. 邦訳、187.

17. Black, *War Against the Weak*, 123.

18. Kevles, *In the Name of Eugenics*, 97. 邦訳ケヴルス『優生学の名のもとに』171.

19. Black, *War Against the Weak*, 393.

20. Madison Grant, *The Passing of the Great Race; or, The Racial Basis of European History*, 4th ed. (New York: Charles Scribner, 1932), 170.

21. 同上、263.

22. Jonathan P. Spiro, *Defending the Master Race: Conservation, Eugenics and the Legacy of Madison Grant* (Burlington: University of Vermont Press, 2009), 375.

23. Black, *War Against the Weak*, 100.

24. 同上、259.

25. Kevles, *In the Name of Eugenics*, 117. 邦訳ケヴルス『優生学の名のもとに』203.

26. 同上、118. 邦訳、205.

27. Raul Hilberg, *The Destruction of the European Jews*, (New York: Holmes & Meier, 1985, student edition), 31.邦訳ラウル・ヒルバーグ『ヨーロッパ・ユダヤ人の絶滅』（新装版上下巻、望田幸男、原田一美、井上茂子訳、柏書房、2012）

28. Yvonne Sherratt, *Hitler's Philosophers* (New Haven, CT: Yale University Press, 2013) 60. 邦訳イヴォンヌ・シェラット『ヒトラーと哲学者：哲学はナチズムとどう関わったか』(三ツ木道夫、大久保友博訳、白

注

第一章　進化、人種、歴史

1. Joshua M. Akey, "Constructing Genomic Maps of Positive Selection in Humans: Where Do We Go from Here?" *Genome Research* 19 (2009): 711–22.

2. Sandra Wilde et al, "Direct Evidence for Positive Skin, Hair and Eye Pigmentation in Europeans During the Last 5,000 years," *Proceedings of the National Academy of Sciences*, 111 (2013): 4832-837.

3. Emmanuel Milot et al., "Evidence for Evolution in Response to Natural Selection in a Contemporary Human Population,"*Proceedings of the National Academy of Sciences*, 108 (2011): 17040–45.

4. Stephen C. Stearns et al., "Measuring selection in contemporary human populations,"*Nature Reviews Genetics* 11, no. 9 (Sept. 2010): 1–13.

5. American Anthropological Association, "Race: A Public Education Project," www.aaanet.org/resources/A-Public-Education-Program.cfm.

6. Alan H. Goodman, Yolanda T. Moses, and Joseph L. Jones, *Race: Are We So Different?* (Arlington, VA: American Anthropological Association 2012), 2.

7. American Sociological Association, "The Importance of Collecting Data and Doing Social Scientific Research on Race," (Washington, DC: American Sociological Association, 2003), www2.asanet.org/media/asa_race_statement.pdf.

8. Christopher F. Chabris et al., "Most Reported Genetic Associations with General Intelligence Are Probably False Positives,"*Psychological Science* 20, no. 10 (Sept. 24, 2012): 1–10.

9. David Epstein, *The Sports Gene: Inside the Science of Extraordinary Athletic Performance* (New York: Current 2013), 176. 邦訳デイヴィッド・エプスタイン『スポーツ遺伝子は勝者を決めるか?:アスリートの科学』(川又政治訳、早川書房、2014)、236-237.

第二章　科学の歪曲

1. Richard Hofstadter, *Social Darwinism in American Thought7*, (Boston: Beacon Press, 1992), 171.

2. Benjamin Isaac, *The Invention of Racism in Classical Antiquity*, (Princeton, NJ: Princeton University Press, 2004), 23.

3. Nell Irving Painter, "Why White People Are Called 'Caucasian'?" Fifth Annual Gilder Lehrman Center International Conferenceでの発表論文、Yale University, New Haven, CT, Nov. 7–8, 2003, www.yale.edu/glc/events/race/Painter.pdf.

4. Jason E. Lewis et al., "The Mismeasure of Science: Stephen Jay Gould Versus Samuel George Morton on Skulls and Bias,"*PLoS Biology* 9, no. 6 (June 7, 2011), www.plosbiology.org/article/info%3Adoi%2F10.1371%2Fjournal.pbio.1001071.

5. Hofstadter, *Social Darwinism*, xvi.

か

さ

た

な

は

ま

や

ら

索引

英数

人名

あ

著者について

ニコラス・ウェイド　Nicholas Wade

イギリス生まれの科学ジャーナリスト。

ケンブリッジ大学キングスカレッジ卒業。

二大科学誌『ネイチャー』および『サイエンス』の
科学記者を経て、『ニューヨークタイムズ』紙の編集委員となり、
現在は同紙の人気科学欄『サイエンスタイムズ』に寄稿。著書に、

『5万年前――このとき人類の壮大な旅が始まった』(イースト・プレス)、

『宗教を生みだす本能――進化論からみたヒトと信仰』(NTT出版)、

『背信の科学者たち』(共著、講談社)、『医療革命――ゲノム解読は何をもたらすのか』

(岩波書店)、『心や意識は脳のどこにあるのか』(翔泳社)、など多数。

訳者について

山形浩生　やまがた・ひろお

1964年東京生まれ。東京大学工学系研究科都市工学科修士課程修了。
マサチューセッツ工科大学不動産センター修士課程修了。
大手調査会社に勤務するかたわら、科学、文化、経済からコンピュータまで、
広範な分野での翻訳と執筆活動をおこなう。著書に、『訳者解説』(バジリコ)、
『要するに』(河出文庫)、『新教養としてのパソコン入門』(アスキー新書)、
『たかがバロウズ本。』(大村書店)など。訳書に、リーソン『海賊の経済学』
(NTT出版)、レヴィティン『「歌」を語る』(ブルース・インターアクションズ)、
エアーズ『その数学が戦略を決める』(文春文庫)、ケルアック&バロウズ
『そしてカバたちはタンクで茹で死に』(河出書房新社)、ジェイコブズ
『アメリカ大都市の死と生』(鹿島出版会)、ピケティ『21世紀の資本』
(みすず書房)、アトキンソン『21世紀の不平等』(東洋経済新報社)など多数。

守岡　桜　もりおか・さくら

翻訳家。共訳書に、ハーツォグ『ぼくらはそれでも肉を食う』(柏書房)、
ボルドリン&レヴァイン『〈反〉知的独占』(NTT出版)、ショート『毛沢東(上・下)』
(白水社)、サイド『非才!』(柏書房)、ブラックモア『「意識」を語る』(NTT出版)、
オクレリー『無一文の億万長者』(ダイヤモンド社)、
シンガー&エイヴァリー『地球温暖化は止まらない』(東洋経済新報社)、
ピケティ『21世紀の資本』(みすず書房)など多数。

人類《じんるい》のやっかいな遺産《いさん》　遺伝子、人種、進化の歴史

2016年4月30日　初版

著　者　ニコラス・ウェイド

訳　者　山形浩生、守岡桜

発行者　株式会社晶文社
東京都千代田区神田神保町1-11
電話　03-3518-4940(代表)・4942(編集)
URL http://www.shobunsha.co.jp

印刷・製本　株式会社 太平印刷社

ISBN978-4-7949-6923-1 Printed in Japan

好評発売中

誰も教えてくれない聖書の読み方　ケン・スミス 山形浩生訳

聖書を、いろんな脚色抜きに書かれているとおりに読むとどうなる？　聖書に書かれている、ペテンと略奪と殺戮に満ちたエピソード群をひとつひとつ解釈しながら、それでも聖書が人をひきつける魅力を持ったテキストだということを再確認する、基礎教養として聖書を読み直すための副読本。山形浩生による書き下ろしエピローグもあり。

コーランの新しい読み方　ジャック・ベルク 内藤陽介・あいさ訳

イスラムの行動様式や思考を律する根本にある「コーラン」とは、いかなる書物であるのか。イスラムの基本を理解するために欠かせない「コーラン」について、フランスを代表する東洋学の泰斗が、一般の人々を前に平易な言葉で語った。アラブ世界やその宗教を知るために最適の入門書として定評のある本。

死者が立ち止まる場所　マリー・M・モケット 高月園子訳

人はどのように死者を送り、親しい人の死を受け入れていくのか。仏教は答えをくれるのか。日本人の母とアメリカ人の父を持ち、父を亡くした喪失感から立ち直ることができずにいた著者が、3.11の被災地、永平寺、高野山、恐山などを巡り心の折り合いをつけていった記録。ふたつの祖国をもつ著者の、死をめぐる日本文化論にして日本旅行記。

オキシトシン【普及版】　シャスティン・U・モベリ 瀬尾・谷垣訳

人の身体の中には癒しをもたらすシステムがひそんでおり、オキシトシンという物質が重要な鍵をにぎっているという。いま世界中の学者たちの注目を集めているオキシトシンのさまざまな効果を明らかにし、日常生活のなかでその分泌を促し、システムを活性化する方法を解明する。今注目されるオキシトシンについての、日本初の一般向け概説書。

失敗すれば即終了！ 日本の若者がとるべき生存戦略　Rootport

社会に漂う閉塞感・不安感。人口が減少しこれ以上の経済成長は見込めない、少子高齢化で現役世代の負担は増える一方。あらゆる仕事が機械化・自動化され人間にできる仕事が減っていく……そんな時代に若者がとるべき生存戦略とは？　格差化・情報化・少子化の壁は超えられる！新時代の生き方マニュフェスト！

ナショナリズムの生命力　アントニー・D・スミス　高柳先男訳

冷戦の終結とともに、民族や宗教の対立から発する紛争が世界中で噴出している。政治的イデオロギーとして利用され、人々を破壊的な行動へと駆り立てるナショナリズムの相貌を、人びとの文化的な集合意識の形成過程から歴史的に跡づけた新世紀の指標。「民族問題理論の決定版」（帯文・佐藤優氏）

普及版 考える練習をしよう　M・バーンズ　左京久代訳

頭の中がこんがらがって、どうにもならない。みんなお手あげ、さて、そんなときどうするか？こわばった頭をときほぐし、楽しみながら頭に筋肉をつけていく問題がどっさり。“考える”という行為の本質が見え、難しい問題に対する有効な解決策が導ける「ロジカルシンキング」の定番書。累計20万部のロングセラーが「普及版」で登場！